ソニー 失われた20年

内側から見た無能と希望

原田節雄

さくら舎

はじめに

ソニーが中国の某社に買収される？　そんな噂が真実味を帯びてきました。ソニー内部に未曾有《みぞう》の異変が起きています。その異変とは、一九九〇年代から始まった本社組織の腐敗と企業統治（コーポレートガバナンス）機能の崩壊です。会社設立時に創業者が謳《うた》った理想企業ソニー。本書は、その腐敗と崩壊の現実――「失われた20年」を白日の下に曝《さら》します。

日本が欧米に並ぶ富裕国家になりました。その豊かさを背景にして、あたかも麻薬依存症のようにインターネットの日常に浸る人々が増え続けています。公共の電波を独占するテレビを介して、品性に欠けた娯楽番組やコマーシャルに毒される人々も増え続けています。また、二〇一一年に勃発《ぼっぱつ》した福島第一原発事故の報道でもわかるように、日本のマスコミが真実の報道と社会正義の追求というジャーナリズム本来の存在意義を忘れてしまいました。その堕落した富裕社会日本の閉塞《へいそく》感の下で、明日への夢と希望を持てない若者が増え続けています。

一九四六年、敗戦後の混沌《こんとん》と荒廃のなかから彗星《すいせい》のように現れ、欧米コンプレックスに喘《あえ》ぐ日本人に夢と希望を与え続けてきた異端企業ソニー。戦後の東京大空襲の焼け跡に建つ町工場から、欧米の先進企業を追って世界有数の国際企業へと成長を遂げてきたソニー。その姿は即、貧困から成長へ、成長から富裕へと、驚異的な発展を続けてきた戦後の日本の姿にたとえられます。しかし今、日本に追いつき、日本を追い越そうとする中国や韓国の発展を横目に見ながら、日本のエレクトロニクス産業や自動車産業が、その終焉《しゅうえん》を迎えようとしています。

近年のソニーの事業低迷に見られるように、自由闊達《かったつ》の四文字に引き継がれてきたソニーの遺伝子が絶たれました。書物や歴史から学ぶことを忘れた人々。他人を批判するだけで自分は進歩しない人々。豊かさのなかで成長を止めて退化する人々。そしてソニーの低迷と日本社会の低迷――元ソニー社員の独白という形で、その原因と現状をまとめたのが本書です。

本書の執筆にはためらいもありました。「罪を憎んで人を憎まず」という言葉を知っているからです。それでも「組織や政治を問題にして、それらを動かす人を問題にしない」では、責任の所在が曖昧《あいまい》になってしまいます。ソニーは過ちを犯しませんが、その経営権力を握るソニーの誰かが過ちを犯します。

絶対的な権力を握る独裁者が君臨する国や組織の栄枯盛衰は、その国や組織の首長によって決まります。つまり、組織が頭から栄え、頭から腐ります。しかし、自由闊達なる国や組織の再生ならば、それは権力者の手に一方的に委ねるべきものではなくて、その国や組織を構成するすべての人々の手で実現するべきものでしょう。

ソニーという会社を浄化し、復活への道を切り開くこと——それはソニーで働く現社員とソニーを卒業した元社員、それにソニーを愛する株主の手でしか実現できないことです。腐敗、癒着、縁故の三語をソニーの経営から排除して、消費者に夢を与え続けてきたソニースピリットを再生させませんか。

サルは、パイロットにはなれません。飛行機のコックピットの操縦席に、サルを座らせてはいけません。飛んでいる飛行機が落ちてしまいます。ペンは剣よりも強し、と言います。本書の意図するところが多数の読者に素直に理解され、それがソニー株式会社の自由闊達なる遺伝子の再生に役立つことを心から願います。

【筆者注】

本書は英語で執筆したものを日本語に書き直したものです。英語の影響のせいか、日本語の論調が烈しいので、文中の訳語のいくつかに違和感を覚える人が多いかもしれません。しかし、それらの言葉は事実を語るものであって、決して差別を語るものではありません。また、人名については、文字の煩雑さを避けるために、その敬称を省略させていただきました。

目次◎ソニー　失われた20年

ソニー　失われた20年

——内側から見た無能と希望

貧困社会の過去に生まれ出て、富裕社会の現在に彷徨するソニー。そのソニーの新たなる飛躍を信じて、すでに鬼籍に入ったソニー創業者の井深大と盛田昭夫、それに日本社会の今と将来を担うべき人々に本書を捧げます。

第一章　新社長誕生の光と影

二〇一二年四月一日、エイプリルフールではありませんが、英国人でソニーの会長兼社長兼最高経営責任者（ＣＥＯ）ハワード・ストリンガー（六九歳）の後を継いで、それまでソニー副社長を務めていた平《ひら》井《い》一夫《かずお》（五一歳）がソニーの社長兼ＣＥＯに就任しました。

前任者のストリンガーに続いて、ソニー本業のエレクトロニクスビジネスの経験がなく、ソニー本社勤務の経験もない社長の誕生です。ソニーを世界的な大企業へと育てた創業者の一人・盛田《もりた》昭夫《あきお》は、しばしばソニーを船にたとえていました。新社長の平井を船長に迎えたソニーは今、いったいどこへ向けて舵《かじ》を取ろうとしているのでしょうか。

ソニーが繁栄を享受し続けていた時代の二人のソニー創業者――井《い》深《ぶか》大《まさる》と盛田昭夫については、さまざまな書籍ですでに詳しく語られています。しかし、それは過去のソニーの話です。今のソニーの現実を内側から理解し、その凋落《ちょうらく》の原因を突き止めるには、かつて繁栄していた時代のソニーを引き継いだ元社長・大賀《おおが》典雄《のりお》や出井《いでい》伸之《のぶゆき》の時代から語っていかなければなりません。

平井一夫

第一章では、新社長誕生の経緯と、業績が低迷し凋落を続けるソニーの現状を振り返ってみることにしましょう。

なぜ、平井一夫なのか

平井は現在のソニー・ミュージックエンタテインメント（SME）の前身のソニーの音楽系子会社、CBS・ソニーレコードに、一九八四年に入社したという非技術系の経歴を持つ人物です。その後、アメリカのソニー・コンピュータエンタテインメント（SCE）勤務を経て、日本のSCE本社の執行役員に就任し、久夛良木《くたらぎ》健《けん》SCE社長の後継者としてSCEグループを牽引《けんいん》してきました。

平井はSCE会長も兼任していました。しかし表1に示すように、彼はSCE社長就任後、ことごとく事業に失敗し続けているのです。それでも平井はストリンガーの意向で副社長に就任し、そして社長に抜擢《ばってき》されました。

平井の社長就任前年の二〇一一年四月一日、ソニーは機構改革を実施し、中核事業のエレクトロニクス

表１：平井ソニー社長の経歴と実績（年度順）

2006年12月	SCE 社長に就任
2007年10月	PS2 の互換機能を外して、PS3 をコストダウン
2009年10月	PSP goを発売するも、販売不振
2010年４月	新SCE を発足させて、PlayStation Network をソニー本社へ移管
2010年８月	SCE 本社をソニー本社（Sony City の17階から下）へ移転
2010年10月	PlayStation Moveを発売するも、販売不振
2011年４月	ソニー副社長に就任
2011年４月	PlayStation Network で、個人情報の大量流出が発覚
2011年10月	NTT ドコモからXperia PLAY SO-01Dを発売するも、販売不振
2011年11月	PS Vita を発売するも、不具合が多発し、ビジネスは未知数
2012年２月	ソニーが社長就任予定を公表
2012年４月	ソニー社長兼CEOに就任（51歳）

およびネットワークサービス事業を「コンスーマープロダクツ＆サービスグループ」と「プロフェッショナル・デバイス＆ソリューショングループ」の二つに再編しています。コンスーマー製品事業とネットワークサービス事業を担当します。一方、プロフェッショナル・デバイス＆ソリューショングループは、成長戦略の要となるＢ２Ｂ、コンポーネント、半導体事業を担当します。

この機構改革にともない、ソニー・コンピュータエンタテインメント代表取締役社長兼グループＣＥＯおよびソニー本社の執行役でネットワークプロダクツ、ネットワークサービス事業を担当していた平井が、デジタル家電全般を統括するソニー代表執行役副社長に就任し、コンスーマープロダクツ＆サービスグループを統括することになったのです。

それでは、平井の大抜擢の表向きの理由を考えてみましょう。平井の社長就任の一年余り前のことです。ストリンガー会長は、「取締役会から、パフォーマンス（能力と結果）を判断される機会を与えられた」と言い、彼を次期社長の筆頭候補に置きました。その理由として、液晶テレビ事業の構造改革案の策定を主導し、英ソニー・エリクソンの完全子会社化を成功させたとしています。

しかし、結果が問われない、構造改革案の策定なら誰にでもできます。また、ソニー・エリクソンの完全子会社化は、ビジネスの見込みがないと判断して、エリクソン自体が手放そうとした携帯電話ビジネスをソニーが引き継いで、ソニーモバイルコミュニケーションズとして発足したものです。

赤字を続ける液晶テレビ事業の構造改革は、遅々として進んでいません。また、スマートフォンなど多機能携帯電話の成長分野では、ソニーは米アップルや韓国サムスン電子の後塵《こうじん》を拝しています。それらのビジネスの具体的な挽回策も示されていません。

二〇〇〇年から低迷し続けているソニーの業績は、平井新社長の誕生によって回復するのでしょうか。自社所有不動産の密かな売却による赤字補填と、大々的に公表された数万人のリストラによる固定費削減――それは別に社長ではなくても、誰にでも簡単にできることです。単純な人員削減や資産売却で見せかけの黒字を維持して、その間に市場では高株価ながら実情は価値が下がっている持ち株を減らそうとしても、うまくいくものではありません。

二〇一一年の平井の業績からして、二〇一二年三月の取締役会の指名委員会では、その社長就任が否定されて当然のように思えます。しかし、平井は社長に指名されました。あまりにも強引な社長への抜擢――その理由を説明するのなら、二〇一一年にストリンガーが画策した次期社長候補選定の話から始めなければなりません。また、ストリンガーと平井を陰で操る元ソニー会長・出井伸之の暗躍も無視することができません。

大抜擢が続く理由――ソニーは金融会社か？

ゲームの世界で名を馳《は》せて、一時はポスト出井伸之としてソニー社長候補にも名前が挙がり、ソニー・コンピュータエンタテインメント（ＳＣＥ）社長も兼務していた元ソニー副社長の久夛良木健。その久夛良木から二〇〇六年、ソニー・コンピュータエンタテインメント（ＳＣＥ）の社長を引き継いだ平井です。

表２：主要ソニーグループの分野別営業利益（2009年度）

金融	1625 億円
映画	428 億円
音楽	365 億円
特機・部品	[▲72] 億円（ディスク製造など）
携帯電話	[▲522]億円（ソニー・エリクソン）
テレビ関連	[▲465]億円（CPD）
ゲーム関連	[▲831]億円（NPS）

＊[ ] 内の数字は赤字を示す

その彼が次期ソニー社長候補に抜擢された理由を将来への高い期待感からだとしたら、エレクトロニクス事業とは違って、まだソニー発展の可能性を残すゲーム事業の立て直しが該当するでしょう。大ヒット製品に化けてソニーの業績回復に一役買ったゲーム機プレイステーション２（ＰＳ２）に続いて、次期モデルとして発売されたＰＳ３が巨額の赤字を垂れ流し続けています。そのゲーム事業の黒字化です。

ソニーという会社は、その内部事情が外部からはわかりにくいと思います。平井は、なぜストリンガーから高く評価されたのでしょうか。その理由には、近年のソニーの事業収益が関係しています。表2に主要ソニーグループの二〇〇九年度の分野別営業利益を示します。巨額の赤字になっているゲーム関連の事業は、平井が担当してきたものです。

金融事業の黒字基調維持は当然のことですが、ヒット作の有無に影響を受けるという波はあっても、映画や音楽のエンタテインメント事業も黒字基調が続きます。特別の問題がない限り、意図的な黒字の数字化が可能なビジネスです。それらの事業に比べて正直な、エレクトロニクス関連事業は、すべて赤字基調の傾向が続きます。すなわち、ソニー本業のエレクトロニクス事業の担当者は、すでに不遇な環境下で働いているといえるのです。

平井は、過去の遺産と化したエレクトロニクス製品に比べて、その将来性が望める音楽配信事業やパソコン、読書専用端末機などの分野を担当していました。次期社長候補は、失敗のないエリート街道を歩まなければなりません。平井に期待することについて、「一にも二にも実績だ」とストリンガーは強調していました。しかし、ストリンガーがエレクトロニクス事業の惨状の責任をとることはありませんし、その事業改善について何ら具体的な策を示すこともありません。

そうなると、アメリカ映画以外のビジネスを知らないストリンガーは、ゲーム事業はもちろんのこと、エレクトロニクス事業まで平井に丸投げして、その結果だけを批判する傍観者の立場を続けようとしているとしか思えないことになります。

二〇一二年二月のソニー決算説明会では、ストリンガーの空虚な行動を褒《ほ》め称《たた》えるだけで、彼の客観的な実績評価はされませんでした。その前年末に満を持して発売されたものの、現状では大失敗しているPSV（PS Vita）のビジネスに関しても、決算報告書には明確に記載されていません。

現在の新芝浦ソニー本社ビル

低迷するソニーを反省するわけでもなく、都合の悪い質問には真正面から答えず、問われたビジョンには明確な方向を示さない――それが幾度となくリストラを繰り返し、次々と優秀な技術者を流出させていく、今のソニーの経営者の姿なのです。

これら一連の動きから想像できる大抜擢の理由は、平井の若さを理由にストリンガー自身がソニーの要職に留《とど》まり高額の報酬を受け取り続けること、また英語で意思疎通ができる日本人の平井に自分が不案内なソニーの主要事業の責任を丸投げすること、この二つです。

それに加えて、従来からソニーが得意としてきたエレクトロニクスから、音楽、映画、ゲームのエンタテインメントへソニーの主体事業を転換させるために、エレクトロニクス事業の幕引きを吉岡浩執行役副社長に任せること、また関連する技術者の大量リストラを中川裕執行役副社長に任せること、そうして自分は表舞台に出ないようにすることだったのでしょう。

出井伸之

ソニーを操る出井伸之議長の影

数年前に話を戻しましょう。平井の社長就任は、ずっと以前からの確定路線でした。二〇一一年三月一〇日、東北地方太平洋沖地震発生前日のことです。東京の品川駅南に建つソニー本社で、新聞やテレビ、雑誌などのマスコミ関係者を集めたオンレコの懇談会が開かれました。

懇談会の中心人物は、ソニー社長を兼任しながら、ソニー会長兼CEOの職に就くハワード・ストリンガーでした。その懇談会の席で、ソニーの若手四銃士と呼ばれていた次世代幹部候補生四人のうちの一人、平井一夫執行役の四月一日付の代表執行役昇格が告げられました。このストリンガーが敷いた平井の社長就任への伏線の裏には、元ソニー会長で現ソニー・アドバイザリーボード議長の出井伸之の姿が見え隠れしています。

ソニー本社で開かれた三月の懇談会の前月、二〇一一年二月初旬のことです。クオンタムリープ代表取締役（CEO）でクオンタム・エンターテイメント社長を務める出井が、ストリンガーが常駐する真冬のニューヨークを訪れました。他社のアドバイザリー会議への出席が主な目的でしたが、そこでストリンガーが、三月一〇日の平井次期社長候補発表の筋書きへの出井の内諾を得たのでしょう。

出井は一九九五年にソニー社長に就任し、二〇〇〇年に社長を安藤國威《あんどうくにたけ》に譲り、自身は会長兼最高経営責任者（CEO）に就任しました。二〇〇五年に会長兼CEOを辞してからは、二〇〇七年まで最高顧問とソニー・アドバイザリーボード議長の両方を務めています。

ソニーは二〇〇六年三月末で、肥大化していた従来の顧問制度を廃止し、旧役員で構成されていた在任中の顧問四五名を全員退任させました。ソニー取締役会の意向です。しかし、出井だけは経団連副会長就任を理由に、二〇〇七年六月まで最高顧問に留まっていました。

また、最高顧問は退任しても、アドバイザリーボード議長の職は、いまだに手放していません。そうして二〇一二年の現在も、ソニー・アドバイザリーボード議長としてソニー役員人事への影響力を維持しています。アドバイザーとは「顧問」のことですが、ソニー・アドバイザリーボードを「監視委員会」と呼ぶ人もいます。

こうして二〇一二年五月九日に開催されたソニー取締役会指名委員会の決議によって、ソニー・アドバイザリーボード議長の出井と、ソニー取締役会議長のストリンガーと、ソニー社長兼CEOの平井の三人によるソニー新独裁体制が完成したのです。

ソニー執行役の報酬

ところで、ソニーの会長と社長とCEOを兼務していたストリンガーと、副社長時代の平井の年俸をご存じでしょうか。二〇一一年三月締めの彼らの年俸は、ストリンガーが約八億六〇〇〇万円で、その高額

表３：役員平均報酬が従業員平均年収の10倍以上の企業（2009年度）

会社名	役員平均報酬	従業員平均年収	倍率
ソニー	2億8986万円	958 万円	30.3
日産自動車	2億6210万円	714 万円	36.7
トヨタ自動車	1億2200万円	829 万円	14.7
住友不動産	1億1233万円	652 万円	17.2
新日本製鐵	1億1024万円	750 万円	14.7
新生銀行	9913万円	917 万円	10.8
HOYA	9866万円	654 万円	15.1
シャープ	9570万円	764 万円	12.5
三菱電機	8795万円	782 万円	11.2
ダイキン工業	8160万円	674 万円	12.1
ヤフー	6300万円	598 万円	10.5

*「倍率」＝役員平均年収÷従業員平均年収

報酬は日産のカルロス・ゴーンに並びます。平井の年俸は約一億五〇〇〇万円です。これが赤字経営を続けるソニーの経営者の報酬の実態なのです。成果はゼロ、またはマイナス、それでもソニーの社長や会長になれます。そうして高額の報酬と退職金を手中にできます。それが出井時代から続くソニーの成果主義の現実なのです。

数年前のデータですが、表3に役員平均報酬が従業員平均年収の一〇倍以上の企業を示します。役員と従業員の年収の格差については、日産自動車とソニーの二社で、役員の平均年収が従業員の平均年収の三〇倍を超えています。非正規社員の年収が二七〇万円ぐらいだと仮定して、トップ役員の会長の年収が八億円だと仮定すると、その年収格差が約三〇〇倍になります。正規社員の年収が八〇〇万円ぐらいだと仮定しても、その年収格差が約一〇〇倍になります。たった三日間、本社の会長室でテレビを見てお茶を飲んでいたら、それだけで汗水垂らして働く一般従業員の年収分を稼ぐことになるのです。

その責任と能力から、経営者はそれなりの報酬を受けてしかるべきでしょう。しかし、経営者の報酬の妥当性は株主や従業員が監視しなければいけません。誰から吹き込まれたのか知りませんが、ストリンガーは「報酬を開示しないことは日本文化であって尊重したい」と言っていました。しかし、それでは役員報酬の妥当性を株主が評価できません。ソニーのように、グローバルスタンダードでコーポレートガバナンス（企業統治）の実施を公言している企業でさえも、役員報酬額は公表してこなかったのです。

それでも役員平均報酬額と従業員平均年収の比較は可能でした。以前から役員報酬の総額は、企業が提出する有価証券報告書に記載することが義務づけられていたからです。したがって、その開示資料をもとに、報酬総額を役員の人数で割って「役員一人当たりの平均年収」を算出し、さらに有価証券報告書で開示されている「従業員の平均年収」も参照すれば、だいたいの様子がわかります。出井がソニー会長を退任した直後、二〇〇七年度の有価証券報告書によれば、ソニーが当時の執行役七人に対して支払った報酬総額は二〇億二九〇〇万円に上ります。

表４：ソニー執行役の報酬額（2009年度概算）

ハワード・ストリンガー　会長兼社長
　連結報酬：４億1000万円
　（基本報酬：３億1000万円＋業績連動報酬：１億円）
　ストック・オプション：50万株（約４億円相当とする）
中鉢良治　副会長
　連結報酬：１億5000万円
　（基本報酬：8000万円＋業績連動報酬：7000万円
　ストック・オプション：８万株（約6400万円相当とする）
大根田伸行　副社長（同日の株主総会で退任）
　連結報酬：１億4000万円
　（基本報酬：5000万円＋業績連動報酬：4000万円）
　ストック・オプション：３万株（約2400万円相当とする）
　退職金：5000万円

米国の平均的な最高経営責任者（ＣＥＯ）は、従業員の平均年間給与の数十倍から数百倍の年収を得ています。しかし、頭脳産業を標榜する日本の企業で、従業員の多くは、単純労働に従事する取り替え可能な機械として働いているのではありません。大多数の米国企業とは違います。

独立心と克己心が強く、自分の将来を考えながら人間として働いている従業員が、そんな経営者との収入格差の条件の下で真剣に働きたいと思うでしょうか。

二〇一〇年三月期の有価証券報告書からは、役員報酬が一億円を超える場合、法令に従って個別の報酬額の開示が義務づけられるようになりました。企業経営の透明性確保の観点から考えて喜ばしいことです。同年六月一八日、ソニーは東京都内で定時株主総会を開き、法令に基づいて当時のハワード・ストリンガー会長兼社長ら、代表執行役の二〇〇九年度の報酬を開示しました。前ページ表4を参照してください。

役員報酬の個別開示は、厳密には株主総会での開示義務対象ではありません。しかし、ソニーは株主からの質問に任意に応じる形で開示し、ストリンガーの二〇一〇年三月までの一年間の報酬が八億一六五〇万円（業績連動報酬とストック・オプションを含む）だと発表しました。ちなみに、二〇一一年の福島第一原発事故で自分の給料を半額の三六〇〇万円に減額した東京電力の社長の年俸は七二〇〇万円です。パナソニックの社長でも七〇〇〇万円程度だといわれています。ストック・オプションとは、企業の役員や従業員が、あらかじめ決められた株価で、所属する企業から一定期間内に自社株を購入できる権利のことです。当然、株価が上がれば、役員や従業員が得られる利益も大きくなります。

企業経営者であれば、自社株の一時的な株価操作は簡単にできます。売れそうもない並の製品を画期的な新製品だとして誇大に広告宣伝することができます。莫大《ばくだい》な広告宣伝費を使えば、その新製品を高く評価する風評を流布して、一時的に高株価を維持することができます。また、自社の資産を売却したり大量の人員を解雇したりすると、流動費（売上高）と固定費（人件費）の発生タイムラグを利用して、その翌年には必ず大幅な黒字達成ができます。

そうして瞬間的な黒字業績を残し、後は自分の株券を現金に換えて、あらかじめ物色しておいた次の会社に就職して、また同じことを繰り返す――それが企業を転々と渡り歩く米国流企業経営者の正体です。ストック・オプションの行使可能期間まで、役員任期を終えてから一〇年以上を置けば、そのようなことは起きません。そうしないと、ストック・オプションが、公認のインサイダー取引になってしまいます。

また、ソニーは二〇一〇年の株主総会を前にして、株主総会の招集通知書の添付書類で、執行役と取締役の計二〇人の報酬総額も開示しています。その執行役一人当たりの報酬は、定額報酬と業績連動報酬（ふつうの社員の賞与にあたる）の合算になります。定額報酬の平均額は一億七七五万円、業績連動報酬の平均額は四〇五〇万円です。それはソニーの貴重な資産を売却しながら、さらに数百億円という多額の赤字を出した結果の増額なのです。これが赤字会社ソニーの役員報酬として、はたして妥当だといえるのでしょうか。

二〇一一年六月二八日、ソニーはハワード・ストリンガー会長の二〇一一年三月期の役員報酬額を発表しました。ストック・オプション（自社株購入権）を含む総額が八億六三〇〇万円で、前年を数千万円ほど上回りました。基本報酬額は二億九五〇〇万円、業績連動報酬が五〇〇〇万円、ストック・オプション分は評価額が上がり五億一八〇〇万円になっています。当時の執行役八人の業績連動報酬総額は二億二四〇〇万円になります。

また、中鉢良治《ちゅうばちりょうじ》副会長の総報酬は二億五八八万円、ニコール・セリグマン執行役の総報酬が二億一〇八万円、平井一夫副社長の総報酬が一億五二八〇万円になっています。同期の連結決算は二五九五億円の純損失で、三期連続の赤字になります。ふつう、経営が赤字なら米国式経営では業績連動報酬はゼロが当然でしょう。これでは取締役会（報酬委員会）の見識も疑わざるを得ません。

取締役と執行役の二重体制

執行役、代表執行役、副社長、社長、会長、顧問、最高顧問、最高経営責任者など、次々と発表、変更されるソニーの役職名は世間一般に馴染《なじ》みが薄いと思います。一九九七年に当時の社長の出井によってソニーに導入された「執行役員」は、先輩取締役を取締役から外すために使われた便法で、その役職に法的な根拠はありません。

表5：ソニーの役員体制（2011年4月）

ハワード・ストリンガー
中鉢良治※
小林陽太郎※
山内悦嗣※
ピーター・ボンフィールド
張富士夫※
安田隆二※
内永ゆか子※
矢作光明※
謝正炎（サンヤン・シェー）
ローランド・ヘルナンデス
安樂兼光※
小島順彦※
永山治※

＊取締役14人中、12人が社外取締役。※印が日本人

ただし、「執行役」については、各事業の業務執行責任を取締役に任せるのではなくて、事業を熟知する社員を業務執行に専念させるためだ、という大義名分の下に取締役とは別に設けられた役職で、二〇〇三年の委員会等設置会社の導入により、法的に認められた資格です。

しかし、その人数は限られていて、ここ数年は七人から八人の体制が敷かれていました。二〇一一年四月においても、ストリンガーはもちろんのことですが、二〇〇九年に執行役に就任した平井を含めて、八人しかソニーに執行役はいません。その執行役のなかでも代表執行役（取締役会に参加させるために使う便宜上の名称）になると、会長兼社長のハワード・ストリンガーと二年前に社長職を退いた副会長の中鉢良治の二人でした。それが、前年副社長に昇格した平井一夫を加えて三人になっています。

表６：ソニーの執行役体制（2011年４月）

ハワード・ストリンガー　代表執行役　会長　兼　社長　CEO※
中鉢良治　代表執行役　副会長（製品安全・品質、環境担当）※
平井一夫　代表執行役　副社長（コンスーマープロダクツ＆サービス事業担当）※
中川裕　執行役　副社長（生産・物流・調達・CSプラットフォーム担当）
吉岡浩　執行役　副社長（プロフェッショナル・デバイス＆ソリューション事業担当）
木村敬治　執行役　EVP（知的財産、ディスク製造事業担当）
ニコール・セリグマン　執行役　EVP　ジェネラル・カウンセル
加藤優　執行役　EVP　CFO

＊執行役８人中、５人が文系。※印が代表執行役。基本報酬だけで６億2000万円が支払われた。

二〇一二年四月時点では、過去に慶応大学塾長を務めていた安西祐一郎が社外取締役に追加されています。また、執行役では、ハワード・ストリンガーから社長とＣＥＯのタイトルがなくなって、平井一夫が社長兼ＣＥＯになっています。木村敬治からディスク製造事業担当がなくなっています。吉岡浩は新しくメディカル事業担当になっています。

さらに中川裕が外れて、新しく四人の執行役が追加されています。斎藤端（執行役ＥＶＰ／ＣＳＯ）、根本章二（執行役ＥＶＰ／プロフェッショナル・ソリューション事業、デジタルイメージング事業、ディスク製造事業、システム＆ソフトウェアテクノロジープラットフォーム、コーポレートＲ＆Ｄ担当）、鈴木智行（執行役ＥＶＰ／半導体事業、デバイスソリューション事業、アドバンストデバイステクノロジープラットフォーム担当）、鈴木国正（執行役ＥＶＰ／ＰＣ事業、モバイル事業、ＵＸ・商品戦略・クリエイティブプラットフォーム担当）です。

表５と表６からわかるように、企業にとっていちばん重要な取締役会が、ほとんど社外の人間で構成されています。また、技術のソニーの事業運営が、理系ではなくてほとんどが文系の人間で動かされてい

ハワード・ストリンガー

ます。一九九七年に出井によってソニーに導入された執行役員制度の存在意義は、現在の執行役制度と同じで、事業を熟知する社員を業務執行に専念させるためだとされています。しかし、それは技術のソニーに技術空洞化を招く、虚《うつ》ろな大義名分にすぎません。企業の経営は、事業を熟知する人間にしかできないからです。

事業部や子会社から報告される経営の数字だけでは、その経営の実態はわかりません。経営と執行の分離という大義名分には、事業部の実力者や子会社の役員をソニー本体から隔離して、その経営を本社の一部の人間で好き勝手に操ろうとするソニー本社の最上層に位置する一部の人間の本音が見え隠れしています。最近の電力会社でも、業務を執行する人を監督する、社外取締役が必要だという話があります。しかし、業務がわからない社外取締役に、執行の監督ができるはずがないことなど、子どもにでもわかることでしょう。

三年の任期を一期務めて、内々の規定で二〇〇八年に会長職を退く予定だったハワード・ストリンガー。その任期延長がソニーの指名委員会で例外的に認められてから二期目の三年が経過しました。そして二〇一一年の会長職退任の予定も、平井の若さや経験不足を理由に延長され、会長兼社長をストリンガーが続投することになりました。

ストリンガーは、二〇一一年以降の自分自身の去就について、社外の著名人が多いソニー取締役会から「あと数年、今の立場にいるように要請を受けた」と言い、会長兼ＣＥＯの続投意向を表明していました。

他人から要請されて残るという慰留の形——それは老人が自分のポジションを延長するときに使う常套手段です。どんな場面でも、去就を決めるのは自分の意思であって、決して他人の要請ではありません。

七〇歳になろうとする人間なら、それまでの六年間の自分の任期の間に、自分を超えるべき後継者を育てていて当然だと思います。噂にすぎませんが、二〇一一年には取締役会役員の一部から、平井の力量不足を理由に権限委譲の時期を遅らせるという提案があったそうです。そうだとしたら、取締役会（指名委員会）の見識も疑わざるを得ません。

委員会設置会社ソニーの役員人選の無軌道ぶりがわかるように、二〇一二年六月二七日に開催された定時株主総会で承認決議された取締役を次ページの表7に示します。全一四人中、一〇人が社外取締役です。NXPはフィリップスから半導体部門を引き継いだ会社です。資金運用と知財運用に偏った人員構成でしょう。このなかに技術者はほとんどいません。指名委員会の委員に、自身も含めて取締役の適任者を選ぶ能力があるとも思えません。指名委員会に提出される取締役候補の名簿は、いったい何処《どこ》の誰がどんな根拠で作成しているのでしょうか。

驚いたことに、代表執行役ではなくて執行役なのに加藤優が取締役になり、会長不在になったのに中鉢良治が副会長として留任し、七年間にわたり満足に代表執行役が務まらなかったのにハワード・ストリンガーが取締役に残留するなど、信じられない役員人事が続きます。ところで、ハワード・ストリンガーやニコール・セリグマンがどんな人で、彼や彼女がどこで何をしているのか、どんな知識や能力を持っているのか、それを知っていますか。ソニーのほとんどの従業員は、何も知らないと思います。

表7：ソニー取締役（2012年6月）

平井一夫（新任）	ソニー代表執行役社長兼CEO
中鉢良治	ソニー代表執行役副会長
加藤優（新任）	ソニー執行役EVP CFO
ハワード・ストリンガー	ソニー取締役会議長*
ピーター・ボンフィールド	NXP Semiconductors N.V. 取締役会議長
安田隆二	一橋大学大学院　国際企業戦略研究科教授
内永ゆか子	㈱ベネッセホールディングス取締役副社長
矢作光明	㈱日本総合研究所代表取締役会長
謝正炎（サンヤン・シェー）	LinHart Group ファウンダー＆チェアマン
ローランド・ヘルナンデス	Telemundo Group, Inc. 元チェアマン＆CEO
安樂兼光	㈱みずほフィナンシャルグループ取締役
小島順彦	三菱商事㈱取締役会長
永山治	中外製薬㈱代表取締役会長CEO
二村隆章（新任）	公認会計士
〔退任取締役〕	
小林陽太郎	富士ゼロックス㈱元取締役会長
山内悦嗣	㈱三井住友フィナンシャルグループ元取締役
張富士夫	トヨタ自動車㈱代表取締役会長
安西祐一郎	独立行政法人 日本学術振興会理事長

注記：執行役ではなくて取締役になり、取締役会議長に就任し、指名委員として残るという巧妙な選択（＊部分）。

若い人は社会的地位の高い人に憧《あこが》れがちです。しかし、ソニーが貧乏なときに共に働こうと言った外国人と、ソニーが金持ちになってから言い寄ってきた外国人とでは、人間が違います。自分で創業して企業を育てながら偉くなった人と、企業に就職してから他人に引き上げられて偉くなった人とでは、人間が違います。また、同じ日本人でも、自分で外国人を雇って一から組織を構築し、自分で海外の市場や拠点を開拓していった人と、幼少時代または学生時代を海外で過ごしただけの人や海外へ転勤して既成の組織で勤務しただけの人とでは、経験と学習が違うのです。

お手盛り報酬の発端と出井の報酬の闇

二〇〇三年、安藤國威を傀儡《かいらい》社長に据《す》

えて自らが念願の会長兼ＣＥＯの職に就いていた出井伸之が、従来の取締役会の姿を変えて、ソニーを委員会等設置会社へ移行させました。ソニーのコーポレートガバナンスのトップに立ち、企業運営の命運をソニー外部の人間を中心とする少人数で操る委員会（指名委員会、報酬委員会、監査委員会）の設置です。図１にソニー取締役会の構造を示します。ソニーの命運すべてが、指名委員会に任されています。

　誰が考え出したのか知りませんが、取締役と執行役を分離することは、人間の頭脳と手足を分離するのと同じ愚行です。それは人間を機械として扱う、米国の奴隷制度時代の名残《なごり》を持つ企業に向いている仕組みでしょう。また、組織の行動が人で左右されるという事実を知っていれば、指名委員会の委員こそが最大の権力者だとわかります。

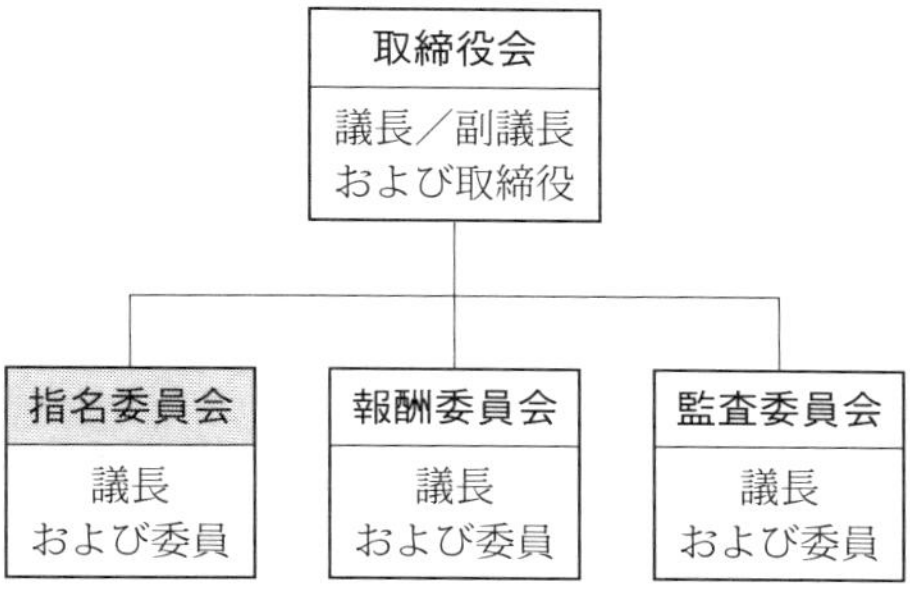

図１：ソニー取締役会の構造

　委員会設置会社の指名委員会は人事権を握る委員会なので、他の二委員会を含めて取締役会全体が指名委員会で操作されてしまいます。司法・行政・立法の三権分立は、人事権が含まれていないという条件で成立します。その三権組織の構成者が東大卒業者というグループ（派閥）人事で牛耳られてしまうと、組織は分離されていても人間関係で三権分立が成立しなくなります。

　こうして、米国企業の物真似を続ける出井の単純な行為がソニーの命運を大きく変えていき、主体性を欠いた企業経営が続くことになりました。その出井の米国企業の真似、特にゼネラル・エレクトリック（Ｇ

E）会長のジャック・ウェルチの真似をするという単純な行為――ソニー最大で最悪の偶然の愚策が、やがて謀略のツールに姿を変えてしまい、歴代の社長、安藤國威、中鉢良治、ハワード・ストリンガー、平井一夫へと続く出井の傀儡政権を生み出す指名委員会と、出井以降の高額報酬を生み出す報酬委員会を誕生させてしまいました。

自分が手にする報酬の米国企業トップなみのアップを狙った社長時代の出井は、まず社外取締役体制の構築を画策しました。その旗振り役として選んだのが、日産出身で当時は一橋大学教授だった中谷巌です。ソニーの取締役会の密室化を推進するエンジン役の取締役会議長です。

次に高額報酬に違和感を抱かない人物としてソニーの社外取締役に選んだのが、日産社長のカルロス・ゴーンです。とりあえず指名委員に就任しましたが、ソニー会長の米国流高額報酬化を推進するエンジン役として、ソニー取締役会の人事を握る彼の影響力は無視できません。残念なことに、出井がゴーンから学んだことは、人員削減と高額報酬の二つだけだったようです。

そして、カルロス・ゴーンを利用して実現した出井の高額報酬を受け継いだのがハワード・ストリンガーなのです。二〇一〇年の報道発表によると、日産のゴーンの役員報酬が約八億九〇〇〇万円、ソニーのストリンガーの役員報酬が約八億一〇〇〇万円です。それならカルロス・ゴーンを取締役会のメンバーに迎えて、社長・会長・最高顧問をしていた時代の出井伸之の報酬は、いくらだったのでしょうか。それが闇《やみ》のなかなのです。

ソニーでは過去、役員報酬の個別開示が義務づけられていないことを報酬委員会が利用していたようです。出井は自分同様に、取締役と執行役にも密かに米国流高額報酬化を拡散して、高額報酬に異論を挟まない、出井に歯向かわない、従順な羊を周囲に増やしていきました。彼の本能なのでしょうか、巧妙です。

社長時代と会長時代の出井伸之の報酬は、まったく公表されていません。節度を知る盛田に倣《なら》い、数千万円だといわれていた出井の前任者・大賀典雄の報酬に比べて、公表された課税額から推測してそれが五億円ぐらいだと噂されています。また、退職慰労金はいくらで、アドバイザリーボード議長の報酬はいくらで、そのフリンジベネフィットは何なのでしょうか。大賀の一六億円という退職金の額は出井から公表されましたが、出井の退職金の額はストリンガーから公表されていません。不思議なことに、それを問い質す人はいないのです。

驚くべきことは、ソニーのビジネスを低迷させ、これだけ業績を落とし続けるという前例のない失敗をした出井伸之とハワード・ストリンガー、平井一夫、それにほかのソニーの取締役や執行役が、何の咎《とが》めを受けることもなく高額報酬を受けていることです。一般社員の業務査定なら最低評価の左遷であるはずなのに、副社長はのうのうと社長になり、社長はのうのうと会長になる――それが今のソニーが抱えている矛盾なのです。

二〇一一年当時の米国のマスコミによると、平井の社長兼ＣＥＯ就任は二〇一三年春だと噂されていました。二〇一一年初頭の懇談会の発言と取締役会の人事により、日本に住まない、日本語を話さない、日本を代表する国際企業ソニーの外国人会長兼ＣＥＯ兼社長へ、さらなる年俸八億円を保証する二年間の布石が打たれていたのです。

厚顔無恥なる社外取締役

米国かぶれの出井は、単に米国企業の真似をしたかっただけなのでしょう。しかし、このソニーの「経営と執行の分離」という社外取締役制度が、出井自身も気づかない、出井にとって好都合の副作用を生じさせてしまいました。「経営と執行の分離」という大義名分の裏には、経営と技術を互いに分離し、ソニーの技術畑出身者を経営に関与させないという、技術経営の必要性を根底から否定する組織の構築意図が見え隠れします。

見過ごしてはならないこと……それは上級役員のなかに研究開発を統括する人物が一人も含まれていないことです。過去のソニー取締役には、ソニーの技術研究を統括する人物の名前が必ず見られました。出井伸之が役員になってから、ソニーは技術者のための社内図書館を廃止して、優秀な研究者の拠り所として基礎研究を続けていたソニー中央研究所でさえも、発展的解消という大義名分の下に解体しました。今のソニーで、長期的な技術研究開発の必要性が置き去りにされていることが理解できると思います。

もう一つ、見過ごしてはならないことがあります。それはソニーが多数の連結子会社を抱えて多業種展開の事業をする会社だということです。企業の取締役の数は、企業規模（資本金や従業員数、売上高）で単純に決めるべきものではなくて、その企業の業態で決めるべきものです。しかし、複雑な業態のソニーなのに、執行役の数と社内出身取締役の数が非常に少ないのです。それでは連結関連会社の運営の実情が、ソニーのごく一部の人間にしかわかりません。透明性が低く無責任な今の経営管理体制だといえます。

ポスト出井のソニー経営についていえば、二〇一一年には取締役会に名を連ねるソニーの人間は、代表執行役も兼ねるハワード・ストリンガー会長兼ＣＥＯ兼社長と中鉢良治副会長の二名だけになっていました。残りの一二名が社外取締役でした。ソニーの事業運営の現場と実態を知らない社外取締役に、ソニーの内部事情などわかりようがないですし、ソニーと命運を共にする気もないでしょう。まったく奇妙な取締役会構成だといえます。

ソニーの取締役会は、役員の任命や解任、役員報酬の決定など、企業運営の根幹にかかわる重要な決定権限を持ちます。その取締役会メンバーの大半を構成する社外取締役は、ごく少数の社内取締役が、自分が懇意で自分に協力してくれそうな、知り合いの人たちから選びます。すなわち、ソニー流の取締役会は、客観的かつ公正な目で社外から企業経営を監督することが建前の目的になり、社外取締役制度を利用して腐敗、癒着、縁故の温床を構築することが本音の目的になるのです。

宮城県白石市のソニー半導体事業所で発生したソニー白石事件など、ソニーにも過去に大きな不正経理事件が発生しています。それらの不祥事は、当時のソニー本社監査室メンバーの現地調査によって次々と改善され、ソニーの企業統治機能はソニーグループ全体として強化されていたのです。人の質の重要性を痛感させられます。

総勢一四名で構成されるソニーの取締役会に、たった二人の社内取締役しか参加していない。しかも、その二人のうち一人は会長で、もう一人がその会長の傀儡社長だったとしたら……。そして一二人の社外取締役も含めて、取締役会メンバー全員が会長と腐敗、癒着、縁故でつながっていたとしたら……。ソニーの取締役会は、たった一人の会長が企業を私物化する道具になってしまいます。

その腐敗の温床ともいえる制度の構築の布石は、一九九七年のソニー執行役員制度導入で打たれ、一九九八年の報酬委員会と指名委員会の設置、一九九九年のネットワークカンパニー制の導入、二〇〇二年のアドバイザリーボード設置へと続き、二〇〇三年の委員会等設置会社（執行役制度導入）への移行で完成します。端的に言えば、経営者不在のソニーが完成したのです。

それはいずれも出井が社長から会長を務めていた時代のことです。六七歳という役職定年の高齢に達した当時の大賀会長を横目に見ながら、自分が会長になり、自分の傀儡人物を社長にするという構想を出井が着々と実現しようとしていたのでしょう。

ソニー社内では、これら一連の改革が「健全で透明、かつ迅速でダイナミックなグループ経営」と「経営における監督と執行の分離」の実現という大義名分の下に理解されています。企業経営はプロ野球ではありません。経営における監督と執行を分離してしまい、事業の現場を動かす人々を単なるプレーヤー扱いし、自分はプレーヤーの首をすげ替えるフロントに徹し、さらには自分の報酬も自分で決める――大義名分の下では、そんな理不尽が理不尽だとされません。

ホームランを打てば褒める、ヒットなら飼い殺し、三振ならクビ、そんな単純作業では、野球監督も務まりません。ほとんどの社員が純粋な理系の技術バカで構成され、策略家の文系が得意とする政治闘争に疎《うと》いソニー。そのソニーグループ全体の最高経営機関を私物化し、すべての企業統治機能（コーポレートガバナンス）を個人で掌握する構想――まことに巧妙だ、としか言いようがありません。

二〇〇五年にソニーの会長兼CEOになったストリンガーは、二〇〇九年にソニー社長の中鉢良治を副会長に祭り上げて、自分がソニー社長も兼任し、ソニーの経営に絶対的な権力を握るに至りました。そのときにストリンガーの指名を受けてソニーに誕生した四人の次世代幹部候補生の一人に文系社員の平井がいたのです。

実質的には、出井が会長と社長に任命したストリンガーと中鉢の二人ですから、両名とも出井の傀儡となる人物です。しかし、中鉢は出井の傀儡でしたが、強引かつ急速に技術部門の空洞化と外注化を進めるストリンガーの傀儡ではありませんでした。それでは社内取締役二人で構成されているソニーの取締役会をストリンガー会長一人で牛耳ることができません。

中鉢良治

実際に中鉢は、ストリンガーが進める技術者の単純なリストラに抵抗しています。その野放図なリストラの実施は、過去には中鉢の下僕で、やがてストリンガーの忠実な下僕になっていく中川裕執行役副社長が担当していました。

中川と同じく中鉢も、その高額の役員報酬を継続して受け取ることで、やがてストリンガーの傀儡と化していきます。だから、ストリンガーは中鉢を解任せずに副会長へと祭り上げたのです。これでやっと、出井からストリンガーへ、そして次期傀儡社長へとつながる新独裁政権誕生への筋書きが描けることになります。

たぶん、井深・盛田・岩間・大賀（岩間和夫《いわまかずお》を含む歴代社長）を見てきた出井には、その理解度は別にして、中鉢を社長にするまでは、技術のソニーへの愛着が若干、残っていたように感じます。しかし、ストリンガーを頂点にしたソニーの新独裁政権の完全掌握という将来が見えた時点で、技術者個人の夢を実現するという従来のソニーの遺伝子がすべて破壊されてしまい、経営者個人の欲を追求するという新しいソニーの遺伝子が完成されたのだと思います。

オリンパス巨額損失隠し事件の後遺症でしょうか、新聞や雑誌の社説や論調を見ると、社外取締役の導入に好意的かつ積極的です。また、親会社の役員や社員は社外扱いしないことや、親会社の株主が子会社の役員を追及する裁判を起こせるなどの制度の導入による、グループ経営の規律強化や企業統治機能の強化を唱えています。欧米の制度を是として参考にしているのでしょう。

筆者にはまったく違うように思えます。なぜなら、ほとんどの癒着は組織と組織の間ではなくて、個人と個人の間で成立するものだからです。しかも、組織と組織の癒着は誰の目にも見えますが、個人と個人の癒着は努力して調べないとわかりません。そういう労力を省略する人が多いのです。それは取扱説明書を作成するのなら、設計技術者よりも一般の素人（ユーザー）のほうがわかりやすく書けると勘違いしてしまうのに似ています。

ユーザーは設計者の立場には立てません。一方、設計者はユーザーの立場に立てます。すなわち、ユーザーの立場に立てる設計者に取扱説明書を書かせればよいのです。しかし、そういう能力を持つ人を探す労力を省略してしまう人か、そういう人を見つける上位能力を持たない人が上に立っているのです。

社外の人間にとって、ソニーのことなど努力してもわかりません。ソニーで育った人間が、いちばんソニーとその社員を理解できるのです。企業統治の健全性は、制度ではなくて人で維持されるものです。そういう意味で、企業統治のいちばんの後進国がアメリカだと思います。

ソニーのスポンサーシップで毎年一月にハワイで開催されるゴルフ「ソニーオープン・イン・ハワイ」には、二〇一一年まで社外取締役が夫婦で招待され、ファーストクラスの飛行機チケットと名門ホテルの高級スイートが用意されていました――それが垂れ流される赤字を傍観し続けてきた社外取締役の見識なのです。

二〇一二年初頭のソニー社外取締役の平均年齢は約六七歳で、平均報酬は一二二〇万円とストック・オプションです。もともとソニーとは無関係で、社会人を引退して余生を過ごすだけの老人の集団……それでは出井やストリンガーに反旗を翻す人などいないことになります。

出井時代のソニーは、一九九九年から二〇〇二年の四年間、ハワイアン・オープン（ソニーオープン・イン・ハワイ）のスポンサーをしています。そのスポンサーシップは今のところ二〇一四年まで延長されています。その毎年の賞金総額は六〇〇万ドルに上ります。ハワイの一大イベントです。

もちろんハワイには、鷹揚《おうよう》なソニーを称える人はたくさんいても、ソニーを非難する人などいません。だから、このような活動を否定するものではありません。それでも、企業本体が健全に経営されているという前提が、スポンサーシップの維持には必要です。二〇〇二年、当時のソニー会長の出井は、ソニーオープンのスポンサーシップ延長にあたり次のように述べています。

「ソニーオープンは今やプレミアスポーツイベントであるだけでなく、ソニーが世界的なブランド価値をより高める有効な手段となっている。たとえば、二〇〇〇年以来、同時期にハワイで開催してきたソニーオープンフォーラムは、グローバルな経営者がさまざまなビジネス案件を話すよい機会となっている」

出井ソニーがハワイアン・オープンと同時開催してきたハワイの経営者会議（ソニーオープンフォーラム）のアウトプットは何だったのでしょうか。筆者は、その結果を知りません。その集まりは雲の上の人たちの懇親会だったのでしょうか。それとも産業界トップどうしの腐敗、癒着、縁故の温床の構築の場だったのでしょうか。

今のソニーは赤字経営で先が見えません。近年、ソニーが発表する収益は、対象部門のグループ替え、転換社債の発行、普通社債の発行、不動産の売却などで、その実態が非常にわかりにくくなっています。いつのころからか、ソニーの取締役会と経営の実態が見えにくくなってしまいました。それだけではありません。数十年前から、ソニーにまつわるさまざまな疑惑が語られていました。

第二章　知られざる闇と真相

ソニー本社で平井の次期社長候補を告げる懇談会が開催された二〇一一年三月から、約一ヵ月と少しが過ぎた四月二三日のことです。今は亡き盛田昭夫がソニー会長の時代に、病死したソニー社長の岩間和夫を継いで社長に就任し、社長退任後は会長・取締役会議長・名誉会長・相談役として、ソニー異例の長期政権の座に在った大賀典雄が逝きました。

今のソニーの低迷を誰よりも悲しんでいたのは大賀だと思います。しかし、ソニーがソニーらしさを失い低迷していく原因をつくったのも大賀だと思います。その社長任期は一九八二年から数えて一三年、会長任期は五年、取締役会議長任期は三年、名誉会長任期は三年、相談役任期は五年にわたり、社長以降のソニー内部への影響力が一九八二年から二〇一一年と二九年間にも及びました。

ソニーにまつわる五つの謎……より正確にいえば、一九七六年に大賀がソニー副社長に就任してから今日に至るまでに、ソニーに関係する五つの疑惑があります。それらの疑惑が、国内の就職人気企業ランキングトップの座を長く維持していたソニーの裏の姿を物語っているようにも思えます。

成長期のソニーにおいては、その巨大な成長エネルギーが、すべての諸悪を飲み込んでいました。第二章では、大企業へと成長したソニーが抱えてしまった闇《やみ》について語っていくことにしましょう。

ヘリコプター着陸事故

その一つ目が、一九七九年三月一六日に木更津市の高柳で発生した、ソニー航空機販売子会社(ソニーファイナンスインターナショナル)が所有するヘリコプターの着陸事故のことです。そのヘリコプターには、当時の大賀副社長が乗り込んでいました。関東に強風が吹き荒れていた日の朝のことです。

この事故では、木更津のヘリコプター着陸予定地の空き地に大賀ら一行を出迎えた数名のうち、ソニー子会社の桜電気(後のソニー木更津)の社長・鳥山寛恕が脳幹部挫傷で亡くなり、他の一人が重傷、二人が軽傷を負ったと報告されています。当時の事故の模様やヘリコプター操縦者の過失は、政府が構成する航空事故調査委員会の四人の委員が調査して報告されました。

第三者としては、その航空事故報告書(一九八〇年三月一四日に公表)の内容を信じるべきなのでしょう。しかし、どうしても腑《ふ》に落ちない話なのです。まだワンマンで尊大だった当時の大賀なら、彼の性格からして、操縦者を怒鳴りつけて譴責《けんせき》していたと思うからです。でも、そんな噂を聞いたことがありません。

あのとき、あのヘリコプターを操縦していたのは、いったい誰だったのでしょうか。不時着後に停止していたヘリコプターのメインローターブレードが、なぜ急に数回だけ再回転して人の命を奪ったのでしょうか。事故報告書では、クラッチの焼きつき固着が原因で、機長が墜落時の衝撃により一時的な自失状態に陥った間に回転したとされています。あの事故から、パイロット免許を持つ大賀が、自ら飛行機の操縦をしたという話を聞いたことがありません。

あの事故は、墜落ではなくて、地上二メートル弱からの着陸の失敗でした。だからこそ、四人の搭乗者のうち、三人は無傷だったのです。そんな無傷でも、操縦士を含めて安全ベルトを装着していたヘリコプターの乗員四人全員が墜落直後に自失常態になったという、航空事故調査委員会が出した調査報告書の筋書きが単純には信じられません。

自失状態とは、どんな状態なのでしょうか。前方左側の席にいて、事故後に入院した第一腰椎《ようつい》圧迫骨折の重傷者でさえも、ヘリコプターから自力で機外へ脱出したことになっています。そして、そんな事故関係者からの聞き取り調査が、事故発生から約一年後に行われたことも尋常だとは思えません。

この事故の翌年、ソニー副社長を務めていた大賀がソニー本社から転出し、かつて社長を務めていたソニー子会社、ＣＢＳ・ソニーレコードの会長に就任しました。その後、桜電気はソニーから大型投資を受けて数百人の従業員を募集し、社名をソニー木更津に変えてソニーの製造中核拠点になりました。

ソニーが桜電気に大型投資を始めた当時の桜電気社長は、ソニー音響事業本部企画管理部長を兼務していた岩城賢です。当時の岩城は岩間和夫社長と同じような性格で、ソニーにとって欠かせない、温厚で熟慮型の人物だったと思います。後にソニーの代表取締役副社長になりましたが、大賀が出井に社長を譲る前年の一九九四年に、ソニー生命の社長として転出しました。それからしばらくして出井の影響を受けるようになったのでしょうか、ソニー生命の社長から同社会長になりソニー生命の売却話が出たころには、若干、その高潔さが失われていたような気がします。

ソニー木更津では、ソニー本社から派遣された管理者が、工場のゲートを出入りする従業員の動向を二階通路の窓ガラス越しに睨《にら》むように観察していることがよくありました。厳しい規律とコストダウン要請に、ソニー木更津の技術者や製造ラインの人たちは、きっと苦しい思いをしていたのでしょう。しかし、その製造の匠の技と情熱は、かつてのソニー本社圏の芝浦、大崎、厚木の各工場のそれを遥《はる》かに上回っていたと思います。

ビデオ製品やオーディオ製品の機銘版に刻まれていた桜電気製造マークSDKと、その歴史と伝統を引き継ぐソニー木更津製造マークSKZ、それはソニーの製造技術への信頼と誇りを示していました。ブラジル人従業員を多数投入していたソニー美濃加茂のセル生産方式も、ソニーの先進のモノ造りを物語る一例ですが、やはり働く人には厳しい作業環境だったと思います。

鳥山社長の葬儀も含めて、この事故の後始末が円滑にいったのは、当時、日本の政界と経済界、マスコミに強い影響力を維持していた盛田会長の采配の結果だったのでしょう。

ロングラン株主総会

二つ目は、一三時間半に及ぶ歴史的なロングラン株主総会だといわれた、一九八四年一月三〇日のソニー株主総会のことです。それは大賀が社長に就任した年の翌々年の株主総会でした。大賀が総会議長を務めるその株主総会には、揉《も》める要因になりそうな議案がいくつか含まれていました。ＶＨＳとベータマックスのビデオテープレコーダー市場獲得競争でソニーが劣勢だったことや、市場の翳《かげ》りによってソニーの収益が悪化していたことです。

企業の株主総会対策は、当時の社長室長の佐野角夫の指揮の下に進められました。特殊株主が大勢出席する株主総会の対策は、社長室をはじめとして役員秘書や経営企画部門、渉外部門の仕事です。それに各事業担当の役員も駆り出されます。事前に株主質問の想定集を作成し、その回答を社内の責任者が作成して株主総会に備えます。しかし、その想定問答集のほとんどが、使われることもなく粛々《しゅくしゅく》と株主総会が終わるのがふつうです。

それでも、事業を把握していない総会議長への支援策として、多数の関係社員が多大な時間と労力を費やして想定問答集を準備していました。そうして予定どおり、当日の朝一〇時に株主総会が始まりました。

しかし、いざ総会の幕を開けてみると、異常なくらい多数の総会屋が出席していて、株主総会は一二時間を超えて紛糾することになります。その様子は夕方のテレビのニュースでも大々的に放映されました。ところが、翌朝寸前の真夜中になって、潮が引くように急に総会屋の怒声が収まり、シャンシャンと総会が終わったのです。

株主総会の資料には日付けが記入されていますから、真夜中を越えて総会が翌日に及ぶと株主総会のやり直しになります。当時、大多数の能天気なソニー社員は、その結末を知って「良かった」と無邪気に喜んでいました。

何らかの裏取引がソニー側の誰かと総会屋トップとの間で事前に成立していない限り、そんなことは有り得ない話です。想像の範囲ですが、総会屋と通じている株主総会専門の弁護士なら、その気になれば簡単に仕組める茶番劇です。ひょっとしたらの話になりますが、総会屋の首領と株主総会専門の弁護士の二人が仕組んだ猿芝居で、大賀だけが一人で踊らされていたのかもしれません。

無謀にも他社と違って毎年一月に開催されていたソニーの株主総会が、一九八四年のロングラン株主総会を経験した後、六月開催に変更されました。その後の株主総会は、二〇一一年までの電力会社の株主総会に似て、すべて順調で揉め事は起きていません。

あのとき、怒声を発する株主と裏で密かに取引したのは、いったい誰だったのでしょうか。株主総会の混乱を仕掛けたのは、ソニーの役員、総会屋の首領、それともソニーが雇った株主総会専門の弁護士だったのでしょうか。総会屋とソニーの癒着を疑う警察との事後対応に苦労していた社長室長の佐野は、どこまで真相を知っていたのでしょうか。

早朝テニスの謎と役員秘書の総入れ替え

三つ目は、一九九三年一一月三〇日に盛田会長が脳梗塞《のうこうそく》で倒れた場所と、そのとき会長と一緒にいたと噂されている人物のことです。ソニー内部では、それが当時の社長だった大賀だと噂されていました。しかし公私共に多忙だった盛田会長が、富士ゼロックスの小林陽太郎からプレゼントされたラケットを握って、ホテルのテニスコートで誰かと早朝から汗を流していた……その可能性は否定しません。だが、そこに大賀がいたという説明は真実なのでしょうか。あの日、盛田と一緒にいたのは誰だったのでしょうか。

盛田が脳梗塞で倒れたことは、大賀の秘書の芦澤里から大賀へ当日の午前中に報告されています。東京の品川の屋内テニスコートで、周囲に誰もいない早朝のプレー中に倒れ、右脳に卵大の出血が見つかり、大賀の知人の医師の采配で緊急手術を受けたことになっています。誰の目にも疑問が残る筋書きの発表でした。

当時、名誉会長秘書・会長秘書・社長秘書は、旧ソニー本社NSビルの七階にある役員室前のフロアーに机を構えて、彼ら役員の日常を管理していました。その秘書室という組織は大奥と呼ばれ、そこで働くベテラン秘書はお局様《つぼねさま》と呼ばれていました。役員との面会も、そのお局様を通して可能になります。お局様から軽く見られたり嫌われたりした社員は、役員面会もままならぬ状況でした。

この事件の真相は、その後に行なわれた名誉会長秘書・会長秘書・社長秘書の一斉の入れ替えが物語っているのかもしれません。彼女たちは、外からは見えない、会長や社長の細かな日常を知っていたからです。

一つ目と三つ目の二つの事件をとおして、盛田と大賀の強い絆《きずな》が垣間《かいま》見えます。当時のソニーは、政府やマスコミの操縦術に優れた企業だったと思います。それだけ盛田の外部への政治力が強かったのだといえるでしょう。ソニーは電通や博報堂を使った広告宣伝術にも優れていて、その莫大な広告費によるテレビや雑誌などのマスコミ支配は二〇〇五年ぐらいまで続いていました。ソニー内部で起きた問題が表面化しにくい時代でした。

全取締役あてに発信されたブラックメール

四つ目は一九九五年三月二一日に、当時のソニーの全取締役が受け取ったブラックメールのことです。社長候補の筆頭に立っていた一人の技術系役員のハワイでのスキャンダルの噂をしたためた手紙です。その翌日には、次期社長を決める臨時取締役会の開催がソニー本社で予定されていました。

社長候補として出井よりも有力視され、社長候補の本命だと噂されていた技術系役員の森尾稔ですが、その意味からして社長候補として不適任ではないか、と書かれていたそうです。この手紙は、出井の対抗馬だった彼の社長候補という立場を徹底的に貶《おとし》めました。そうして、翌日の臨時取締役会で、当然のごとく出井の社長就任が決議され、翌月一日の社長就任が発表されたのです。

このスキャンダルの噂の真相は、筆者にはわかりません。しかし、ソニーとリコーが築地の料亭で8ミリビデオの技術提携交渉をしたときのことです。リコー側の役員が提携話に渋り、食事の開始を拒否して一時間余りが過ぎました。一連の料理を用意して待つ料亭としては、たまったものではありません。その頑固な相手を辛抱強く説得したのは森尾です。ともかく、出井ソニー時代に副社長と副会長を務めながら、親身になって技術者を支援した彼が、技術のソニーに残された最後の良心になっていたことは事実でしょう。

あの手紙の差出人は、いったい誰だったのでしょうか。当時たくさんいた取締役全員の所在を確実に把握していた部署、スキャンダルの訴状を受けた部署、それは当時の社長室だったのでしょうか。そして、陰の権力者の思惑どおり忠実に動いた人物は、そこにしかいなかったのでしょうか。なぜ、出井は大抜擢《ばってき》されて社長になったのでしょうか。

この時代になると、技術のソニーにも、すでに暗黒の政治が浸透し始めていました。創業者の盛田の影響力が完全に消滅していたからです。この事件を契機に、ほとんどのソニー取締役の興味が、技術開発から内部政治になってしまいました。ソニーが変わり、存在しないモノを創るソニーから、存在するモノを使うソニーになりました。将来を見越した基礎的な技術開発の重要性を忘れてしまったのです。

顧客情報流出の発表タイミング

そして五つ目が二〇一一年四月二六日に発表されたソニーの不祥事のことです。四月一日付の平井の代表執行役副社長昇格から三週間ほどして、ソニーはゲームソフトウエアのネットワーク配信サービスで、最大七七〇〇万人の個人情報が流出した可能性を発表しました。平井が社長を兼務するプレイステーションネットワーク（PSN）が、その直接的な責任会社になります。

常識的に考えれば、誰もがストリンガーの事業采配に疑問を持ち、かつ不祥事の責任を平井に問う事態になったのです。しかし、企業トップが内部の不祥事を知ってから、その事実を即座に社外へ公表することはありません。社内の各部署の責任者を集めて、十分な対策検討期間が置かれます。それが一週間だとされています。奇《く》しくも大賀は、その不祥事を知らずに永眠したのでしょうか。

出井の傀儡《かいらい》、ストリンガーが決めた平井の副社長昇格の取締役会決議。出井と微妙な関係にあった大賀の死去。ストリンガーと平井を貶めるソニーの不祥事の発表。そして情報が漏れたとされる七七〇〇万人という数。それが真実なのか宣伝なのか……そして迎える株主総会——この一連の出来事とタイミングは偶然の産物なのでしょうか。大多数のマスコミは、スキャンダルの表層を捉えて報道します。しかし、そのスキャンダルの背後事情に気づかなければ深層など語れません。

大新聞に二面見開きの企業広告や政見広告が掲載されたら、その広告主が何か不祥事を起こして、マスコミ工作をしているのだと考えるのが常識でしょう。個人情報がリークした可能性を疑うべき顧客数は、後から追加された数を加えると一億人を超えました。一億人の顧客の情報流出……そのリークニュースが純粋に真実なのか、それとも顧客数を誇示する反面広告なのか、やはり不祥事の真相は闇のなかです。

ソニー労働組合の歴史

多くの大企業の例に漏れず、ソニーも過去に何度か大きな労使紛争を経験しています。ソニー労働組合の設立は古く、一九五六年二月二〇日に遡《さかのぼ》ります。当時の東京通信工業（ソニーの前身となる会社）の親睦団体を母体にしてソニー労働組合が結成され、同じ年の一一月には上部団体の電機労連（現電機連合）に加盟しています。

ソニー労働組合は、一九六〇年八月の労組綱領改訂を経て、同年一一月に最初の年末一時金闘争ストライキを実行しました。その過激な行動に驚いた会社側は、一九六一年一月にユニオンショップ労働協約破棄を組合側に通告し、そこからソニーの労働組合対策の歴史が始まっていきます。

現在は厚木ＴＥＣと呼ばれて技術開発拠点となっている場所も、昔は厚木工場と呼ばれて組合活動の活発な場所でした。当時の厚木工場の敷地から通用門を出て道路を横切ると、そこには木造二階建ての女子寮や一軒家の社宅が並んでいました。厚木工場で働いていた人がどう思うかは別にして、厚生施設が充実し食堂の食事も安くて美味しかったことを覚えています。東北地方から集団就職してきた女性が就労していた時代のことです。

それからのソニーは、組合活動の封鎖戦略を強化し、外部から小林茂という有名な組合対策専門家を迎えて、彼を厚木工場に送り込んでいます。ソニー労働組合の弱体化を狙った戦略です。詳しいことは書きませんが、ソニーという会社を労働争議の歴史で捉えると、その技術神話のように綺麗な会社ではありません。

やがて会社側の思惑どおり、一九六一年三月にはソニー労働組合が分裂し、第二労働組合となるソニー新労働組合（現ソニー中央労働組合）が結成されました。引き続き、厚木工場や仙台工場にも第二労働組合が結成されて、労働組合が分裂を続けていきます。また、一九六一年五月七日のソニー創立一五周年祝賀式典では、七二時間ストライキが実行されました。

組合活動が活発な時代の労組対策は、人事部労務課が担当していました。当時の第二労働組合の活動家出身で人事部門の出世コースを歩んだ人はたくさんいます。そのように労働組合の専従役員から昇進するという出世の方法もありますが、それよりも個人が早めに組織から自立することが必要でしょう。また、企業側の人事担当者が一人前に育つためには、ピケ破りのような厳しい労使紛争を一度は経験しておくべきでしょう。

二〇〇六年二月二〇日、ソニー労働組合も結成五〇周年を迎えました。今のソニーには二つの労働組合があります。一つは古くからある急進派の組合、ソニー労組です。抗争は頻繁に仕掛けますが、社内での組織力が弱いという傾向があります。したがって、何か行動を起こすとき、外部の組織の力を借りることが多いようです。もう一つの組合は、会社寄りのソニー中央労組です。こちらは社内の組織力も強く大きな組合です。

原則として、労働と資本は相対《あいたい》する性格を持ちます。どんな組織でも必ず悪行に走るという原理原則を前提にすれば、企業における労働組合の存在は、資本側が道を誤らないためにも必要なことなのでしょう。しかし、成熟した社会では、労働組合も本来の存在意義を忘れてしまいます。また、労働組合と取締役会の距離が大きく開き、労働組合の力で取締役会を動かすことが難しくなってきます。

揉み消された醜聞の噂と広報の力

ソニーのマスコミ統制能力を語るなら、一昔前のソニー広報室を忘れることはできません。莫大な広告宣伝費用を年間予算にしていたソニーには、巨大なマスコミを操るだけの力があったのです。マスコミは、力の強いものに寄り添い、そしてときに小さく反発し、その関係と生命を維持していきます。

赤字を続けるソニーの経営資源の補塡《ほてん》として、品川の高級住宅街一等地にあったソニー白金寮の跡地が、有料老人ホーム「コムスンガーデン白金台」の建設予定地になり、さらに積水ハウスに売却されてグランドメゾン白金台になりました。ソニー繁栄の象徴だった銀座や心斎橋のソニー所有のシンボルビルが売却され、それに続いて御殿山のソニー本社跡地は積水ハウスに売却されました。茅ケ崎保養所も出井と親しい楽天の三木谷浩史に売却されました。

出井からストリンガーへ引き継がれた二〇〇七年度の決算で、ソニーは三五〇〇億円を超える営業利益を出しています。しかし、それは約一〇〇〇億円だといわれる御殿山のソニー本社跡地の売却益を含んだものだったのです。御殿山にあった元ソニー本社跡地には、積水ハウスによって高級マンションが建設されました。そのマンションの各戸をソニー関係者の誰が何戸所有しているのか、興味のあるところです。

元ソニー本社の跡地売却による巨額資金の流れもよくわかりません。盛田昭夫の出身地は名古屋です。積水ハウスの和田勇会長は以前、同社の名古屋支店長を務めていました。名古屋には積水ハウスと懇意な不動産関係の会社もあります。

五〇歳を過ぎてスキーやスキューバダイビングを楽しんでいた盛田昭夫。その遊びの相手は誰だったのでしょうか。かつて芸能タレント岡崎友紀との離婚でマスコミの話題をさらった盛田の長男もいます。彼らにはさまざまな噂がありました。そして離婚して初恋の人と再婚した井深大。おもしろおかしく書かれた雑誌の記事――それが真実かどうかはわかりません。しかし、そのような極めつきの雑誌が、書店で人目を引いたり広く読まれたりすることはありませんでした。当時のソニー広報は、それほどマスコミ操作に優れていたのです。

国際ビジネスマンの盛田も神様ではありませんから、いろいろな私生活がささやかれていました。ソニー・フランスの製品販売イベントで新製品紹介をする盛田の隣に、ソニー社員の誰もが知らない、可愛い外国人女性が座っていたこともあります。それも過去の話です。「英雄、色を好む」が真実だとしても、色で失敗しなければ問題ありません。それはそれとして、これら二人の創業者のソニーのビジネスへの貢献度は計り知れません。

昔のソニーの部長や役員には、軽井沢に別荘を持つ人がたくさんいました。井深や盛田が軽井沢に別荘を持っていたからです。当時のソニーは、井深会長と盛田社長のコンビの下で、順調に業績を伸ばしていました。

夏の軽井沢では、明るい日差しを浴びながらジーンズ姿で颯爽《さつそう》と街を歩く盛田社長に出会うことがよくありました。彼の家族や井深会長に出会うこともありました。その軽井沢には、夏季だけソニーのサービスステーションが開設されていて、当時の井深や盛田がよく訪れていました。

盛田は、青いジーンズ姿でふっと一人で現れました。ファッション性を求めるためにというよりか、日本人らしさを隠すために髪を白く染めていた彼は、誰にでも気さくに声をかけてくる人でした。盛田は、自分が経営する会社の一部として、地方販売会社やソニーショップ、サービスステーションなど、末端の顧客対応に気を配っていました。

たまに盛田社長夫人や、その長男や長女がサービスステーションを訪ねてくることもありました。今にして思うと、サービスステーションのなかを観察する盛田社長の妻・良子夫人の目は、盛田社長以上に経営者の目をしていたように思います。しかし、ポスト盛田の時代から、その良子夫人がソニーの経営を陰で操り続けることになるなど、当時の誰にも想像できなかったことでしょう。

言葉だけでは、人が動きません。批判だけでも、人は変わりません。企業経営者の老化や硬直化は、部下を自分の部屋に呼びつけることで始まります。大賀や出井、ストリンガーに比べて、井深や盛田が違うところは、これら創業者二人が率先して行動力を社員に示し、仕事の結果を残していったことです。

昔のソニーでは、一心不乱に仕事をしていると、ふと背後に人影を感じて、それが井深や盛田だったことがしばしばありました。ソニーの役員室は、本社ビルの最上階に位置するのがふつうです。盛田時代以降のソニー本社NSビルで、一般社員が勤務する階下を一人で歩いていたのは盛田だけだったと思います。大賀や出井が本社ビルの階下を歩いている姿を見たことはありません。ストリンガーとコンビを組んだ中鉢だけは、社長就任直後に階下の各階に出向いて挨拶《あいさつ》をしていました。ただし、その一度だけだったと記憶しています。

ソニーの一般社員が、ストリンガーや平井が働いている姿を見かけることなど、めったにないのではないかと思います。筆者には、社員の役職に関係なく、誰にでも気さくに声をかけていた井深と盛田の笑顔が忘れられません。それは彼らの自分自身への自信の裏打ちで示された行動だったのでしょう。井深や盛田の子どもたちがソニースピリットを引き継いでいてくれたなら……そう願っていたのは筆者だけではないと思います。

第三章　経営政権移譲の真実

今日のソニーの内部の腐敗と事業の低迷の歴史を語るならば、出井を後継社長に選んだ大賀が、社長を務めていた今から二〇年以上前の時代——ソニーが米国のコロンビア・ピクチャーズを買収した時代に話を遡《さかのぼ》らなければなりません。

また、井深大、盛田昭夫、岩間和夫、大賀典雄、出井伸之、安藤國威、中鉢良治、ハワード・ストリンガーという歴代八人の「いわゆるソニー社長」、それに加えて盛田の妻・良子夫人の企業政治と後継者選びの真実についても語らなければなりません。

それでは第三章で、栄光の盛田の時代から、大賀の封建政治へと、また出井の放任政治へと、ソニーが堕《お》ちていった経緯を説明していきましょう。

創業者社長の時代

ソニーの今の凋落の経緯と原因を説明するならば、その設立の歴史と役員構成の歴史から語るべきでしょう。ソニーには、平井社長の前に歴代八人の社長がいます。その役職権限拡大と政権移譲延長の歴史を説明していきます。後任社長を操ることで経営実権をしつこく握り続けようと、自己の権限の維持延長を図って設けられた、社長以上の役職名（個々の略経歴中に下線で表示）に着目してください。

井深大

井深大　略経歴

1950年	ソニーの前身、東京通信工業社長（42歳）
1958年	ソニー社長（社名変更による）
1971年	ソニー社長退任（63歳）
1975年	ソニー会長（67歳）
1977年	ソニー名誉会長
1990年	ソニーファウンダー・名誉会長
1997年	89歳で死去

【井深大】

純粋な技術者だった井深は、ともにソニーを設立した盛田を当然のように後継者にしました。六三歳のときのことです。自然な引き継ぎだったように思います。井深は自分の息子の井深亮をソニーの中心に置こうともしませんでした。私欲のない人でした。

ただし、一九七一年の社長交代のときの社内には、強欲で邪悪な政治屋の盛田が無欲で無垢な技術者の井深を追放したという噂が、あたかも真実のように流布されていたのです。老年になると、つくづく若さと無知の恐ろしさを痛感します。筆者も例外ではなく、当時はそれを信じていました。それだけ盛田の影が薄く、

盛田昭夫

盛田昭夫　略経歴

1959年	ソニー副社長
1971年	ソニー社長（50歳）
1976年	ソニー会長兼最高経営責任者（CEO）
1993年	病気療養
1999年	78歳で死去

井深が社員に慕われていたということでしょう。しかし、今となってみれば、「風評」という文字が「無責任」と読めてしまいます。

井深の会長職就任については、井深が社長を退任して四年後に盛田の意思で実現しました。当時のソニーだけでなく、ほとんどの日本企業において会長職が一般的ではなかった時代のことです。技術者の井深の無欲と、その井深に向けた盛田の思い遣《や》りと、自分がソニーを育てていくという盛田の決意が感じられます。

【盛田昭夫】

ソニーの成長を牽引してきた盛田ですが、日本の産業全体のことを考えて財界活動に専念するために、ソニー会長兼ＣＥＯとして経営の実権は温存しながら、自分の妹の夫・岩間和夫を後継者の社長にしました。盛田が五五歳のときのことです。米国企業で見られたＣＥＯの役職は、盛田の財界進出への欲でソニーに導入されたと思います。

当時のソニーは、盛田の経団連会長職獲得を目指して、通産省（現経済産業省）や郵政省（現総務省）からの天下りも取締役に処遇して受け入れていました。また、受勲や受賞などを担当し、会長の社外活動を支える渉外部は、社員数が一〇〇名を超える陣容に膨れていました。

岩間和夫

岩間和夫　略経歴

1976年	ソニー社長（57歳）
1982年	63歳で死去（社長任期中）

【岩間和夫】

岩間はソニーの半導体開発を牽引《けんいん》した技術者であり、その性格も温和で社内の誰からも慕われていたといえます。岩間が盛田の義弟だということもあり、ソニー会長の盛田の監督下で岩間を社長に置くことに社内に違和感はありませんでした。

社長就任後、地方のソニー販売会社を訪問し、販売営業所やソニー販売店との交流も深めて、ソニー全体のオペレーションを把握しようと努めていた姿を思い出します。その岩間の突然の死は、盛田にとって予測してもいなかった辛い出来事だったのでしょう。運命の悪戯《いたずら》でしょうか。今にして思えば、岩間の死こそソニーの躓《つまず》きの始まりだったと思います。

盛田のソニー会長兼CEOという役職の背景には、岩間に社長を譲りながらも、ソニー経営の統括を続けながら財界活動を続けようという盛田の意思が読み取れます。しかし、大賀が社長に就任していた一九九三年に盛田が重い病に倒れてしまい、それからは経営への助言でさえもすることができなくなってしまいました。

【大賀典雄】

一九七六年からソニー副社長として盛田会長の社外活動を支えています。しかし、一九七九年に発生したヘリコプター着陸事故の責任を問われたのか、ソニー本社から追われるように子会社の会長として片道切符で外に出されています。

かつて一九七〇年から社長を務めていた、古巣のＣＢＳ・ソニーレコードの会長です。その大賀が、岩間の突然の死により急遽、ソニー本社へ呼び戻されて社長に就任しました。

大賀典雄　略経歴

1976年	ソニー副社長
1980年	CBS・ソニーレコード会長
1982年	ソニー社長（52歳）
1989年	ソニー最高経営責任者（CEO）
1995年	ソニー会長（65歳）
2000年	ソニー取締役会議長
2003年	ソニー名誉会長
2006年	ソニー相談役
2011年	81歳で死去

大賀典雄

それは後継者を二名（一人は不測の事態に備えた予備）育ててこなかった盛田の一時的な苦渋の決断だったと思います。大賀の後には、技術者で専務取締役の森園正彦や盛田の実弟で常務取締役の盛田正明など、盛田が本命とする後継者が、社長候補として控えていたからです。これら二人の次期社長候補は、大賀の社長昇格にともない、副社長に昇格しています。

盛田が築いてきた過去の業績が続いていたからだと思うのですが、一九八二年に大賀が社長になってからもソニーの業績は順調に推移し、ソニー会長兼ＣＥＯを続けていた盛田が一九八九年にＣＥＯの地位を社長の大賀に譲ります。盛田は大賀を信頼するまでに七年間の監督期間を置いていたのです。

サラリーマン社長の時代

大賀は人事面で狡猾《こうかつ》な政治家でした。権力を握ったサラリーマン社長の大賀は、森園正彦をソニー本社から厚木工場へ異動させてしまい、盛田正明もソニー本社からソニー・アメリカへ異動させてしまいます。そうして次期社長候補だった副社長の二人が、徐々に品川本社への影響力を失っていき、大賀の独裁体制が着々と整っていきました。また、盛田会長が病に倒れた後、大賀の上に立つ会長職が事実上、一九九四年から二年間近く空席になり、さらに大賀の独裁体制が強まっていきました。

ソニーにとって、この企業統治機能を喪失した空白の二年間が、純粋な技術志向の創業者の時代から企業内政治志向のサラリーマン経営者の時代への転換期になります。創業者を失ったソニーにおいて、長期政権化を目論むサラリーマン経営者が、独自の組織づくりと役職づくりを始めていきます。

【出井伸之】

アメリカの映画会社買収で発生した多額の借金と業績不振によって、長期政権を続けた大賀が仕方なく会長職に退くことになりました。世間の無言の圧力によって、社長辞任を余儀なくされたのです。もちろん、実質的な会長不在と、当時は厳しく運用されていた、役職定年への配慮も理由でした。

出井伸之　略経歴

1995年	ソニー社長（57歳）
1998年	ソニー共同最高経営責任者（Co-CEO）
1999年	ソニー最高経営責任者（CEO ）
2000年	ソニー会長兼CEO
2003年	ソニー会長兼グループCEO
2005年	ソニー最高顧問、アドバイザリーボード議長
2007年	ソニー最高顧問辞任、アドバイザリーボード議長継続

その大賀の後を引き継いで社長に就任したのが出井です。彼は事業部長から取締役へ、それから常務取締役へと短期間に出世しました。すなわち、森園正彦と盛田正明を本社から追放した大賀の采配によって、上席役員一四人抜きの社長後継体制が着々と準備されていたのです。

この短期間の昇格という方法は、後に社長となる安藤國威や中鉢良治、平井一夫にも同じように適用されました。その極端な短期昇格には、彼らを社長へ引き上げようとする特定個人の強い意図が見えます。

ただし、社長と会長とＣＥＯの三つの役職を分離させた大賀は、出井が社長になってからも、自分が七〇歳を迎えようとするまでＣＥＯの地位を出井に譲っていません。しかし、マスコミによってソニーの出井体制が持ち上げられ、映画会社の運営に関する大賀批判が強まってきた一九九九年になって、大賀がＣＥＯの地位も出井に譲ることになりました。

その翌年、大賀が七〇歳になるにあたり、出井は大賀からほとんどの実権を奪い、大賀はソニー取締役会議長に就任し、出井はソニー会長兼ＣＥＯに就任したのです。そして後任の社長には、薄型のパソコン（ＶＡＩＯ《バイオ》）ビジネスで成功したとされていた安藤國威を充てました。

【安藤國威】

安藤國威

ソニーへ入社して一〇年後には、ソニー・プルデンシャル生命保険株式会社代表取締役常務に就任しています。エリート街道まっしぐらという感じなので、末端の現場経験が非常に不足しています。アメリカに勤務する間に、偶然、部下の功績によってパソコンビジネスに成功を収めたという実績しか残していません。二〇〇五年にソニー顧問からボーダフォンの執行役副社長へ転出した野副《のぞえ》正行（当時五六歳）から、アメリカのパソコンビジネスで協力を受けた関係で、安藤は野副に特別の配慮をしていました。

安藤國威　略経歴

2000年	ソニー取締役執行役員社長兼COO（58歳）
2003年	ソニー取締役執行役員社長兼グループCOO 兼エレクトロニクスCEO & CQO
2003年	ソニー取締役代表執行役社長
2004年	ソニー・グローバル・ハブプレジデント、パーソナルソリューションビジネスグループ担当
2005年	ソニー顧問（2006年3月に退任）

東京大学コンプレックスかとも思える出井だから、大賀からの受けも良く自分が使いやすい東大卒の安藤を社長に置いたのでしょうか。

出井の社長就任時代（一九九五年）からの安藤の出世スピードを見ると、情報技術（ＩＴ）系の知識に弱い出井が、意図的に彼を社長候補にしようとしているのがわかります。

社長時代の安藤の「ＨＤＤウォークマンは半年、一年でｉＰｏｄ《アイポッド》を追い抜く」という虚勢的な発言は広く知られています。社長は、気持ちや願望を公の場で軽々しく発言する前に、目標を達成しなければならないのですが……。

また、この時代からソニー本社に東大出身者の数が増えていきます。安藤は他人の話をよく聞くタイプで、社長就任時には社員の受けが良かったのですが、聞くだけの情報収集がほとんどでした。また、事業の実行力に欠けていたので、多くの社員の信頼を失っていきます。そうして出井の独裁体制が続きます。

安藤については、なぜ出井が安藤を社長にしたのか、その理由を理解しやすいように、彼の履歴詳細を表8に示します。「デジタル時代のＩＴ（インフォメーションテクノロジー）とはパソコンとインターネットのホームページだ」としか理解していない出井が、パソコンビジネスを成功させたとされている安藤に、ＩＴとネットワークをキーワードにするデジタル時代のソニーの命運を丸投げしていることがわかります。

表８：安藤國威　履歴詳細

1969年６月	東京大学経済学部卒業
1969年４月	ソニー株式会社入社
1979年８月	ソニー・プルデンシャル生命保険株式会社代表取締役常務
1985年７月	ソニー・プルコ生命保険株式会社（社名変更）代表取締役副社長
1990年４月	ソニーの米国子会社（SEMA）社長兼COO
1994年６月	ソニー株式会社取締役
1996年４月	インフォメーションテクノロジーカンパニープレジデント
1997年６月	ソニー取締役を退任し、執行役員常務に就任
1998年６月	ソニー執行役員上席常務
1999年４月	パーソナルITネットワークカンパニープレジデント&COO
1999年６月	ソニー執行役員専務
2000年４月	ソニー執行役員副社長兼COO (チーフ・オペレーティング・オフィサー)
2000年６月	ソニー取締役執行役員社長兼COO
2003年４月	ソニー取締役執行役員社長兼グループCOO
2003年６月	ソニー取締役代表執行役社長兼グループCOO
2005年６月	ソニー顧問

【中鉢良治】

二〇〇〇年から表面化したソニーの業績悪化と、出井がソニーの技術離れへの非難の声を抑えるために、出井が技術畑出身の中鉢を社長にしました。一方、ソニーの取締役会議の権限は、出井が子飼いのストリンガーに任せました。

ここでも、ストリンガーの陰に潜んだ出井の独裁体制が続いていきます。

安藤に似て中鉢も、他人の話をよく聞くタイプでした。したがって、社長就任時には技術系社員の受けが良かったのですが、顔見知りの技術者と懇意にするというだけのパフォーマンスにすぎませんでした。

パソコンの電池の欠陥問題の責任者として、その当時の開発責任者だった中鉢社長と中川副社長の二名が挙げられますが、その問題への責任を取ることはありませんでした。

また、事業の実行力にも欠けていたので、やはり多くの社員の信頼を失っていきます。

ハワード・ストリンガー　略経歴

2003年	ソニー副会長
2005年	ソニー会長兼CEO（63歳）
2009年	ソニー会長兼CEO 兼社長
2012年	ソニー CEO 兼社長辞任
2012年	ソニー取締役会議長

中鉢良治　略経歴

2004年	ソニー執行役副社長
2005年	ソニー代表執行役社長 兼エレクトロニクスCEO （57歳）
2009年	ソニー代表執行役副会長

【ハワード・ストリンガー】

ストリンガーは英国ウェールズの出身で、元テレビマンという異色の経営者です。オックスフォード大学大学院で歴史学を学び、一九六五年に渡米してＣＢＳに入社し、報道番組の制作部門を経験しています。一九八八年から八年間、ＣＢＳ放送部門の経営に関与し、一九九三年にはライバル局ＮＢＣの人気トーク番組『デビット・レターマン・ショー』の司会者と直接交渉して、番組ごとＣＢＳに引き抜いた逸話を持つ人物です。

ソニーに入社したのは一九九七年のことで、その六年後の二〇〇三年にはソニー副会長に就任し、販売部門を含めてソニーの米国代表になっています。そして二〇〇五年にソニーの最高経営責任者（ＣＥＯ）に就任しています。この人事は、すべて出井が画策したものです。

学卒でソニーに入社し、社長から会長へと昇進した出井。彼は自分自身をプロフェッショナル経営者だと呼んでいます。

二〇〇五年、出井のソニー会長兼グループＣＥＯとしての留任に反対した社外取締役の下で、その出井が最高顧問とアドバイザリーボード議長になりました。

そして二〇一二年、ストリンガーの会長兼ＣＥＯ兼社長としての留任に反対した社外取締役の下で、そのストリンガーが取締役会議長に就任したのです。

何だか妙な話だと思いませんか。これでは出井やストリンガーが解任されたという世間の理解とは裏腹に、出井、ストリンガー、平井のソニー独裁体制が維持されることになります。こうして、出井が介在する某中国企業とソニーの関係が、企業買収のような新たな経営問題として、ソニーに浮上してくるのかもしれません。

権力を得て変身する凡人

実るほど頭《こうべ》を垂れる稲穂かな……幼いころの筆者が、いつも母から聞かされていた言葉です。安藤や中鉢は決して不遜《ふそん》な人ではありませんでした。社長になる前の彼らの部下への優しさを思い出します。しかし、権力を握ると、社員がバカに見えてくるのでしょうか。出世すると、ほとんどの人の人格が変わってしまいます。

アメリカの社内イベントの夜の懇親会で、社員を前にして左手をポケットに入れて、斜に構えて得意そうに話す安藤。成田空港の日本航空（ＪＡＬ）カウンターで、窓口担当者がファーストクラスに乗る自分の名前と顔を知らなかったといって、その対応に憤慨する中鉢。なぜそうなったのか、それまでの人だったのか、それとも出井に感化されたのか……そんな彼らを見ると、まことに残念でなりません。

一九八二年、社長の岩間和夫が病で急逝してから、急遽、盛田会長の下でソニーの社長選びが始まりました。会長の盛田が社長を兼任することも考えられましたが、すでに盛田の興味は財界活動へと大きく傾いていたからです。社内に社長候補者は二人いました。盛田昭夫の実弟で常務取締役の盛田正明と、放送局やビデオプロダクションに納入する厚木工場製の業務用オーディオ・ビデオ機器のビジネスで実績があった専務取締役の森園正彦です。

盛田正明と森園正彦の二人は、大賀の社長就任にともない副社長に昇格しています。この二名の次期社長就任の話に、特に次期社長筆頭候補だという評判の技術系役員・森園の社長就任の話に、難色を示したのが盛田良子夫人だと噂されています。

岩間社長の急逝を受けて盛田会長が、次期ソニー社長候補の本命だと噂されていた森園を選ばずに、CBS・ソニーレコードの会長だった大賀を急遽、ソニー本社に呼び戻した理由は何だったのでしょうか。社内では、森園を嫌っていた盛田良子夫人の力が強く働いたと噂されていました。しかし、財界進出を狙っていた盛田にとって、日本だけでなく米国でもソニーの名前を広める必要があったのだと思います。それには純粋な技術者の森園よりも、商売上手で外交家の大賀のほうが社長として適任だと考えたのでしょう。

井深と盛田の時代が「ソニーの成長期」です。彼らは常に現場に顔を出しました。そうして彼ら自身が、仕事ができそうな人を見つけて、その仕事ができそうな人に仕事を任せて、仕事の結果を自分で確認していました。大賀の時代が「ソニーの停滞期」です。彼は仕事ができる人を徐々に自分の周囲から排除していきました。しかし、彼の周りには、井深や盛田が選んだ、仕事ができる人がたくさん働いていたのです。つまり、トップの大賀ではなくて、その下の人たちが仕事をしていました。

出井とストリンガーの時代が「ソニーの衰退期」です。彼らはほとんど現場に顔を出しませんでした。やがて彼らの周りから、井深や盛田が選んだ、仕事ができる人がいなくなりました。そうして、彼らの周りには、彼ら自身が選んだ、仕事ができない人ばかりが集まるようになったのです。そうなると、自分に擦り寄ってくる、仕事ができそうもない人の話を聞いて、その仕事ができそうもない人に仕事を丸投げして、仕事の結果を他人に報告させることになります。ゴマスリ社員からの声だけに耳を傾けていた安藤や中鉢も同じです。

ソニーの成長、停滞、衰退を見るにつけて、人の質について考えさせられます。声なき社内の声が聞こえるか、見えない社内の逸材が見えるか——それが創業者社長とサラリーマン社長の違いではないでしょうか。プロフェッショナル経営者とは、創業者社長のことでもサラリーマン社長のことでもありません。まして企業を弄ぶ「投資家気取りの経営者」のことでもありません。それは会社と従業員を大切に育て、共に栄える人のことだと信じます。

犬猿の仲

大賀と森園の確執は、大賀の社長就任後にいっそうひどくなったように思います。大賀は音楽オンチではありませんでしたが、世間に流布される風評とは違い、技術オンチだったと思います。技術の真髄《しんずい》を知るソニーの古参社員にとって、大賀の社長就任は内心、耐えがたいものだったのでしょう。カセットテープやCD、MDなどのビジネスの実績は残しましたが、それらを開発したのは技術者です。たとえばCDなら、中島平太郎や土井利忠、鶴島克明らの実績によるもので、大賀はたまたま経営者の椅子《いす》に座っていたにすぎません。

社内での喫煙を制限する禁煙検討会議が本社で開かれたときのことです。当然、禁煙推進派の筆頭が大賀になり、禁煙会議が主導されます。森園はヘビースモーカーでしたが、声楽家を目指していた大賀はタバコを吸いません。会議の席で大賀の左隣に座りタバコを吸っていた森園が、真正面から大賀の顔にプーッとタバコの煙を大きく吹きかけました。あからさまに挑戦的な態度で、この事実だけで大賀と森園が犬猿の仲だったと想像できます。

この犬猿の仲がソニーに与えた影響も看過することができません。非技術系の大賀と技術系の森園の確執は、社内に二つの派閥を形成することになります。もちろん、非技術系の大賀は技術系社員が多数を占めるソニーでは、純粋な技術開発以外の仕事に専念することになります。

この非技術系と技術系の確執は、後に社長に就任する非技術系の出井伸之と副社長に就任する技術系の森尾稔の確執としても引き継がれていきます。ただ、ソニーの役員は一応の紳士ですし、森尾も紳士でしたから、あからさまに他人を批判することはめったにありませんでした。

技術のソニーです。ソニーの技術者のほとんどが、森園こそが次期社長の本命だと思っていました。大賀に続く後継者については、盛田に深い考えがあったと思います。大賀は短期のピンチヒッターで、数年のうちに次の本命の後継者を決めると……それはやはり、いつかは盛田一族の息がかかった者を経営者にしたいという願望だったように思います。

ただし、実弟の盛田正明については、どうしても一定の距離を置いていたような気がします。実際、大賀によるソニーの運営が順調に進むと確信したら、正明をソニー生命の社長として社外に出すことを許しています。ただし、当時も今もソニーにとってソニー生命は、ほかの子会社とは違い、資金面で非常に重要なグループ会社なのです。

理系から文系へ、そして技術から政治へ

ソニーのエレクトロニクス事業は、井深社長から大賀会長の時代まで、比較的順調に進んでいます。なぜでしょうか。ラジオ、テレビ、オーディオという単体のエレクトロニクス機器のビジネスが盛んだったという背景もありますが、そのほんとうの理由はソニーの柔軟かつ機能的な事業運営にありました。そこには理系と文系の確執などありません。

そのころのソニーには、四つの拠点がありました。御殿山に位置するソニー本社、大崎に位置する大崎工場、芝浦に位置する芝浦工場、厚木に位置する厚木工場です。本社は経営と間接部門の拠点、大崎はテレビの開発製造拠点、芝浦はオーディオの開発製造拠点、厚木は情報機器（業務用オーディオ・ビデオ関連）と半導体の開発製造拠点になっていました。

技術開発に終わりはありません。過去、ソニーの理系社員は、いつまでも輝くことができました。しかし、文系社員は違います。海外や国内の販売網が完成するほど、文系社員の社内での居心地の悪さが目立ってきます。それでも、会長や社長が技術開発を止めて経営管理だけを言い出すと、技術のソニーでさえ

も理系社員は不要で、文系社員が必要だという話になります。

ソニーには三種類の人物がいます。技術開発で活躍した人物と海外営業や国内営業で活躍した人物、それに技術力と営業力の両方がなくて、人の使い回しだけで活躍した人物――近年になってソニーに目立つようになった他人を使う風潮の中心となる人物です。不要ではありませんが、社内に数が増えてくると問題です。

残念なことに、昔のソニーでも、これら三種類の人物それぞれの職場が違い、これらの人物間の意思疎通が欠けていたように思います。それでも会社がうまく回っていたのは、これら三種類の人物の動向を、盛田と大賀が把握し得ていたからです。海外市場を開拓してきた盛田はもちろんのことですが、その盛田とともに成長してきた大賀にも、ソニーのビジネスのすべてを、実感することができていたように思います。

技術の研究と開発に力を入れ、製造や品質管理にも力を入れて、バランスのよい総合力を発揮していた技術者たち。既存の家電製品販売会社や貿易商社に人材を求めて、新しい国内市場と海外市場を開拓していた営業マンたち。それなりの節度で技術者や営業マンを使っていた管理者たち。それぞれがソニーの未来を信じて働いていました。それはソニーが最も輝いていた時代でした。

ソニーのビジネスは社長と副社長または会長と社長の二人三脚で進められることが多いのですが、大賀が会長の時代に大きな転換点がありました。ここでソニーの経営陣の理系と文系の遷移を見てみましょう。

表９：ソニーの実質的な経営者（主＞副）の理系・芸系・文系の推移

技術の時代	
1945年～	井深＞盛田（理系→理系）技術模倣と技術開発
1971年～	盛田＞岩間（理系→理系）技術開発と市場開拓と政治交渉
1982年～	盛田＞大賀（理系→芸系）製品開発と市場創造
空白の時代	
1993年～	――＞大賀（―― →芸系）糸が切れて、風に漂う凧
1995年～	大賀＞出井（芸系→文系）人事工作と組織変更
政治の時代	
1999年～	出井＞安藤（文系→文系）組織変更と有言無行
2005年～	出井＞ストリンガー＞中鉢（文系→文系→理系）人員削減と無為無策
2009年～	出井＞ストリンガー＞四人組（文系→文系→文系／理系）同上
2012年～	出井＞ストリンガー＞平井（文系→文系→文系）同上？

筆者が信じるソニーの実質的な経営者（主と副）を表９に示します。ただし、大賀は理系でも文系でもありませんから、芸系としています。

文系や理系と一線を画すのが芸系と医系です。芸術は文系ではありませんし、医学は理系ではありません。芸術や医学の学問としての研究価値は無視できませんが、基本的にどちらも職人の養成を主目的にしています。

一人の人間が理系、文系、芸系、医系のすべてに詳しくなることは可能です。したがって、筆者は理系と文系のほかに無系という言葉を使います。たとえば、理系でもあり文系でもあるということです。ただし、理系の人間が文系になることは易《やさ》しく、文系の人間が理系になることは難しいと思います。前者が自然を対象にする学問に対して、後者は人間を対象にする学問だからです。言い換えれば、前者は絶対を相手にして、後者は相対を相手にしているからです。

表９に示すように、大賀の時代から理系の影響が見られにくくなりました。それでも、まだ多数の理系取締役がいたので取締役

会が正常に機能し、かろうじて技術のソニーの面目が保たれていました。しかし、やがて文系の時代が始まります。

社長の出井が大賀の影響力を排除してソニー社長兼最高経営責任者（CEO）の地位に就く前年の一九九八年には、最高相談役の井深の肝いりで設立されたエスパー（ESPER）研究室が廃止になりました。ソニーの技術の遊び心を端的に示す超能力の研究所だったのですが、井深の逝去により、すでに不要だと判断されたのでしょう。

ソニーは学校法人を運営し、厚木に湘北短大を開校しています。設立時は厚木工場の要員を養成する施設でしたが、現在はさまざまな就職先を持つ短大です。同じ年の四月一日、研究部門を担当してきた元ソニー中央研究所所長の山田敏之（元ソニー取締役）が、学校法人ソニー学園の理事に就任しました。

ソニーは技術の遊び心を失っただけでなく、中央研究所を解体して技術者魂まで失ってしまったのです。逝去した井深と重病の盛田、その二人の創業者に頼れなくなった大賀は、徐々に出井をコントロールすることができなくなっていきます。

大賀はともかく、出井は一時期、8ビットパソコンのビジネスをしたりオーディオ事業部に所属したりしていましたが、技術開発や商品製造の過程を把握していたわけではありません。そうなると、自分が知らないことを知っている者や自分ができないことができる者、それに自分に従順ではない者、それらすべての者を自分の周囲から排除しなければなりません。

日本企業の海外進出にあたっては、現地で雇用した社員の協力が欠かせません。ソニーも、その海外市場開拓初期から、大勢の現地社員を雇用し、その現地社員に支えられ、現地社員に頼りながら、海外でのビジネスを開拓してきました。しかし、欧米人から見れば敗戦国日本の一企業、アジアの小国日本の一無名企業です。優秀な人材はなかなか集められませんでした。

それでも一九六〇年代から一九七〇年代にかけて、ソニーには優秀で正直な海外スタッフが集まってきました。優秀なスタッフが集まってきた理由は、ソニーが世界に先駆けて新しい技術と新しい製品を開発する活気に溢《あふ》れた会社だったからです。夢のある会社には、意欲に溢れた優秀な人々が集まります。夢のない会社には、意欲を失った劣悪な人々が残ります。

ソニーの偉い人には、英語が達者な人が多いといわれています。しかし、二〇世紀のソニーにおいてはカタカナ英語が主流で、英語が達者な人の絶対数は少なかったのです。しかし、誰もがカタカナ英語で素晴らしい仕事をしていました。盛田の英語は、その発音は別にして、人の心に訴えるという意味で絶賛されています。しかし、その彼の地位と力が、彼の話す英語を周囲に理解させていたという一面も否定できません。

外国人なら、誰もが自分の上司の日本人の話を必死に聞いて、そのすべてを理解しようとします。上司の意向で社内の自分の立場が左右されるからです。その反面、平社員で赴任した日本人の話を必死に聞こうとする外国人を見たことがありません。大賀ソニー当時、良心的な社員も海外赴任していたと思います。しかし、外国人の無軌道ぶりを正そうとする彼らの声は無視され続けていたのでしょう。

井深や盛田の時代のソニーの国際市場展開は、かつてソニーのなかでも異色な職場だといわれていた外国部の存在を抜きにしては語れません。外国部は後に海外事業本部（海事）に名を変えました。それからしばらくして、海外営業が中心の海外営業本部（海営）が設立されました。当時のソニーは、多くの日本企業が不得意としていた斬新な技術開発と果敢な海外営業の両方を得意とする会社だったのです。

ソニーは一九五九年八月にスイスのチューリッヒに駐在員事務所を開き、翌年一二月には事務所を拡充して現地法人の欧州販売会社ＳＯＳＡ《ソーサ》（Sony Overseas S.A.）を設立しています。同じく一九六〇年二月には、ニューヨークにアメリカ現地法人の販売会社ＳＯＮＡＭ《ソナム》（Sony Corporation of America）を設立しています。ほかの日本企業に比べて、その海外進出の先駆性が見てとれると思います。

技術開発における製品の歴史、海外市場における開拓の歴史、そして規制関連における改革の歴史、そのすべてを知ることで、一九七〇年代までの輝ける時代のソニーの真実が理解できます。それは常に前人未到の世界へと突き進む、ベンチャー企業の宿命の歴史でした。

当時のソニーは、人材募集に社員のコネや新聞の求人広告を利用していました。そうして総合商社（当時の貿易商社）から海外貿易要員が採用され、海外市場を開拓していきます。第一期生には卯木肇や郡山史郎が、第二期性には田宮謙次や石原昭信がいました。その外国部の職場には、部長の鈴木正吉をはじめとして、小松万豊や髭《ひげ》の大河内祐など、独力でソニーの海外拠点づくりを実現する、たくさんの猛者《もさ》が控えていました。

良くも悪くも、個性豊かな当時の外国部の面々です。ソニーの欧米への海外赴任者が、知人や人事部員に囲まれて万歳三唱で羽田空港から見送られていた時代――その時代を支えていた人たちです。しかし、ソニー欧州拠点の枠組みづくりを終えた欧州総支配人の大河内もやがてソニーを去り、その職は東大卒の伊庭保（後の副社長）に引き継がれていきます。

外国経験を長く積んだ古参海外営業系社員からそっぽを向かれ、ソニーの古参技術系社員からもそっぽを向かれた大賀典雄と出井伸之。技術のソニーの社風から受ける疎外感からでしょうか……彼らには果てしない自己顕示欲と身分差別志向という共通点が見られます。

ピンチヒッターの起用

仕事の実力はわかりませんが、英語使いというなら元ソニー執行役専務で二〇〇三年にベネッセコーポレーション（福武書店）代表取締役社長兼ＣＯＯへ転職した森本昌義がいました。森本に続いてベネッセコーポレーションへ転職した本社の部長クラスもいます。しかし、さして英語がうまくない出井は、森本の英語力を嫌って自分の近くに置きたくなかったのかもしれません。

ベネッセコーポレーションは、社外取締役を中心にして会長が社長任命の実権を握るところなど、ソニーに似ているところがあります。二〇〇七年に森本は社長を退任し、会長が社長に復帰しています。組織のトップの会長がまともならば、社外取締役制度も問題ないという一例でしょう。

森本と出井の性格を比べると、英語に親しむという面で何となく似ているところがあります。英語力の話は別にして、大賀と出井は強い自己顕示欲という性格が非常に似ていると思います。安藤と中鉢は、人の話をよく聞くという性格が似ています。

かつてフィリッピンに、長期独裁政権を続けたマルコスという大統領がいました。当時、フィリッピンに出張すると、現地の人たちが「It is mine. That is mine. Everything is mine.」と言って筆者を笑わせてくれました。目につくものなら、何でもマルコスのものだという意味です。その夫人・イメルダ女史の何千足もの靴のコレクションは、マルコス政権崩壊後の大きな話題になりました。

一九八二年に盛田の後継者としてソニー社長に就任した岩間和夫が急逝し、次期社長として急遽、子会社へ転出していた大賀が本社に呼び戻され、それからの一六年の長きにわたってソニー社長とCEOの椅子に君臨することになります。この盛田から大賀への経営の引き継ぎが、ソニーの経営にとって大きな転換点になります。ただし、ソニーの経営実態が実際に大賀の天下になるのは、盛田が病に倒れてソニーの経営への影響力を完全に失う一九九三年のことです。

それまでのソニー経営者一族の井深、盛田、岩間と違って、大賀は「成果主義」を目指すことになります。成果主義の意味を正しく捉えていない人はたくさんいます。成果主義とは、自分の成果を自分で評価することです。しかし、他人の下で働く人を前提とした、世間で言われている成果主義とは、自分の成果を他人が評価することなのです。

創業者とその一族にとって、成果とは自分たちが創業した企業の成果のことです。したがって、彼らは企業の業績が向上するように働きます。つまり、自分で自分を評価するように働きます。しかし、創業者の跡を継いだ外様《とざま》の経営者は、自分を社長にしてくれた創業者に認められるように望むので、主人から自分が評価される大店《おおだな》の番頭のように働きます。

仕事の成果の測定頻度は、間接業務と直接業務で違います。直接業務なら、毎日のように成果の数値測定が可能です。しかし、間接業務になると、その成果が見えるまでに数年かかるのがふつうになります。そうなると、役所仕事と同じになり、成果とは報告書の厚さになってしまいます。

プロセスが成果だとされる役所の報告書には、文字の量が必要になります。一方、結果が成果だとされる企業の報告書には、業績が必要になります。しかし、間接業務に成果主義が導入されると、成果を文字として文書に残さなければなりません。

誰かが何かを成し遂げたときには、その周囲に大勢の名もない協力者が存在します。ところが、大賀以降のソニー流成果主義の下では、あたかも自分一人が音頭を取って成功したとしなければ評価されません。当然のごとく、自分が成功させたと宣伝する社員が増えてしまいます。

もちろん、創業者の井深や盛田は、成果が自分のものだと言い張る必要がありません。しかし、大賀は盛田一族の予期せぬ落とし子ですから、当然、盛田に認められるための成果が必要になります。

大賀にはいくつかの大きな功績があります。一昔前まで広く使われていたコンパクトカセットテープの普及は、大賀の功績によるところが大きいと思います。彼は後にソニー専務取締役に就任する山川清士を連れてオランダのフィリップス本社を訪問し、コンパクトカセット技術のソニーへの導入交渉をしました。山川は満州からの帰国者で繊細かつ豪快な人でした。

フィリップスはカセットテープ一個当たりの特許料を技術ライセンスして、他社から対価を求める予定でした。それを無料開放するように説得し、フィリップスの技術を世界に広めると同時に、オープンリールからカセットへというソニーのテープレコーダー技術の転換にも大賀が一役買っています。また、ソニーとフィリップスが共同で開発したとされるコンパクトディスク（ＣＤ）の普及にも大きく貢献しました。

デジタル機器の回路技術的な開発という面では、中島平太郎という研究所長の功績が多大です。しかし、フィリップスとの政治的な交渉やコンパクトディスクの新市場開拓という面では、大賀の功績を抜きにして語ることはできないでしょう。コンパクトカセットとコンパクトディスクのほかに、ＣＢＳ・ソニーレコード（ソニー・ミュージックの前身で、ＣＢＳレコードとソニーの合弁会社）の業績拡大にも大賀は貢献しています。これらの業績は、誰もが認めるところでしょう。

しかし、これら大賀の成功体験を経て、すべての成果は自分のものにするという傾向がソニー内に見られるようになったのも事実です。ソニー社内には、ＣＤの成功について自分の功績だと公言する人が三人いたと言われています。また、ウォークマンの成功について自分の功績だと公言する人は五人いたというのが定説です。パソコンのＶＡＩＯ《バイオ》も同じです。

功成り名を遂げた為政者は、事実を否定して歴史を改竄《かいざん》します。ソニーにウォークマンの開発者が数名、存在するのは有名な話です。ウォークマンの商品開発を先導したという黒木靖夫（元ソニー取締役）は、その手柄の多くを盛田に譲っていましたが、自分が開発に深く関与したと主張する大賀には快く思われていなかったと思います。

ソニーのロゴ開発や商品デザインに貢献した黒木は、大賀の影響力が強く残っていた出井時代にソニーを去っています。黒木は井深や盛田をよく褒《ほ》めていました。また、あからさまに大賀や出井の名前を挙げて悪口を言うこともありませんでした。

これは当時のソニー取締役の共通した傾向です。少なくとも、自分たちが取締役になれたのは井深や盛田のおかげであり、その盛田から指名されて社長の地位を継いだ大賀や出井のことを真正面からおかしいとは言わないのです。

大賀の独占欲について一例があります。その昔、東京通信工業から社名を変えたソニーにとって、欧州進出にあたり一つの問題がありました。ドイツのアグファ社がソニー（ＳＯＮＹ）に類似した商標（ＳＯＮＩ）を所有していたことです。しかし、その商標権獲得交渉は難航していました。アグファ社のバックには、バイエルというドイツの大企業が控えていたからです。そのバイエルを説得しなければなりません。

盛田と同郷で中学校の同級生で名古屋の豊田通商から転職してきた当時の外国部長、鈴木正吉がバイエルと交渉して、その商標権獲得に成功したという逸話が、ソニーＰＣＬ代表取締役会長の郡山史郎（元ソニー常務取締役）が書いた本に挿入されていました。それに大賀が激怒し、郡山はソニー本社の大賀会長の下に呼びつけられて叱責《しっせき》を受けています。

商標問題が発生した当時、大賀は盛田から特命を受けて、その商標のアグファ社からの譲渡交渉をしています。その詳細に関する経緯と大賀の言い分は、ソニーのイントラネットの大賀のホームページ「燦《さん》」で社員に向けて詳しく述べられていました。バイエルとの交渉は、当時のドイツ大使の武内竜次の口利きで成功したものであり、それに大賀が貢献したから成功したのだという話です。

今となっては、大賀と鈴木のどちらの言い分が正しかったのか、それを判断することはできません。ただ、大賀が自分のホームページで、しつこく「事実訂正」をしていたのが奇妙でした。また、その直後にソニー社員の出版物は、ソニーに関する記述をしたりソニーの役職タイトルを著者名に付けたりする場合、すべて関連部署の決裁を仰ぐという指示が社長の出井の名前で出されました。

この商標権交渉の経緯を熟知する鈴木は、ソニーの外為法違反容疑の責任を取る形で子会社のソニーサービスへ転出し社長になりました。それからしばらくして、ブラジル代表という地位を与えられ、ソニーの理事としてサラリーマン人生を終えています。残念なことにゴルフ中に倒れて、亡くなってしまいました。その実力に照らして、不遇だとしか言いようがありません。

大賀が社長に就任してから、優秀な者を外す、というソニーの時代が始まろうとしていました。鈴木も徐々にソニーの主流から外されていきました。晩年、大賀に会って「キミ、まだソニーにいるの？」という大賀らしい台詞《せりふ》を聞いて、それを嬉しそうに話していた鈴木の姿を思い出します。そう話す本人自身は気づいていませんでしたが、その不遇は外国部の昔を知る者を排除したいという、大賀の思惑からではなかったかと思います。

盛田から大賀の時代に、ソニーはさまざまなことをしています。大賀の意見でソニーがジェット機を購入して、その販売代理店をしながら社用にも使っていました。また、燃料電池の電気自動車を他社と共同開発したり、フロッピーディスクを映像記録媒体にしたデジタルビデオカメラを販売したりしていました。もう、一昔前の話です。大賀時代のソニーは先進企業だったのです。

大賀は飛行機の操縦だけでなく自動車の運転も好きなようでした。芝浦ＴＥＣと呼ばれていた旧芝浦工場にはカーオーディオの取り付けのために自動車のピットがありましたが、そこをよく知人に利用させたり、社用車の助手席に若い女性秘書を乗せてソニー本社ＮＳビルの周辺を運転したりしていました。パリに出張中の大賀が、空港から宿泊先ホテルへの不慣れな道に迷う現地駐在員の運転に苛立ち、運転を自分に替われと言ったこともあったそうです。

すべての成果を自分のものにする傾向が強かった大賀。それは盛田商店と呼ばれるソニーの経営へ参加した外様の悲哀かもしれません。しかし、上司が部下の手柄を横取りするという悪《あ》しき習慣は、大賀の時代からソニーに深く根づいてしまいます。もっと残念なことは、大賀独裁政権下の闇の人事で大賀に反発し、実力を発揮することもなくソニーを去っていった人がたくさんいたことです。

大賀と出井には、自分の過去を知る人を排除しようとする共通の傾向があり、一部の従順な人を除いて、かつてのソニーの外国部時代に活躍した面々を排斥していたように思えます。昔のソニーには、大賀や出井の能力を超える猛者が多かったということでしょう。

不思議なことに、大賀の側近で大賀に排斥されて子会社に出された人たちのほとんどが、大賀の本意を理解していなかったように思います。たぶん、誰に対しても実直だった井深や盛田の薫陶を受けるうちに、仕事ができる社員でさえも自分の都合しだいで排斥するという行為に、想像が及ばないようになっていたのでしょう。

音楽会社の買収

過去のソニーの事業運営の大きなイベントは、音楽会社の買収、保険会社の買収、映画会社の買収、それにゲーム事業への参入の四つになります。

米国の音楽会社を買収し、ハリウッドの映画会社を買収し、音楽と映画でソニー製品との融合を図る――それが盛田の夢、それがソニーの夢。いかにも、もっともらしく聞こえる説明です。しかし、その真実は違います。どれもソニーの事業が好調で、ソニーに豊富な資金があったときに生まれた、偶然に近い出来事にすぎません。

CBS・ソニーレコードという会社名を覚えている人は多いと思います。米国CBSと日本のソニーの国内合弁会社です。すでにレコード会社を傘下に抱えていた老舗《しにせ》企業の日本ビクターや東芝に倣って、一九六八年にソニーも国内にレコード会社を持つことになりました。そのＣＢＳ・ソニーレコードは、次々と国内と海外で新人歌手を発掘し、その事業を急速に拡大し、瞬《また》く間に日本屈指の音楽レコード会社へと成長していきます。

一方、ビジネスに伸び悩み、徐々に業績が悪化していった米国のＣＢＳレコードは、やがてソニーに買収されることになります。ソニーは一九八八年一月に米国法人のＣＢＳレコードを買収していますが、それは大成功だったと思います。ソニーが世界的な音楽会社の一つになったのですから。

世界的に名を知られたレコード会社の買収です。ソフトウエアとハードウエアの融合を漠然《ばくぜん》と夢見ていた盛田昭夫。その彼に率いられ、次の時代のビジネスを模索するソニー。ＣＢＳレコードの買収は、ソニーにとって大きな前進だったのでしょう。ただし、ハリウッドのコロンビア・ピクチャーズ買収後に始まったソニーのビジネス低迷を思うと、一九八七年にＣＢＳレコード買収を決意したときに、その躓《つまず》きの種が蒔《ま》かれていたのかもしれません。

ＣＢＳレコードの買収額は、世間相場を大きく上回る金額だといわれ、米国のマスコミにとって嘲笑《ちょうしょう》の的になりました。しかし、それでソニーの経営者を責めるのは酷な話だと思います。欧米から遠いアジアの黄色人種の国、日本の一企業による米国企業の買収です。世間相場の二倍ぐらい払わないと成立するはずがありません。もっとも、当時のソニーには、その企業買収に必要な潤沢な資金があったのです。

ＣＢＳレコードの買収と運営は、ウォルター・イェットニコフという人物に任されました。その後、ＣＢＳレコードの音楽部門は、彼の手によって世界的に大成功を収めていきます。そして音楽事業はソニーに多大な利益をもたらし、ソニーのロゴを世界中に広めていきました。だから今でも、その買収自体は間違いではなかったと判断できます。しかし、ほとんどの非創業者の成功者は、やがて先人が築いた資産の私物化と乱用に走り始めます。イェットニコフも、例外ではありませんでした。

こうして、音楽ビジネスで外国人に振り回されたソニーは、やがて映画ビジネスでも同じような経験をすることになります。雇用した外国人の日常の素行を監督できないまま、ソニーはエンタテインメントビジネスの世界で一つの成功事例を偶然に残しました。そのエンタテインメントビジネス成功体験が、次の米国映画会社、コロンビア・ピクチャーズの買収へとつながっていきます。

第四章　裸の王様と無能無策

経営者が英語に強いといわれているソニーですが、英国人のストリンガーは別にして、歴代のソニー経営者のなかで、自分の思想を英語で語れたのは盛田と岩間だけだったのではないでしょうか。

英語を流暢《りゅうちょう》に話す人はソニーにたくさんいましたし、その能力だけで出世する人もたくさんいました。今では、その数も増えています。ともかく、欧米の駐在経験を持つ人はたくさんいます。

しかし残念なことに、英語力と仕事力のバランスがとれている人はたいへん少ないように思います。近年は、英語しかできない人が出世して、ソニーの腐敗を加速させているような気がします。

ソニーの事業の五本柱は、エレクトロニクス、保険・金融、音楽、映画、ゲームになります。そのどれもが、商業文化の違う異業種です。エレクトロニクスを本業にしてきたソニーにとって、音楽と映画は一体ではありませんし、エレクトロニクスとエンタテインメントも一体ではありません。ゲームも同じです。大賀は音楽事業を知っていましたが、映画事業を知りませんでした。ソニーがトップに仰いでいたストリンガーは映画事業を知っていましたが、音楽事業とエレクトロニクス事業の両方を知りませんでした。平井は音楽とゲームしか知りません。

第四章では、ソニーの企業統治機能崩壊の序楽章の指揮者、声楽家からキャリアを始めた大賀の後悔について、また経営者の資質と舌禍について、振り返ってみましょう。

映画会社の買収

ソニーの音楽会社と映画会社の買収の真実を知るには、まずソニーの海外市場や既存異業種業界への進出手法を学ぶことでしょう。ソニーが自分自身の手で開拓していったエレクトロニクス事業の米国市場進出では、米国在住の財界人を頼って、独自の総力戦でニューヨークの地に直接進出を果たしています。

一方、欧州市場進出には、スイスのツークに設けたソーサ（ＳＯＳＡ）から、各国のディストリビューター（現地販売代理店）を支配していった歴史があります。とりあえず、各国の既存のディストリビューターと手を結び、合弁会社を設立して現地進出を果たしています。そうして一定の現地マーケット経験を得たら、ディストリビューターと別れて独立し、とりあえず二者共存を目指します。ソニーが強引にディストリビューターを買収したのはデンマークだけで、フランス、ドイツ、ベルギー、オランダなどでは、しばらく両者で共存しています。

国内の音楽事業はCBSレコードとの合弁会社、CBS・ソニーレコードを設立して成功しました。国内の保険事業はプルデンシャルとの合弁会社、ソニー・プルデンシャルを設立して成功しました。音楽はCBSレコードを買収する機会があり、潤沢な資金があったから買収したのです。保険は相手が巨大企業ですから、その事業ノウハウを学んでから独立したのです。映画は手探りでノウハウを学ぶような業界ではありませんから、米国の映画会社買収の機会を探り、潤沢な資金を使い、最初から買収を試みています。

ソニーが既存の業界へ新規参入した音楽、保険、映画のどの例でも、すべてアメリカの企業を利用しています。世界市場制覇を試みたビジネスマン盛田の本心は、日本への愛国心と米国へのリベンジだったように思えてなりません。アメリカに反感を抱きながら、アメリカ流の生活に憧《あこが》れる——それが敗戦後の日本の環境下で育った若者の特徴だと思います。それだけでなく盛田は、日本の産業をもって、アメリカを超えようとしていたのだと思います。

一九八九年一一月に、ソニーはコカ・コーラ社が所有していた米国法人のコロンビア・ピクチャーズを約五〇〇〇億円（四八億ドル）で買収しました。買収価格として参照されるべき会社資産の市場価格に、プレミアムを上乗せした結果の金額です。この価格を法外だという人もいますが、東洋人が経営する東洋の日本企業による米国企業の買収です。ふつうの米国の相場で買収しろというのが無理な話です。

しかし、ハリウッドの映画会社の買収は、提示された買収価格が非常識に高く、いくら日本のソニーでも簡単に飲める話ではなかったのです。この買収は社長の大賀が会長の盛田の意志を汲んで、難色を示す社内を説得して進められた話だと思います。ちょうど日本がバブル景気時代の話で、外国資産を買い漁《あさ》る日本企業の一社として、ソニーはアメリカ国内で激しい非難を受けました。

アメリカの魂を買収した……その非難を避けるために、今でも米国のソニー・ピクチャーズエンタテインメントの建物の正面には、コロンビア・ピクチャーズの看板が残っています。実際、コロンビア・ピクチャーズの買収から二年たった一九九一年に、やっとソニーは社名をソニー・ピクチャーズに変更しています。

この買収が成功した年、盛田が大賀の功績を認めて、大賀はソニーの最高経営責任者（ＣＥＯ）に就任しています。ソニー・ピクチャーズエンタテインメントは、次々と映画関連会社を買収しましたが、旧コロンビア・ピクチャーズは、現在、ソニー・ピクチャーズエンタテインメント（ＳＰＥ）の大きな構成部門になっています。

ともかく、この五〇億ドル近い支出は、ソニーにとって大きな賭けでした。当時のコロンビア・ピクチャーズは、一六億ドルの負債を抱えていました。それに加えて、その瀕死《ひんし》寸前のコロンビア・ピクチャーズに三四億ドルの現存価値をソニーが認めたことになります。

したたかなビジネスを経験している欧米企業と違って、国際的な企業売買に不慣れな日本企業が相手の買収劇です。売り手にとって、ソニーは良い買い手だったのでしょう。たぶん、笑いが止まらない取引だったと思います。

大賀時代のソニーの悲劇は、この買収劇から始まりました。その悲劇とは、かつてＣＢＳレコード買収劇の主役を演じたイェットニコフからの紹介を受けて、ハリウッドで名が知られていたピーター・グーバーとジョン・ピータースの二人を新しく雇ったことです。ソニーは、買収した映画会社の運営を彼ら二人に任せ、その彼ら個人のために莫大《ばくだい》な金を使いました。

コロンビア映画買収後の乱脈経営に終止符を打とうとして、ソニーは出井時代にジョン・キャリーというベテランプロデューサーをスカウトします。そして一九九八年に米国ソニーを任されたストリンガーは、テレビ局に勤務していた時代の同僚を音楽部門のトップに就けて仕事を丸投げします。ここから米国ソニーの放任政治が始まります。

映画部門では、キャリーの下で映画ビジネスを成功させてきた、実力派女性プロデューサーのエイミー・パスカルがいました。しかし、高齢のキャリーの後釜《あとがま》として、ストリンガーは彼女を選びませんでした。ハーバード・ビジネススクール出身のマイケル・リントンを選んだのです。つまり、自分が支配できる人脈と組織を構築していったのです。

ストリンガーは、映画ビジネスの専門家ではありませんから、今のソニーの映画ビジネスは、米国人のマイケル・リントンに丸投げされています。白人を前面に出して、後ろから彼らをうまく使っていた盛田の時代とは違い、今のソニーは映画ビジネスにおいても、本社による外国人への管理能力を失っているようです。

借金まみれになったソニー

ピーター・グーバーとジョン・ピータースの二人はハリウッドで著名な人物でした。しかし、ソニーが選んだ彼らの正体は、ただのイベント屋にすぎなかったのです。自分たちの名声を売り込む能力は人並み以上でしたが、ファッションや映画の世界に多い虚業家の彼らには、映画スタジオを経営したり運営したりする能力がなかったのです。ソニーを経営したり運営したりする能力がなかった、ストリンガーに似ています。

貧乏な会社には正直なスタッフが集まります。貧乏人に取り入って、そこから金を掠《かす》め取ろうなど無理な話ですから、そんな人はいません。しかし、裕福な会社には働く意欲を持たない腹黒いスタッフが集まります。ソニーが金持ちになれば、そこにはソニーを利用して私腹を肥《こ》やそうとする人々が集まってきます。それがピーター・グーバーとジョン・ピータースでした。この二人を雇うにあたり、ソニーは次のような便宜を彼らに与えました。最初の項目の二億ドルは、市場価値の二倍ぐらいだと推定されます。

・グーバーとピータースが持つ赤字会社を二億ドルで買い取ること
・雇用契約保証期間を五年間とすること
・二七五万ドルの年俸を払うこと
・五〇〇〇万ドルのボーナスプールをすること

・契約保証期間中にスタジオの株価が上昇したら、それに見合う報奨金を支払うこと

ところが、彼ら二人はソニーよりも先にワーナーと業務委託契約を結んでいたのです。そのために、ソニーはワーナーから訴訟を起こされました。彼ら二人との契約書作成に、ソニー経営陣は十分な調査をしていたのでしょうか。その訴訟を和解に持ち込むために、ソニーは買収費用に加えて約八億ドルを使っています。

弁護士の仕事には、契約書の文面の確認だけではなくて、その契約の背後に潜むリスクの確認も含まれています。経営者なら、その契約のすべてに責任があります。ソニーが雇用する外国人弁護士も含めて、当時のソニーの経営陣は海外の映画ビジネスに無知で、悪性ウイルスに無防備な純粋培養のソフトウエアと同等の人たちだったのでしょう。

結果的に、ピーター・グーバーとジョン・ピータースを雇用するにあたり、ソニーはコロンビア・ピクチャーズの買収に使った五〇億ドルに追加して、約一〇億ドルの出費を負担することになりました。さらに悪いことには、これら六〇億ドルの原資のほとんどが、日本のソニーのエレクトロニクス分野で働く薄給の社員の血と汗の結晶から捻出されていたのです。

四〇年間近くコツコツと働いて、ようやく二〇〇〇万円程度の退職金を受け取るソニー社員。その一方で、毎週のように社用機で世界中を飛び回り、二五〇〇万円の月給を得て豪勢な暮らしをしている彼ら。ほとんどのソニー社員が、その事実を知りませんでしたし、海外の出来事に無頓着《むとんちゃく》でした。昔も今も、ソ

ニーの経営実態は、日本のソニーで働く一般社員から見ると、覗《のぞ》き見ることもできない闇《やみ》に包まれているのです。

製造業とはビジネスの世界が違い、映画という一発勝負のギャンブルの世界に、それも海外で雇った外国人経営者に、五年契約という長期契約は考えられません。日本国内の外資系企業の社員でさえも、一年契約で契約更改を繰り返しています。中国のハイアールなら、一年契約中に三回の業務評価をします。

こんな二人個人の報酬として、ソニー経営陣が五年間に支出した一〇〇〇億円を超える金額。それは、米国プロ野球のスター選手の年俸と比較しても、法外だとしか言いようがありません。ソニー本社で働くエンジニアの給料と比較したら、数千人の優秀なエンジニアが雇える金額です。

ソニーが彼らアメリカ人に与えていた役得の内容、彼らの毎日の暮らしぶり、それに彼らが受け取っていた報酬と解任時に受け取った退職金の額を聞いたら、たいていの日本人は仰天《ぎょうてん》することでしょう。それはソニーという大企業の屋台骨を揺るがすほどの額、コロンビア・ピクチャーズが毎年垂れ流していた数百億円の赤字に匹敵する額だといわれています。

それでも当時のソニー経営陣が経営責任を問われるまでには至っていません。ソニーが個人商店的なワンマン経営体質だということの証《あかし》でしょう。当時のソニーがこの二人に支払っていた巨額の報酬は、後になってソニー役員が受け取る莫大な金額の報酬へとつながる負の遺産になりました。

出井の派手さは、コロンビア・ピクチャーズの放漫経営を見たことも原因の一つのような気がします。また、多額の退職金を払えば、誰でもすんなりと辞めてくれます。彼ら二人の解任にあたって支払った退職金が、ソニーがリストラで支払う手厚い退職金として、後々の負の遺産になっていきます。

その時代の国内市場は、長く続いていた円高不況が去り、経済バブルの時代に突入していました。ソフトウエアとハードウエアの融合を唱えた盛田昭夫に率いられ、次の時代にさらなる発展を望むソニーにとって、その買収は今でも間違いではなかったと思います。しかし、その映画会社の買収が、ソニーにとって大きな問題を発生させていました。一時金として支払う買収金額の多寡《たか》は横に置いて、東京のソニー本社の誰もが、コロンビア・ピクチャーズの日常の経営を管理監督できていなかったことです。

当時のソニーは、欧米の事業統括役として、米国にミッキー（マイケル）・シュルホフ、欧州にジェイコブ・シュムックリという二人の外国人を登用していました。どちらも、盛田昭夫が選んだ人物だったので、彼らは盛田の下では従順な羊でした。

ピーター・グーバー（コロンビア・ピクチャーズ社長）は、ミッキー・シュルホフ（ソニーアメリカ社長）の監督下でコロンビア・ピクチャーズを経営していました。しかし、それは形式的なもので、ソニーの映画会社の経営陣は、放任という別格の扱いをシュルホフから受け続けていたのです。それがソニーの財政危機を引き起こします。

この映画会社の巨大赤字の原因は、映画事業の不振ではありませんでした。映画事業の放置と、東京のソニーが持つ資金を個人的に食い物にする二人のアメリカ人が原因だったのです。つまり、放漫経営の結果です。

もちろん、それまでにもソニーは数度の財政危機を経験しています。しかし、それらすべてが積極的な技術開発投資から発生した危機であり、企業買収や放漫経営で発生した危機ではなかったのです。すなわち、この映画会社買収の件とは内容が違うのです。

技術者にとって、技術開発で得た利益を次の技術開発に投資することは、しごく当然のこととして納得できます。しかし、この買収では、技術開発で得た利益が、映画会社の買収と、その運営の赤字補塡《ほてん》に使われていたのです。

ソニーがコロンビア・ピクチャーズを買収した日から、この映画会社は毎年、数百億円の赤字を垂れ流し続け、その間接的な補塡に日本のエレクトロニクス部門が叩き出した利益が使われました。旧ソニー本社NSビルの七階に住む一部の役員と六階に住む一部の経営戦略担当社員はその事実を知っていましたが、彼らが自分自身の問題として捉えることはありませんでした。

ソニーという会社の経営陣も含めて、ソニー本社で働く社員の金銭感覚が麻痺してしまい、数百億円の金額を軽く見るようになったのは、このコロンビア・ピクチャーズ買収のときからだと言って間違いありません。

最近のソニーは外部委託が好きな会社になりました。設計や製造だけでなく、人事や経理においても外部委託が目立ちます。特に欧米進出にあたってのさまざまな交渉に、日本人社員のノウハウだけでは不足することが多く、欧米のコンサルタントを頻繁《ひんぱん》に活用しています。コロンビア・ピクチャーズの買収にもアドバイザーを必要として、ソニーは米国投資銀行のブラックストーン社と契約しました。

しかし、ブラックストーン社の相手は企業買収に不慣れな日本企業ソニーです。法外な金額でソニーがコンサルタント契約を結ぶことになっても、ソニーの誰もが失敗だとは思いません。その取引額が相対的な問題だからです。また、買収相手とコンサルタントの間で、何らかの裏リベートが動いていたとしても、それに日本人が気づくこともないでしょう。お人好しの日本人は、そんな外国人の策略に気づかないで、高い買い物をさせられてしまいます。

日本国内の外資系企業でも、東大卒の一部の人間が同窓仲間と徒党を組んで転々と会社を渡り歩きながら、経営者として次々と企業を食い物にしているケースがたくさんあります。コロンビア・ピクチャーズ買収の安全パイだとでも考えていたのでしょうか。ソニーの経営陣は、法外だとも思われる莫大な報酬をブラックストーン社に支払いながら、同社の会長をソニー本社の取締役に迎えていました。

創業期のソニーを支えてくれた外国人はたくさんいましたが、悪意の人間は非常に少なかったと思います。なぜなら、ソニーが貧乏だったからです。貧乏人に取り入って、その懐《ふところ》を狙う人間などいません。奪う物がないからです。当時の彼ら外国人は、自分と共に貧乏なソニーの成長を願いつつ働いていてくれました。外国人のなかでも、アジアの無名の新興企業に就職し、決してエリートだとはいえない彼らでしたが、心から信頼し合える仲間がたくさんいました。

映画会社買収から数年を経た一九九四年、コロンビア・ピクチャーズの放漫経営と経営陣の無軌道な浪費の実態を暴露する『ヒット&ラン』という本が米国で出版されました。この本の存在とその内容は米国ソニーでも話題になり、コロンビア・ピクチャーズのアメリカ人経営者の無軌道振りが、社員の口コミで東京のソニー本社の経営陣にも伝えられるようになりました。しかし、そこに至るまでの数年間で、ソニーは実質無借金経営だった優良会社から、二兆円近い借金を抱える赤字会社になっていたのです。

「超一流の映画を作るには超一流の人材が必要だ」とうそぶく社長のグーバーは、監督・俳優・脚本家など、自分の周囲の人間に破格のギャラを払い、自分自身も破格の報酬を得ていました。そうして、ソニー・ピクチャーズの業績は低迷していきます。ピータースは一九九一年に会社を辞めましたが、グーバーは一九九四年まで社長を続けていました。

一九九五年、ソニーの社長が大賀から出井に交代し、コロンビア・ピクチャーズの経営陣が刷新されました。コロンビア・ピクチャーズの経営陣の刷新――それは新任社長になった出井の業績ではありません。その放漫経営の実態を世間に知らしめた暴露本『ヒット&ラン』と、彼らを満足させた法外な退職金の業績です。端的に言えば、ソニーは外的要因で動かざるを得なかったのです。それも金の力で動かしたのです。

やがて、コロンビア・ピクチャーズはソニー・ピクチャーズに社名を変え、その経営陣も入れ替わり、長く続いた放漫経営も過去のものとなりました。しかし、カリフォルニアのカルバーシティーに建つソニー・ピクチャーズ本社の建物の正面入口には、買収から二三年を経た今でも、コロンビア・ピクチャーズの社名が残されています。アメリカの魂を買収することは、そう簡単なことではありません。

大賀ソニーが与えた治外法権を得てソニー・ピクチャーズを食い尽くした二人の外国人、ピーター・グーバーとジョン・ピータースのコンビ。その蛮行は、やがて出井ソニーが与えた治外法権を得てソニー本体を食い尽くす二人の外国人、ハワード・ストリンガーとニコール・セリグマンのコンビとして再現されていきます。

盛者必衰《じょうしゃひっすい》の理《ことわり》

日揮とソニーが建てた旧ソニー本社ビルはNSビルと呼ばれて、その七階と八階は会長や社長の部屋、それに役員の部屋と役員会議室で構成されていました。また、社長や取締役からの呼び出しに迅速に応え、逆に自主的な報告も迅速にできるように、経営企画・経営戦略・R&Dなどの部門は、当時のソニー本社NSビル六階に配置されていました。それらの機能部門から報告される数字を頼りに、ソニー本社ビル七階の住人の会長・社長・役員がソニーの舵《かじ》を操っていました。

そのほかに渉外や通商管理という部門も入居していました。当時のソニー本社NSビル五階です。その階下に人事や広報という部門が入居していました。いずれも、本社機能として社内と社外に対応する部門です。また、いわゆる〝3K〟の一角を占める海外営業は、すでに海外の販社拠点が充実し、ソニーの各

旧本社ＮＳビル５階で勤務する著者

カンパニー（事業部門）に対応が任されて、その総合力を失っていました。

会長や社長、取締役は、地下駐車場へ行くにしても、本社の玄関に客を出迎えるにしても、役員室の階から直行できる役員専用エレベーターを使います。そのエレベーターを使えるのは、エレベーターを動かすパスワードを知っている役員自身と秘書、直属の部下など、一部の人間だけになります。なにやら、国会議員専用エレベーターが用意されている議員会館に似ています。それは今の新芝浦本社ビルも同じです。

ソニー本社ビルの経営企画部（経企）は、各期末の決算発表をしたり営業利益見通しを発表したりする部署です。その部署に与えられた仕事は、強権に頼って事業部門や子会社からソニー本社に情報を集めて、その情報を集計して会社の業績として、それを経営陣に報告したり外部に発表したりすることです。しかし、その数字の真偽は問われませんし、根拠に乏しい数字が多いのが実情です。しばしば新聞や週刊誌に登場する財務担当役員は、その数字をソニーの役員やマスコミ、株主に伝えるスポークスマンにすぎません。ロボットと同じです。

マスコミを相手にした記者会見や業績発表の場で、会長や社長の側に座る財務担当役員（ＣＦＯ）たち。彼らの口から出る社内および社外に向けたメッセージは、「何々だったものの、何々になった。だから、みんなで頑張ろう」だけなのです。残念ながら、そんな彼らが発する空虚な言葉に不平や不満、不審を抱くソニー社員はいません。天上で働く彼らは、地上で働く一般のソニー社員とは無関係な人たちだからです。

短く簡単なキャッチフレーズで社員の勤労意欲を鼓舞することを筆者は否定しません。盛田は「ネアカ」という言葉を使っていました。会社内では明るく働こうということです。そのネアカに反発した社員は多いと思います。現場で汗と油にまみれて働く社員にとって、今日の苦しさと明日への絶望だけが募ります。ネアカになど、なりようがないのです。

盛田の言葉は、決して現場の苦しみを無視して語ったものではありません。積極性を持って働き、明日への希望を捨てるな、という意味だったのです。それを勘違いして、肉体的に楽な「経営、企画、海外」という３Ｋの職場を志望する社員がソニーに増えました。手足を動かさず、口だけ動かして仕事をしたつもりになって、それで高給を得られれば誰でもネアカになります。

一九八〇年代後半から一九九〇年代前半にかけて、大賀ソニーは自社事業の拡大と多角経営化を進めました。強気の経営姿勢を貫いたソニーは、五〇〇〇億円で買収した映画会社、コロンビア・ピクチャーズの経営管理監督を怠り、その営業成績の不振に苦しみました。年間三〇〇〇億円近い赤字を計上したこともあります。そうして、実質的に無借金経営だったソニーが、いつの間にか一兆五〇〇〇億円の有利子負債を抱える赤字会社に転落しました。その負債は、やがて二兆円に膨らんでいきます。

二兆円の負債すべてが有利子負債だとして、当時の年間金利が約五パーセントだと仮定すると、ソニーは毎年、一〇〇〇億円程度の利息を支払うことになります。月払いに換算したら、一〇〇億円近い利息金です。そんな大金を利息として毎月払い続けようとする企業があるのでしょうか。言いようもない不安が一部の社員の間に広がっていましたが、ソニー本社で働く社員すべてが、その事実を知っていたわけではありません。

ソニー本社に勤務する大勢の社員から陰の天皇と呼ばれて、その封建的でワンマンな性格が恐れられていた権力者の大賀。しかし、その彼が出井伸之を後任社長に据《す》えて会長職に退いてから、大賀のソニー役員人事への影響力は急速に衰え、出井が主導するソニー役員人事が続くことになります。その流れは一九九七年の執行役員制度に端を発し、二〇〇三年のソニーの委員会等設置会社（執行役制度）への移行により完成されて現在に至っています。

飢餓《きが》の時代が去り飽食の時代を迎えると、人や組織が成長を止めて退化し始めます。出井が会長職にあった最後の年の二〇〇五年六月のことです。出井と安藤の二人を除いて、ソニーの誰もが予想し得なかった役員交代劇が起きました。米国に住む英国人、ハワード・ストリンガーが、出井の後を継いで会長に就任したのです。

ソニーに前代未聞の外国人の会長兼最高経営責任者（ＣＥＯ）が誕生しました。そして、ソニーの本業のエレクトロニクス分野については、部品畑を歩いてきた執行役副社長の中鉢良治が、ストリンガーの監督下で代表執行役社長兼エレクトロニクス最高経営責任者（ＣＥＯ）として采配を揮《ふる》うことになりました。笑い話でしょうか。分野こそ違いますが、一つの会社に二人のＣＥＯの存在です。

その役員人事の激震の波紋が落ち着いて一年少々がたった二〇〇六年七月一七日のことです。上野公園に隣接する東京文化会館大ホールで、財団法人東京二期会が主催する『蝶々夫人』のオペラが上演されました。

後悔の念

東京文化会館大ホールの一階は、前部席と後部席に分けられ、その間が横方向の広い通路になっています。その横方向の中央通路を挟んで後部席が少し高くなり、前部席から後部席にかけて段差が設けられています。観客にとって最高の観劇席は、その後部席の中央最前列席になります。一階二〇列の二〇番席またはその席から縦方向の中央通路を挟んだ反対側の二一番席です。

開幕時間の一〇分ぐらい前になって一組の老夫婦が入場し、いつもどおり、それまで空いていた一階二〇列の一九番席と二〇番席——二人の定席に座りました。大賀典雄と、その夫人でピアニストの松原緑です。

二〇〇〇年に会長職を出井に譲ってからソニー取締役会議長に就任し、二〇〇三年からは取締役会議長も退任し名誉会長職に就いていた大賀です。しかし、そのオペラ上演の数ヵ月前には、彼は名誉会長職も辞して、すでにソニーの相談役に退いていました。ソニー相談役の大賀は、東京二期会の監事と東京文化会館の館長の職にもありました。

『蝶々夫人』は、午後二時から五時までの三時間の公演でした。大賀は少し疲れているように見えました。一昔前には、全身からほとばしるエネルギッシュなオーラを感じました。しかし、歳のせいなのでしょうか。すでに他人を威圧するような雰囲気が消えていました。

大賀は楽しそうでした。老年になると、人は幼児期に戻るといいます。かつてオペラ歌手を志望していた大賀典雄。この人は、きっと若いころから音楽が好きだったのでしょう。華やかな舞台が好きだったのでしょう。エレクトロニクスよりも、豪華絢爛《けんらん》なオペラやオーケストラの世界が好きだったのでしょう。熱心に舞台を見つめる彼の目が、そう語っていました。

開幕から一時間余りが過ぎ、前半の一幕目が終わり休憩に入りました。突如、小柄な女性が大賀夫妻を休憩に誘いに来ました。亡き盛田昭夫の妻・良子夫人でした。さすがに年齢は隠せませんでしたが、盛田が病床に伏していた昔に比べて、とても爽やかでふっくらとした顔が印象的でした。かつての辛い日々も遠い過去の話になり、長年の悩みから解放されたのでしょうか……。

二〇分ほどして休憩時間が終わり、また大賀夫妻が席に着きました。やがて観客の盛大な拍手の音が消え、後半の二幕目が始まりました。きっと疲れていたのでしょう。夫人の右隣に座る大賀が目を閉じました。ほんの数分間のことでしたが、彼は眠っているようにも見えました。

しばらくして、ふっと目を開けた大賀は、またオペラグラスを手に観劇を続けました。すっかりと柔和になった、その老成した彼の横顔が、『平家物語』冒頭の「祇園精舎《ぎおんしょうじゃ》」の一節を詠《うた》います。

「祇園精舎の鐘の声、諸行無常の響《ひびき》有り。沙羅双樹《さらそうじゅ》の花の色、盛者必衰の理《ことわり》を顕《あらわ》す。奢《おご》れる人も久しからず、只《ただ》春の夜の夢の如し。猛《たけ》き者も終《つい》には亡《ほろび》ぬ、偏《ひとえ》に風の前の塵《ちり》に同じ」

かつてエレクトロニクス業界で一世を風靡《ふうび》したソニーも、「祇園精舎」の一節に詠われる平家と同じように、やがて滅びゆく運命にあるのでしょうか。

それから五年がたち、二〇一一年四月二三日に永眠した大賀典雄のソニー社葬（お別れの会）が、その東京文化会館大ホールで執り行われました。大賀の死去から二ヵ月が経過した六月二三日のことです。そこには、大賀がソニーに残した理系と文系の確執ゆえにもがき続けてきた、ソニーOBたちが一堂に集っていました。今のソニーの凋落《ちょうらく》を知る彼らは、そこで何を考えていたのでしょうか。

自らをソニー丸の船長にたとえた盛田昭夫。その盛田の跡を継ぐ次の船長として、時代の潮流を的確に読み、一度はソニー丸の舵をうまく操った大賀典雄。その大賀でさえ、ハリウッドの暗礁を看過し、ただの乗客を自分の後継者として船長に据えました。

豪華客船ソニー丸の迷走に拍車を掛け続ける現ソニー経営陣。その迷走するソニー丸の航路を修正するのはいったい誰なのでしょうか。オペラ観劇で偶然に垣間見た大賀夫妻と盛田夫人。そこには大賀と出井をソニー丸の船長に選んだ盛田夫人を中心に、三人の絆《きずな》がかろうじて残っていました。

ソニーの役員人事は、盛田夫人を抜きにして語ることはできません。しかし、二〇一一年四月、大賀が鬼籍に入り時代が移りました。ソニーにふさわしい次の船長を選び、ソニー丸の迷走に終止符を打てるのは、すでに大賀でも盛田夫人でもありません。まして出井やストリンガー、平井でもありません。「ソニーがどうなっても、盛田は元の造り酒屋に戻ればよい」……そう呟《つぶや》く良子夫人の声が聞こえるような気がします。

めったに使われることがなかった旧ソニー本社NSビルのハワード・ストリンガー会長執務室。その部屋の会長の机には、会長を称える新聞記事の切り抜きが無造作に置かれていました。そうした、会長や社長の取り巻き社員が、ソニー本社内に目立つようになりました。

すでに自己プログラミング機能を喪失したソニー。自己再生能力を失うまでに傷つき、自浄作用が期待できなくなったソニー。封建から放任へと移り行く企業政治の下で、その企業統治機能を失い、とめどなく崩れ逝くソニー。そんなソニーに、いったい誰がしたのでしょうか。

二〇〇五年に出井がソニー会長を退く前のことです。北京で二〇〇一年一一月にオーケストラ指揮中に倒れた自分のことを「いっそのこと、あのとき、倒れたまま死んでおけばよかった」と大賀は言ったそうです。また、創業者の井深と盛田が濃紺の作業服姿で働いていた御殿山二号館ソニー本社跡地の売却を聞いて「そこに何かソニーの歴史を残すことはできなかったのか」と大賀は嘆いたそうです。

出井を後継者に選んだ大賀は、自分の迷いと決断を後悔しながら静かに旅立っていきました。しかし、ストリンガーを後継者に選んだ出井にとって、また平井を後継者に選んだストリンガーにとって、ソニーの歴史はもう過去の話で、何の後悔も残らないのでしょう。

ソニーショック

一九九三年秋のことです。会長の盛田が脳内出血で倒れ、再起不能になりました。病床に伏す盛田ですが、それまで継続してきた社外の役職を辞任するために、たくさんの辞任届の書類に直筆の署名をしなければなりません。その署名さえもままならないほど、盛田は重病だったのです。しかし、社内では盛田の筆跡と見間違うような見事な署名の書類が作成されて、盛田は社外役職を次々と辞任していきました。そうしてソニーの経営と後継者選びは、社長の大賀一人に任されることになったのです。

一九九五年春のことです。巨額で買収した米国の映画会社、ソニー・ピクチャーズの放任経営問題が発覚し、前年の一九九四年に社長のグーバーが辞任し、そしてソニー社長として異例の長期政権を続けていた大賀典雄が引責の形で会長職に退き、常務取締役の出井伸之が多数の先輩役員を飛び越えて社長に就任しました。この役員人事を契機に、それまで病床にありながら会長職に留《とど》まっていた盛田は、その職を大賀に譲り名誉会長職に退きました。

病床の岩間を経営者として温存していた盛田とは違い、大賀は病床の盛田を即座に経営から外しています。それはもちろん、大賀の盛田への思い遣《や》りからだったと思いますが、社内の技術系取締役の謀反を恐れていたことも背景になっていたのではないかと想像します。後継者選びがすっきりと進まなければ、大賀が失脚する可能性が高かったからです。

一九八九年にヒラ取締役になった出井ですが、本業として任された広告宣伝や商品デザインで目につくような業績は残していません。それが急に常務取締役になり、そこから社長へと昇進したのは、少なからずピータースとグーバーの追放に貢献したからだと思います。彼らを採用し懇意にしていた大賀には、なかなか二人の首が切れませんから。

大賀が会長に就任してから五年が経過した二〇〇〇年のことです。IT時代のソニーを牽引《けんいん》する社長として期待されていた出井が会長に退き、ソニーのパソコンビジネスを米国で推進してきた安藤國威が社長に就任しました。それまで会長を務めていた大賀は、出井・安藤体制にすべてを託し、自分は取締役会議長、次いで名誉会長職に退いたのです。

その三年後の二〇〇三年、ソニーは四月二四日の東京株式市場の取引終了後に決算を発表しました。その内容は、直前の一月から三月の連結最終損益の大幅な赤字に加えて、翌年三月の決算期には大幅に減益するとの見通しを示したものでした。その決算発表を知って、ソニーの業績について投資家が不安を抱き、翌二五日の東京株式市場で手持ちのソニー株を売る投資家が続出しました。

そうしてソニーの株価が下がるとともに、ほかのハイテク企業株も売られるという連鎖反応が起きて、同日の日経平均株価は終値ベースで二〇年ぶりに七七〇〇円を割り込み、バブル後の最安値の七六九九円五〇銭に下落しました。一人の企業経営者が発した配慮に欠ける発言が原因で、株式市場が株価低迷のパニックに陥ったのです。これが世界中の平均株価が大幅に下落した、いわゆる「ソニーショック」です。

投資家の期待と信頼を裏切ったときに株価が下落します。その両方を同時に裏切れば、株価は暴落を免れません。大企業の社長の配慮と思慮に欠けた発言――その舌禍は利益率一〇パーセントを約束するトランスフォーメーション60（ＴＲ60）でも繰り返されていきます。

二〇〇三年一月末、ソニーは営業利益二八〇〇億円、純利益一八〇〇億円の業績予想を発表していました。ところが営業利益は一八五四億円で、業績予想から一〇〇〇億円も下がっていました。

同年三月期のソニーの純利益は、前期の七倍半に急拡大しています。ホールディング会社設立計画など、その要因は営業利益以外として織り込み済みでした。一般株主から見てソニーの株価が急騰してもおかしくない状況でしたが、すでに株価は割高状態でしたから上がらなかったのです。自社株取得枠を設定していても、その割高な自社株をソニーが買うことはなかなかできません。

株式市場の時価総額を九〇〇〇億円も乱高下させるソニーの動向――ソニーという企業は、それだけ世間の耳目を集める企業でした。やがて株式市場が落ち着きを取り戻し、株価も回復して、世間の人々はソニーショックを忘れました。それでも、ソニーのビジネスが回復の兆しを見せる様子はありません。世間を騒がせた二〇〇三年のソニーショック以降、ソニーのビジネスの低迷が誰の目にも見えるようになりました。

過去、ソニーの経営陣は数度の経営危機を経験しながら、それらの危機状態を克服してきました。一九八二年に明らかになったVHSとベータマックスのデファクトスタンダード獲得競争の敗北、一九八五年の円高不況による経営の行き詰まり、その後の映画会社コロンビア・ピクチャーズの買収で発生した多額の負債問題など、ほかの企業と同じように財務的な浮沈を繰り返してきたのです。

しかし、ソニーのビジネスの低迷が社内で見え始めたのは、大賀体制から出井体制へと社長が交代した一九九五年以降のことです。その結果、二〇〇三年から二〇〇五年までの三年間に、他社と同じように約二万人の従業員を削減しました。さらに二〇〇八年度までに約一万人の従業員の追加削減計画も発表しました。次々と繰り返される大規模なリストラ……二一世紀に入り、ソニーは限りなくビジネスを低迷させ続けるようになりました。

ソニーショックからさらに二年が経過した二〇〇五年春のことです。ソニーのエレクトロニクス事業の業績悪化の責任を取る形で、出井が会長職を退くことになりました。出井の傀儡《かいらい》と見られていた社長の安藤は会長職に就任することもなく、社長職を辞してソニー関連会社、ソニー生命の会長として転出しました。

また、出井を自分の後継者として選んだ大賀は、名誉会長職を辞して相談役に退きました。かつて井深大と盛田昭夫の薫陶《くんとう》を受けた大賀の影が薄れて、ソニーを育んできた二人の創業者の時代が完全に終わりを告げたのです。

こうしてソニーの舵取りは、映画ビジネスを経験するハワード・ストリンガー会長と、部品ビジネスを経験する中鉢良治社長の二人が引き継ぐことになりました。もう少し正確に語れば、会長職を辞した出井は、最高顧問としてソニー本社最上階の一室に留まり、会長のストリンガーと社長の中鉢を操り続けることになります。

同業他社が販売不振に喘《あえ》いでいた二一世紀初頭のエレクトロニクス市場で一人勝ちを続けていたソニー。そのソニーが苦しむようになりました。一九八二年の七〇〇人を超える新卒大量採用。それに続く出井時代と中鉢時代の無節操な新卒大量採用。そして二〇一二年四月にも発表された一万人のリストラ。出井時代から始まり平井時代まで続く大規模なリストラ……内なるソニーショックは今も続いています。

経営者の資質

企業はもちろん、どんな組織でもリーダーシップで動きます。企業経営者が率先して自分で「やってみせ」、社員に「させてみせ」、社員を「褒めてみせ」、それで社員が働き、会社が動くのです。それを可能にするのは、経営トップの力量の問題です。口先だけで言葉を操る人は、やがて馬脚を現します。

企業経営者にとって重要な課題は、目指す価値観や行動様式を現場の隅々の社員にまで浸透させることです。新人の企業経営者は、経営理念を見直し、倫理規定や行動指針を見直して、社内報やポータルサイトを利用して、声明の形で社員に伝えようとします。しかし、それを自分の仕事だと勘違いしている人がたくさんいます。また、実際の人材登用や人事配置に不透明性があると、社員の誰もが企業経営者の行動に疑問を抱くようになります。

二〇一〇年の株主総会でソニー役員の法外ともいえる高額の報酬額が公表されました。二〇〇三年に始まった大規模なリストラの嵐に翻弄《ほんろう》される社員を横目に見ながら、密室に閉じこもって密かにお手盛りの高額報酬を受け続けてきた経営陣。その無為無策がソニースピリットを壊し、ソニーの遺伝子を壊しました。

なぜ、ソニーは液晶テレビのビジネスに出遅れた上に、エレクトロ・ルミネッセンスディスプレイ（ELD）と電界放出型ディスプレイ（FED）の一般市場参入をやめたのでしょうか？　その答えは単純です。そのビジネスを止めた人がいたからです。リスクを恐れず果敢に技術革新と新規事業に挑戦していたソニー。その起動力なる魂が廃《すた》れ、ソニーの遺伝子が絶たれました。創業者たちが残していったソニースピリットは、もう永遠に甦《よみがえ》らないのでしょうか。

技術の根源となるべき人材を活《い》かせない企業や、無策のままに資金を浪費する企業は、徐々に崩壊への道をたどります。なぜ、ソニーはｉＰｏｄ《アイポッド》を創れなかったのか？　なぜ、ソニーはｉＰａｄ《アイパッド》を創れなかったのか？　その答えも単純です。創ることを止めた人がいたからです。創ることを許さない人がいたからです。

企業は人、物、金で動きます。それをもう少し突き詰めれば、企業は人、技術・知財、金で動くといえます。人と金、それに加えて物の根幹としての技術・知財が企業の経営資源です。企業経営者の日常の仕事は、その経営資源の適切な配分と活用になります。

経営資源の配分や活用とは別に、もう一つ企業経営者にとって日常的にこなさなければならない仕事があります。それがプロセス管理です。プロセス管理には、業務プロセス管理と経営プロセス管理の二つがあります。どちらも、幅広い業務を経験していない人や経営の本髄を理解していない人にとって、ほとんど実行不可能に近い難しい仕事です。特にソニーのような複合多業種型の大企業になるほど、その経営が難しくなってきます。密室のなかに閉じこもる経営者に、プロセス管理などできません。

国家の首相の政治技量の低さが国家的な危機で判明するように、社長の経営技量の不足は経営危機において初めて露呈されます。企業の好業績のほとんどは、その時代の経済動向の変化や社会環境の変化など、時代の潮流にうまく乗ったという、偶然の帰結にすぎません。しかし、その経緯を振り返って眺めてみると、後追いで何らかの理論的な裏づけが可能になります。そうなると、無能な経営者でさえも運が良ければ、世間から褒《ほ》め称《たた》えられ歴史に残る名経営者だと記憶されます。

ベテランパイロットを新米パイロットに代えると、飛行機が多少、ギクシャクしながら飛ぶようになります。そんな新米パイロットの多くが、やがて十分な操縦経験を積んだベテランパイロットに成長していきます。しかし、まったく操縦能力がない、名前だけのパイロットが乗る飛行機は、しばらく慣性飛行を続けた後、やがて墜落してしまいます。社長の名前は決して実質的な経営者を意味しません。それでも、社長のタイトルを与えられ、社長の椅子《いす》に座っているだけで、それを世間では経営者だと言います。

ソニーという「企業」は決して過ちを犯しません。そこで働く経営者という「人間」が過ちを犯します。前述したように、サルはパイロットになれません。飛行機のコックピットの操縦席に、パイロットに代えてサルを座らせてはいけません。飛んでいた飛行機が落ちます。企業全体の経営資源の適切な配分と活用ができない人、それに業務プロセスと経営プロセスの確実な管理ができない人、そんな人に企業経営者の役目を任せると、その企業の業績が徐々に悪化し、やがて経営が破綻《はたん》してしまいます。

それよりも避けるべきことは、自己顕示欲と利己主義の塊のような人が企業経営者になることです。ガチガチの社会主義と同じで、トップの意に反する言動や行動に対して、即座に粛清が行われます。盛田はソニーと日本のことを考えていたと思います。出井は自分を引き上げてくれる人と自分のことを考えていたと思います。

今にして考えると、ソニーの躓《つまず》きは盛田の後継者選びから始まっていたのです。ただ、盛田の社長後継者選びは明確でした。彼は自分の義弟でCCDの開発に功績があった岩間和夫を社長に選びました。ほとんどのソニー社員にとって、異論のない後継者人事でした。ソニーの躓きは、それ以降の話です。

自分の功績に疑問を挟む人間は徹底して外す、自分の功績を認める人間は徹底して守る、そんな旧社長の封建時代が終わり、自分に協力しない人間は徹底して冷遇する、自分に協力する人間は徹底して優遇する、その社長から優遇された一部の人間が、社内で勝手気ままに振る舞う、そんな新社長の放任時代が始まりました。封建政治から放任政治への移行です。

かつてエレクトロニクス市場で一世を風靡《ふうび》したソニー。しかし、出井の社長就任から、旧来の輝きを失い、凋落《ちょうらく》を始めたソニー。いったい、ソニーに何が起きているのでしょうか。今日のソニーの凋落の原因を正確に語るには、今は亡き大賀が会長に退き、出井が社長に就任した時代より昔――今から一七年以上前に話を遡らなければなりません。

身分差別の兆し

日本のソニーと韓国のサムスンには、いろんな面でたくさんの共通点が見られます。韓国のサムスン本社には、創業から現在に至るまでの製品が展示され、その起業の歴史を示す写真パネルが掲示されています。創業時の写真に見る木造二階建ての小さな社屋、それが異国の起業家の夢を語ります。かつてソニーにも、同じような木造二階建ての社屋で、みんなが夢を語れる時代がありました。

ソニーは、井深大によって一九四六年に設立された東京通信工業を起源とする会社です。その東京通信工業は、やがてソニーに社名を変え、エレクトロニクス事業だけでなく、映画・音楽・保険・銀行・ゲーム・出版・雑貨販売・学校経営・レストラン・測定器・化学・市場調査・旅行などの事業を手がけて、世界に類を見ない複雑な業態の大企業へと成長していきます。

そんな異業種統合型の大型複業企業の経営には、さまざまな職場を経験し、それなりの教育と訓練を受け、多角的な経営者としての経験を積んだ人物が必要です。一九九五年三月に開催された臨時取締役会議で、常務取締役だった出井伸之の社長就任が決議され、翌月一日に彼が正式にソニー社長の座に就き、五月に開催された第七八回株主総会で、その社長就任が報告されました。

その約二〇年前、一九七七年のことです。日本企業で働く社員の海外赴任が非常に珍しく、一九六〇年に社内情報伝達の手段として創刊されたソニー『週報』(後の『ソニータイムズ』)の「海外往来」欄には、出国者と帰国者の名前と役職が掲載されていた時代の話です。

季節は晩夏。場所は品川駅前のホテルの庭園に設けられたビアガーデンのテーブル。そこでソニー外国部、欧州課の親睦会が開かれました。長方形のテーブルの中央には、当時の外国部、欧州課の課長が座っていました。国内では珍しい幅広のズボンを愛用していた長身の彼は、とてもダンディーに見えました。

親睦会の開始に少し遅れて、黒のダブルのジャケットに異国の匂いを漂わせた、もう一人のダンディーな男が現れました。彼を目にした欧州課長が、テーブルの端の席を左手で指しながら言いました。

「やー、よく来たね。そこに座って」

「どうも」

もう一人のダンディーな男は、そう答えると長方形のテーブルの端に座りました。課長と同じ側、彼の左端の席です。

ビアガーデンの親睦会に新しく加わったもう一人のダンディーな男は、欧州でアフターサービス関係の仕事をしている人だと紹介されました。不思議なことに、彼のほうに向けた課長の笑顔が、正面を向いたときには怒ったような顔になっていました。

それから少し飲んだ後、彼に聞こえないように、周囲の数人に聞こえるように、その怒った顔の課長が小さく呟きました。

「生意気な！　サービスの分際で、あんな格好して……」

盛田昭夫が社長として率いていた当時のソニーは、顧客と会社の接点としてアフターサービスを重視していました。設計・製造・販売・サービス、それらの仕事に貴賤なし、そこで働く人にも貴賤なし。井深や盛田の薫陶を受けた直属の部下が、それぞれの分野で仕事を任されていました。それが当時のソニーでした。

身分差別は組織を硬直化させます。警察署や税務署、土木事務所、水道局など、ほとんどの地方行政機関の出先では、そこに籍だけを置く若いキャリア公務員が、形式的に組織のトップを占めます。老年になって昇りつめるノンキャリア公務員の頂点は副所長です。そして、若い所長は座して高給を受け取り、長く低給に甘んじてきた老いた副所長が実務を取り仕切ります。

黒人は白人になれない。大衆グッズは高級ブランド品になれない。下級社員が上級社員になってはいけない。そんな役所的な身分差別は、中味のない人間が抱く劣等感（コンプレックス）の裏返しにすぎません。そんな身分差別は、自由闊達《かったつ》なるソニーの存在を否定します。

成功する企業経営者の多くが、自分の心に密かな劣等感を抱き、それをバネにして事業を推し進めます。物量と敗戦という米国コンプレックスを梃子《てこ》にして、盛田がトランジスターテレビを世界に広めました。そしてニューヨークに日章旗を掲げました。芸術と音楽という欧州コンプレックスを梃子にして、大賀がコンパクトディスクの市場を築きました。そしてベルリンにソニータワーを建設しました。しかし、その大賀が後継者に選んだ一人の社員の社会エリートコンプレックスが、ソニーの自由闊達なる企業風土を徹底的に壊したのです。

社会エリートコンプレックスとは、上流社会と下流社会の二極分化を好む権威主義的性格のことです。強い者の前で諂《へつら》い、弱い者を前にして威張る、そうして自分自身は上流社会を志向します。しかし、見栄と虚栄で企業は動かせません。ゴルフとワインの話で社員は働きません。

都内の高級ホテルで開かれる国会議員のパーティー、帝国ホテルで開かれる某大学某学部卒業生の豪華な親睦会、株価の推移を終日追い続ける軽井沢の高級別荘族など、一般大衆が知ることのない世界、ふつうのサラリーマンが目にすることのない世界があります。それをソニーに持ち込んでほしくないものです。

筆者なりに理解した最近のソニーの階級的な身分差別は、大別して会長と懇意な「経営系譜代《ふだい》社員」と会長と疎遠な「現場系外様《とざま》社員」の間に存在します。ふつう経営と現場では、いったん向こう岸の世界に渡ると、こちら側の動きは見えなくなってしまいます。しかし、その両岸を自由に往来する――それがソニーの社風だったのです。そうであれば、階級的な身分差別自体が存在しなかったことになります。

ソニーでとんとん拍子に出世した出井には、初対面の人と接するときに必ず確認することがありました。それは相手が権力者と持つコネです。著名な政治家や企業家の子弟や親類、友達ではないか、そういうコネを相手との会話で確認します。企業内であれば、誰の派閥に所属しているかを確認します。自分の出世に影響するからです。そういう権力者と無関係で利用できない人物だと判断されたら、ゴミ扱いにされて無視されるように思います。

人への対応には、「愛する」(Love) と「使役する」(Use) の両極端があります。人はふつう、その中間 (In Between) で生きています。しかし、「利用する」、「無視する」の二者択一では困ります。

ソニーもいろいろな人を入社させて利用し、また利用されています。昭和天皇の第五皇女である清宮貴子内親王と結婚した島津久永が、その一人になります。一九八七年にソニー理事になり、その三年後の一九九〇年にはソニー取締役、一九九四年にはソニー顧問とソニー教育振興財団の専務理事に就任しています。

他社と同じで、ソニーにも有名人の子弟がコネで入社しています。一例に中国駐在日本大使の娘、佐藤内閣時代の保利茂官房長官の娘、作家・阿川弘之の息子、小泉内閣時代の平沼赳夫経済産業大臣の息子、山口県の毛利家の血筋を引く人などです。社内政治に敏い管理職なら、腫《は》れ物に触るように扱うことになります。

平沼赳夫が経済産業大臣をしていたときのことです。彼が息子と食事をしていた軽井沢のレストランに偶然、ソニー会長の出井が立ち寄っていたことがあります。元総理大臣の森喜朗はもちろんのこと、偉い人には擦り寄っていく人です。そのとき平沼を見つけて擦り寄っていった出井の振る舞いが想像できると思います。世界中に名を知られた大企業ソニーの出井会長が、ペコペコと頭を下げて挨拶《あいさつ》する姿を平沼はどう見ていたのでしょうか。決して「飯がまずくなった」とは言わなかったと思うのですが。

平沼は森内閣当時の通商産業大臣から、二〇〇一年に実施された中央省庁等改革後の小泉内閣の経済産業大臣まで、約三年間、大臣として産業界と関係がありました。その平沼の次男・正二郎は二〇〇二年に学習院大学を卒業し、ソニーマーケティングオブジャパン（ＳＭＯＪ）に就職し、社内では平沼のショーちゃんと呼ばれていました。

作家・阿川弘之の息子の阿川尚之は、ソニーから米国のロースクールに三年間留学させてもらい、数年後には退社しています。社外取締役制度の推進者として知られている中谷巌は、一九九九年に出井に請われてソニー社外取締役に就任し、二〇〇五年に出井がソニーの会長を辞めるまで六年間、その任期を継続しています。彼も日産に勤務していた時代に、ハーバード大学へ社費留学させてもらい、すぐに退社しています。

企業や政界の人脈構築ツールや潤滑剤としてのコネ入社を真っ向から否定する必要はありません。どこの世界にでもあることです。しかし、どのような行為にも節度が必要です。自由と節度は車の両輪ですから、節度を失った自由奔放な行為に社員が好感を抱くことはありません。

本書には多数の人が登場します。少し覚えにくいと思いますが、ご容赦ください。それは本書がコネ（人脈）とカネ（金脈）によって構築されたグループ（派閥）が生み出す腐敗（組織の私物化）を主題にしているからです。組織はすべて公器です。個人の所有物ではありません。国際的な人脈をソニーと日本のために最大限度に活用していたのが盛田なら、それを自分のためだけに最大限度に利用していたのが出井とストリンガーだと思います。

第五章　封建と放任の経営者

本物の企業統治とは、企業で働く人たち全員の自主性の発露と、その凝縮のことです。それは自由闊達《かったつ》なる組織にのみ存在するものです。ワンマン経営の企業やルールで縛られた企業には、見せ掛けの企業統治しか存在しません。そんな企業になると、上に反発する人間が本物のブレインで、上に頷《うなず》く人間はただのゴミになります。

企業のトップしだいですが、企業の「統治」と役員の「保身」は同じ意味を持つことがあります。企業の統治は正義ですが、役員の保身は政治です。オリンパス巨額損失隠し事件で取締役会に抵抗したマイケル・ウッドフォードに足りなかった力、株主総会で彼が必要性に気づいた力、それは「理想の正義を実現する政治力」だったのでしょう。無責任なマスコミの声をバックにして闘った彼は、自分の骨を断たせて相手の肉を切ることになったのです。

二〇〇三年に入って実施された大規模なリストラを経て、ソニー社員が平均的に若くなりました。ソニーの中枢機能を担う二〇階建ての新芝浦本社ビルに入ると、二〇歳代や三〇歳代の若い社員が目立ちます。「若い人を登用する」という、ハワード・ストリンガーの言葉が、そのまま実践されているようです。

企業経営の失敗は、そのほとんどが技術やビジネスモデルの問題ではなくて人の問題に起因しています。第五章では、大賀ソニーの封建政治の終焉《しゅうえん》と出井ソニーの放任政治の端緒について考えていきましょう。

失われた企業統治機能

ソニーの新芝浦本社ビルの一八階から二〇階には、ソニー本社の中枢機能部門（Headquarters）が入居しています。数年前の話です。その本社で働く若い社員が「ストリンガー会長の言うガバナンス（企業統治機能）を効かせるには、我々が事業部門をマネジメントしなければならない」と情熱的に語り合っていました。しかし、数万人規模の従業員を抱える企業組織は、本社ビルに勤務する若い社員が考えるほど単純ではありません。

投資報告書を作成することが本社のエリート社員の仕事ではありません。大学で法律や経済を学んで入社し、そのまま大企業の本社機能部門に配属された若い社員に、いったい企業社会の何が見えるというのでしょうか。製造販売業とは、人がモノを造って売る商売です。しかし、企業経営の一翼を担ったつもりの新米高学歴エリート社員は、その商売の仕組みを単純に捉えて、表層的な事象と数値だけで企業の本質を理解したと錯覚します。

その若い未経験なエリート社員も、十分な実務経験を積んだ管理職に育つと、大勢の社員が働く製造・販売・サービスの現場が企業経営の根底にあり、それが企業の本質を理解する材料として欠かせないことを知ります。やがて一人前の経営者に育つと、法律や政治、それに為替や金融、税制などの外的要因も含めて、社会を動かすいろんな人の思惑と人脈で複雑に動く企業の本質も見えてきます。

もうすぐソニーが還暦を迎えるという一九九〇年代に入って、そんな実務経験を積んだ多数のベテラン社員が、次々とソニーの職場から消えていきました。

創業者の一人だった盛田が亡くなった後、大賀から出井、それからストリンガーという会長体制でビジネスに臨んだソニーです。しかし、大賀以降の会長職の交代にともない、ソニーのビジネスが急速に低迷していきました。会社設立時に創業者が謳《うた》った自由闊達なる理想企業ソニーが崩壊しています。

松下電器産業（現パナソニック）を興した松下幸之助と東京通信工業（現ソニー）を興した井深大、それにソニーの遺伝子を壊した出井伸之の企業経営理念を筆者なりに解釈すると、次のようになります。

【パナソニック】

「産業人タルノ本分ニ徹シ、社会生活ノ改善ト向上ヲ図リ、世界文化ノ進展ニ寄与センコトヲ期ス」

外向き（社外へ）のメッセージであり、「社会生活の向上を目指し、市場が求める技術を使う」という姿勢が見られます。

【技術のソニー】

「真面目ナル技術者ノ技能ヲ最高度ニ発揮セシムベキ、自由豁達ニシテ愉快ナル理想工場ノ建設」

内向き（社内へ）のメッセージであり、「技術開発の喜びを享受し、技術をもって市場を創る」という姿勢が見られます。

【政治のソニー】

「スベテノ現場ヲ経営カラ隔離シ、徹底的ナ身分差別ヲ図リ、私欲ヲ追求シツヅケル理想郷ノ創造」

これだけは筆者の勝手な創作になりますが、自分向き（個人へ）のメッセージだと思います。

ソニーの技術を愛して、技術者と共に楽しんでいたのが井深だと思います。ソニーの発展を願って、従業員と共に楽しんでいたのが盛田だと思います。そして自己の利益を追い求めて、ソニーを利用しているのが出井と、その後継者たちだと思います。

ソニーのビジネス低迷の原因は何でしょうか。腐敗していく企業の経営者は、自分が組織を腐敗させていることに気づきません。腐敗していく企業の渦中の社員は、自分自身が腐敗していることに気づきません。

暗黒の一〇年の始まり

一九九六年五月七日、東京ディズニーランドにソニー社員とその家族二万人が集結しました。ソニー創立五〇周年の記念イベントです。ソニーの借り切り同然の形で行われたさまざまなイベントの後、臨時に夕方から設けられた特設ステージ周辺にソニー社員が集まりました。国内の経済バブル期に採用されたのでしょうか——女性も男性も、若い社員が目立ちました。

やがて女性司会者の声に促されて、一人の男が自信なさそうな顔で壇上の中央に立ちました。そして、そのギクシャクした所作の男が、マイクを掴んで唐突に叫びました。

「みんな楽しんでるかー！」

これから社長としてソニーという国際的な大企業を率いようとする人物が、大勢のソニー社員の前で発した第一声でした。

無理をして若者の輪に溶け込もうとしたのでしょうか。「ソニーの社長さんはお若いですね」と、その発声に慌《あわ》てて応える女性司会者の声を打ち消すように、ステージを取り囲むソニー社員から「ウワー」という大喚声が上がり、彼は盛大な拍手の渦《うず》のなかに包み込まれていきました。

長期政権を続けた大賀典雄が社長から会長に退き、こうして新社長・出井伸之の時代が実質的に始まりました。その社長交代劇は、ソニーで働く誰もが政治革命だと捉えていました。新社長を迎えるソニー社員の歓喜は、それまでの息詰まるような封建政治の終わりへの安堵《あんど》と、新しい民主政治の始まりへの期待から発生したものだったのでしょう。

少しの間を置いて拍手の音が静まり、壇上の男の顔に満面の笑みが浮かび、一瞬の沈黙に続いて彼が語り始めました。そして「男の美学を大賀さんから学びたい」――そんな意味不明のスピーチが延々と続きました。「男の美学」って、いったい何でしょうか？　彼の右隣に寄り添って立つ大賀会長が、その新社長の「軽さ」に比べて、とても重々しい人物に見えました。

その彼の「軽さ」に一抹《いちまつ》の不安を覚えたのでしょうか。盛大なイベントの席で嬉しそうに振る舞う大賀会長に、かつてない戸惑いの様子が見て取れました。そして、その日からリ・ジェネレーションされたソニー丸に乗せられて、ソニーのデジタル・ドリーム・キッズたちが、果てしない暗黒の海を漂い始めます。ソニーの放任政治――暗黒の一〇年が始まりました。

浅薄なキャッチフレーズ

「リ・ジェネレーション」と「デジタル・ドリーム・キッズ」、「非連続の時代」、「クオリア」、「統合と分極のマネジメント」、「ハードとソフトの融合」……これらの言葉から、いったい何が想像できるというのでしょうか。漠然《ばくぜん》とした言葉は、人々の心に漠然とした概念を構築し、漠然とした人々を創造します。

漠然からは、何も生まれません。夢を語るだけで、経営はできません。人も企業も、具体性で動きます。当時のソニーのスローガン「リ・ジェネレーション」と「デジタル・ドリーム・キッズ」。企業経営者が口にする漠然とした言葉は、決して心ある社員へのモチベーションにはなりません。

広告会社電通の一社員が発案し、ソニーの広告宣伝担当の河野透が口にしたチープなフレーズが、社長就任早々の出井の口から社員へのメッセージとして語られました。しかし、その軽薄なキャッチフレーズが、出井体制下のソニーの命運を大きく変えていき、ストリンガーの言う「ソニー・ユナイテッド」と「サイロの破壊」へ、そして平井の言う「One Sony」へと引き継がれていきます。

そのキャッチフレーズが世間から好評を博した一年後、河野は閑職のソニー副理事からソニーマーケティング執行役員常務へと栄転していきました。これも出井の采配によるものでしょう。出井は自分の側近の定年後の就職先についても、さまざまな便宜を図っていました。

そうして迷走を続けるソニー社内に、いつの間にか「頑張ろう」という言葉が蔓延《まんえん》するようになりました。CEOからCFOまでが、頑張ろう、と言います。政府関係者が口にする「きっちりと」や「しっかりと」に似ています。どちらも言葉の内容が虚《うつ》ろです。CFOはソニーの業績をマスコミや株主に伝えるメッセンジャーになり下がり、社内に向けて、頑張ろう、と言います。具体性を示せない経営者の下で働く社員は辛いものです。

最近の経団連会長の話です。社長時代や会長時代にはそれなりの実力があると勘違いされていた人で、経団連会長になったとたん、その無力ぶりが目につく人が増えてきました。ソニー社長を務めた安藤や中鉢も同じだと思います。社長就任前の彼らは、社内の意見をよく聞く、いわゆるグッド・リスナーでした。ただ聞くだけでなく、できる範囲で目的達成に協力していたと思います。

そのグッド・リスナーの姿勢は社長になっても同じでしたが、聞く態度が違っていました。高所から聞き、そして聞くだけで何もしないのです。本人たちは自覚していなかったのでしょうが、情報を知って満足する……そういう感じに変わっていました。

ＪＲ東日本がスイカとして採用したソニーのフェリカ（ＦｅｌｉＣａ）ビジネスが行き詰まっていたときのことです。まだ副社長に就任前の中鉢良治とＣＦＯの大根田伸行にフェリカ事業部から一時間程度の事情説明会が開催されました。社員の話を熱心に聞く中鉢の隣で、ずっと居眠りをしていた大根田を思い出します。監督者の立場なら、部下の面前で眠るぐらいなら座るな、が常識です。

誰でもしつこい眠気を感じるときはあります。しかし、その対応ノウハウができていないのです。現執行役のなかには、海外との往復でどんなに時差ぼけで眠たいとしても、自分の部下がプレゼンテーションをするときに居眠りをしないように工夫している人もいます。たとえば前部に座っている自分の席を離れて、聴衆の後ろに立って聴き続けます。立てば眠りませんし、後ろに立てば醜態《しゅうたい》をさらすこともありません。

役員用会議室で実際にあった話ですが、説明者の話に聞き入る出井が突如、ドスンという音がして消えてしまったことがあります。一瞬、どこに消えたのかわからなかったのですが、彼はテーブルの上のエビアンのペットボトルとともに床に崩れ落ちていました。それほど多忙で疲れていたのでしょう。会議の席で社員を前にして椅子《いす》から転げ落ちたり、アメリカの豪華ホテルの大理石の風呂ですべって転んで大怪我《けが》をしたり、ともかく大変な人でした。

出井ソニーの最初の仕事

一九九五年にソニー社長に就任した出井の最初の仕事は何だったのでしょうか。彼は毎月の国内販売の数字を知ろうとしていました。同時に、海外営業の数字も知ろうとしていました。すなわち本人の言葉によると、ソニーグループ全体をどうやって掌握するか、を考えていたようです。勘違いしてほしくないのですが、それはグループ全体の実態を知ることではなくて、グループ全体の数値を知ることです。

過去、営業開拓要員としてフランスに赴任し、その後はソニーの海外商社機能を持っていた外国部で欧州課の課長をしていた彼にとって、いちばん明るい題材が販売システムの把握だったのです。しかし、彼が課長だった当時の国内の販路は、ソニー直系のソニー商事を頂点にしながらも、独立色が強い各地方販売会社の販売網を使っていました。だから、ソニー商事で働く者は別にして、ソニー本社から国内販売の実情を知ることは難しかったのです。

そのソニー商事も、一九七六年に設立されたソニーのリース・信販会社のソニーファイナンスインターナショナルに一九九一年に吸収され、ソニーの販売体制は国内営業本部と旧外国部の流れを継ぐ海外営業本部という二つの体制になります。

昔のソニーは、ほとんどが中途採用の社員で動いていました。経験を積んだ転職者にとってソニーは、その実際の企業規模に比べて町工場のように見えたと思います。ソニーで働く誰もが、企業という形態を知らないから町工場だったのです。だからこそ経営よりも製品開発が優先され、個人のアイデアが尊重され、設備は寄せ集めのドタバタだったのでしょう。白黒テレビの五インチブラウン管用の真空ポンプで、九インチブラウン管の真空引きをして、ほとんどのブラウン管が短期不良（エミ減）になっていたこともあります。

豊富な海外勤務経験を持つ出井も、社長に就任したばかりで、国内の販売組織の物流や資金の管理システムがわからなかったのでしょう。本社の社長室で誰かに会うと、国内流通と販売管理の仕組みについて教えてほしいといつも言っていました。欧米の販売管理システムの把握に加えて、国内の販売管理システムの把握が彼の最初の仕事だったのだと思います。

その最初の仕事は、毎月、国内販売会社の在庫管理と売上状況を調査し、各地の工場を含む子会社の損益状況の報告を受けて、ソニーの財務の現状を知ることでした。しかし、新任社長は国内営業の経験が皆無でしたし、自分が知らない領域に手が出せない人、特に現場に近い領域に手を出さない人でした。

規模が大きくなったソニーで、海外営業を中心にして育ち、オーディオやホームビデオ、商品デザインなどの表層の仕事だけを経験したのでは、企画会議や販売会議の様子はわかっても、その企業運営の全体を知ることなどできません。当然、経営者としてソニー全体の運営について数字を把握しなければなりませんが、現場に出ることが嫌いな彼は、その実態を自分で確かめることもなく、他人に調べさせて他人から得た情報に頼ることになります。

出井には経済的にソニーの資金繰りを把握して、経済的にソニーを動かそうとした節があります。四半期ごとに連結の今期損益と来期予測を出し、ソニー関連会社の経営を外から操るホールディングカンパニーを設立して、企業経営の理想形をつくることを密かに考えていたのでしょう。

筆者の理解では、ホールディングカンパニーとは、頭脳的かつ肉体的な仕事を外部に丸投げして、自分は資金計算だけをする計算機のような、ピンハネ会社のことになります。商売は自分の金でするものです。他人から出資を募り、その金で事業をして配当する人――他人の金で商売をする人は無責任です。それは万一のときに自分が責任を取るつもりがないという証左です。

二〇〇七年一〇月一一日、ソニーフィナンシャルホールディングス（ＳＦＨ）が東証一部に上場しました。銀行、損保、証券、生保を傘下に持つコングロマリットの上場は、日本で初めてのことです。それが、出井が描いた実体のない金融会社なのです。すでに出井はソニーを出ていましたが、出井の子飼いの徳中暉久がＳＦＨ社長に就任しました。

会社にとって、最も重要なのは資金繰りです。いくらの財産があって、いくらの現金が自由に使えて、いくらの予算が何に必要で、それで事業をどう展開するか等々、会社の現状を把握し、事業計画を立てて、うまく会社を経営することです。

ここで出井がした仕事を列挙してみましょう。筆者なりに理解すると、⑴世間と社員に受けるキャッチフレーズを考えること、⑵イントラネットで自分のホームページを開設すること、⑶コロンビア・ピクチャーズの経営を立て直すこと、(4)ソニーの経営（数字）を掌握し、日本企業にとって目新しい経営手法（米国型）を導入すること、です。

ソニー社員と日本企業、それにマスコミの勘違いは、(1)で新しい時代が来ると信じ、(2)で出井がインターネット使いだと信じ、(3)でソニーの業績が回復すると信じ、(4)でソニーが日本の企業経営の新時代を切り開くと信じたことです。出井が口にしたデジタルとネットワークの時代とは、インターネットのホームページのことだったと思います。

CEOのホームページ（POV）

一九九五年当時のソニーの社長にとって、情報技術（ＩＴ）とは何だったのでしょうか。ＩＴ化を標榜する新任社長の出井が最初に目指したのは、当時の本社ビルの社長室にこもり、自分のホームページを立ち上げて、イントラネットを介して社内に自分の活動を宣伝することでした。そのＣＥＯのホームページ「ＰＯＶ：A Point Of View」は社外でも有名でした。

ソニーは過去に、設計部門と開発部門を日（アジア）、米、欧に分散させています。確かに欧米には技術者がいますが、そのほとんどが日本の技術者ほど仕事に貪欲ではありません。韓国や中国の技術者に比べたら、まったく比較になりません。四十数年前に日本市場の将来を期待して日本に進出してきたアイビーエム（ＩＢＭ）を思い出せばわかることです。日本ＩＢＭが提示する高給に釣られて、たくさんの優秀な学生が就職を希望していたのが日本の実情でした。しかし、今のＩＢＭにとって、日本は世界のOne of themにすぎません。

ソニーの海外進出において、まず盛田はアメリカ進出を目指しました。そして、それが成功した後、欧州進出を目指したのです。もちろん、中近東やアジア、南米にも大きな市場があったので、ソニーは海外地域を米州、欧州、そのほかの地域の三つに分けて展開していました。そのほかの地域は、まとめて一般地域（GA：General Area）と呼ばれていました。

自分の夢だったアメリカ市場への進出を終えた盛田は、一九七〇年代、欧州市場の開拓に本格的に着手しました。すでに米国には自前の販売会社を持っていましたが、一般地域への販売は当時の日商岩井や住友商事などの商社に頼っていた時代です。欧州では、税制の関係でスイスのツークに本拠地を置き、欧州各国の電気製品販売店を頼りに、ソニー社員が直接、販路を開拓していました。途中入社の優秀な部下が大勢いたので、盛田が陣頭指揮を執《と》る必要はありませんでした。

井深は技術への情念で社員を動かしました。盛田はビジネスへの情念で社員を動かしました。大賀は決断の人として事業を動かしました。そして出井は世間から自己愛を勘違いされて褒《ほ》められました。

他社の例に漏れず、ソニーでも頻繁《ひんぱん》に社員の行動規範が発行されます。その前に社長が社員に謝る、自分の監督不行き届きを詫《わ》びる、責任者（自分を含めて）を更迭《こうてつ》するなど、社内の誰もが納得する信賞必罰が必要です。そして、その更迭された社員と家族の将来を思い遣《や》る……それで社員が動きます。行動規範の発行だけで社員は動きません。

そういうまともな仕事はさて置いて、最初に目に見えた社長の出井の活動は、「リ・ジェネレーション」と「デジタル・ドリーム・キッズ」という二つのキーワードの提供と自分のホームページの開設でした。広報担当の役員を経験していた彼は、すでに外部広報活動の重要性に気づいていました。大賀社長時代にソニーが買収したコロンビア・ピクチャーズの放漫経営について、国内マスコミを抑えるという、貴重な成功体験もしていました。

広報活動には、自社にとって有利な面を強調して外部に知らしめるという活動のほかに、自社にとって不利な部分は歪曲《わいきょく》して有利に報道したり隠蔽したりするという活動もあります。その経験に照らして、出井は自分の活動を社員に宣伝する場を必要としていたのでしょう。それもインターネットを活用した場を必要としていたのだと思います。

出井のホームページ「ＰＯＶ」は、社内のイントラネットを通じて社員なら誰でも閲覧ができました。出井のメッセージ公開の場、ホームページの開設は、ソニーが資産として保有するハイビジョンなどの映像ソフトウエアを管理する部署（映像ソフトセンター）が引き受けました。

当時、盛田のために何かをした、大賀のために何かをした、そういう人がまだ少しソニー本社に残っていました。当時の映像ソフトセンターの部長は、きっと出井社長から「キミは盛田さんや大賀さんのためには働いたが、ボクには何もしてくれていない。ボクにも何かしてくれ」と、社長からじきじきにホームページの開設を頼まれたのではないでしょうか。

やがて、出井のホームページ「ＰＯＶ」の開設が社内にアナウンスされ、そこで紹介される話題が社員の評判になっていきます。庶民の知らない雲上の世界の話だったからでしょうか、ホームページ「ＰＯＶ」が好評になりました。その功績からか、社長から人事への指示で、ＨＤソフトウエアセンターの部長の給料が大幅に増えたという噂も聞きました。人事も給料も、役員個人の腹積もりで決まる——それはソニーに限ったことではありません。

自分は特別な人間だという、社長の自慢話を聞きたいと思う社員は少ないと思います。それでも、この出井が始めた自己宣伝ホームページの歴史は、安藤から中鉢へと伝統として引き継がれていきます。安藤は「Do Ando」というホームページで自分の現況を社員に伝えていました。更新頻度が低かったので、結果的にそう悪影響はなかったと思いますが、退任時にはボスポラス海峡への訪問記などを掲載していました。薄給の従業員から見れば、羨《うらや》ましい限りです。

中鉢は「Chubachi Connect」というブログのようなホームページで、社員とのコミュニケーションを図ろうとしていました。こちらは日記タイプで、毎日のように自分の行動が伝えられています。残念なことに、その内容は出井の「A Point Of View」と何ら変わりません。ワインを飲んで、ゴルフをして、有名人に会って、大事な会議に出て、大名旅行をして、映画を見て、豪華な食事をして、その合間に本を読んだ、それだけです。

また、そこで社員の「意欲」を「自己中心」だという意味に解釈して、社員の意欲を否定しています。ドイツ語の話のなかで出てきたので、ドイツ語の原語の意味の解釈の違いからかもしれませんが、人を押しのけて前に出るという意味で中鉢は理解していました。社員の意欲とは社員のやる気のことだと理解するのがふつうではないでしょうか。一人の社員が、それは「私欲」の意味ではないかと指摘していましたが、その言葉も否定されています。

そんな無意味な社長の日記を読むのは誰なのでしょうか。読むだけで時間がかかります。金も時間も権限もない真面目な社員から見れば、汗水垂らして働く愚民の自分たちをバカにしているとしか思えません。社員から社長への提言についても、こういう提言がありました、という事実をブログで語るだけで、その提言に対して社長自身が具体的に何をしたのかは書かれていません。社長の業務は、社員から社長への提言を社員へ再伝達し社内に周知することではありません。

囲碁を好む人間が社長になると、社内に囲碁が流行《はや》ります。ゴルフを好む人間が社長になると、社内にゴルフが流行ります。麻雀《マージャン》を好む人間が社長になると、社内に麻雀が流行ります。キリスト教信者が社長になると、社内にキリスト教信者が増えます。

それがサラリーマン社会です。いずれも、社長に近づくチャンスが多くなるからです。社長の趣味の公言は、内容によっては社内に流行病をもたらし、人心の荒廃を招きます。企業トップの軽薄なブログは、社内の流行病の病原菌でしかありません。

中元・歳暮を期待する官公庁の役人と違って、民間企業のトップに立つ人間は、安易に自分の趣味を公表してはいけません。盛田は、スキー、スキューバダイビング、テニスなど、多くの趣味を楽しみました。

しかし、ソニーにとって幸運だったのは、井深の最大の趣味が技術開発であり、盛田の最大の趣味がビジネス推進だったことです。

大賀も音楽を趣味にしていました。大賀が出演するコンサートに社員が動員されることもありましたが、それでも節度がありました。協力しないからといって、特別に上司から嫌がらせを受けることもありませんでした。

本来の仕事を放り出して高級リゾート、高級車、高級ワイン、有名人を話題にする社長の下には、本来の仕事を放り出して会社の金で別荘暮らしを目指し、不要な出張を設定してマイレージを貯《た》めて、それで高級ワインや私的な海外旅行を楽しむ社員が集まります。

ブログのメッセージを読んで、それで社長とのコネクションを確信するまともな社員がいるのでしょうか。社長がリーダーシップを具体的に発揮して見せれば、そして社長が社員をまともに評価すれば、すべての社員が社長とのコネクションを確信すると思います。

自社株だけに価値を見出す単純な企業経営や従業員の心情を無視した企業売買――それは米国資本主義の縮図です。今の日本には馴染《なじ》まないものでしょう。特に個々の従業員のベンチャー企業魂を特徴とするソニーには馴染みません。

ソニーのビジネスの躓《つまず》きは、出井の自己顕示欲と似非《えせ》ブランド志向から始まったと思います。出井が常務取締役に就任してから、ソニーはさまざまな経営改革なるものを打ち出し、組織変更を続けてきました。しかし、人と組織はいじくるものではなくて、育てるものでしょう。

それでも、出井がソニーの制度改革と称して実行した策は、次々とマスコミから好意的に受け入れられていきました。そのマスコミが称えた策と、その問題点をソニーの制度改革の歴史と、その本音の目的として次ページの表10に列挙します。

信頼関係で動くのが技術で、利害関係で動くのが政治です。その前者を日本とソニーのために実践したのが井深と盛田で、その後者を自分のために実践したのが出井とストリンガーなのでしょう。これらソニーの制度改革のほとんどは、出井が独自に考え出した策ではなくて、米国からの借り物の愚策です。

こうして次々と打ち出される意味不明の制度改革、そして次々と変更され追加されるソニーの役職名――おかしいと思いませんか。出井ソニーは徐々に、ソニー本来のモノ造り（製造業）を捨てて、ホールディング会社（投資銀行業）を目指すようになります。

組織の長が実施する組織内組織の改革（変更・設立）には原理原則があります。公利無欲のための組織改革の原理原則は、まず人を選び、そして組織を変えることです。すなわち、自分が人を選んで、その選んだ人に組織の変更・設立のすべてを任せるようにします。

一方、私利私欲のための組織改革の原理原則は、まず組織を変えて、そして人を選ぶことになります。

表10：ソニーの制度改革の歴史と本音の目的

1994年	カンパニー制の導入（技術者の懐柔と隔離）
1995年	ストック・オプション制度の導入（米国式経営の模倣による宣伝）
1997年	取締役会の改革と執行役員制度の導入（外様理系の隔離と組織階層化への布石）
1998年	報酬委員会と指名委員会の設置（将来の企業私物化への布石）
1999年	ネットワークカンパニー制の導入（上級役員の懐柔と権限の拡大）
2002年	アドバイザリーボードの設置（ホールディング会社設立への布石）
2003年	委員会等設置会社への移行（組織階層化と企業私物化の完成）

すなわち、自分が組織の変更・設立をして、その組織の長に自分が選んだ人を置くようにします。それは自分を超える後継者を育てたくないという、老人の無意識のエゴなのです。

創業の一九四六年からずっと、ソニーは技術の会社でした。技術の会社でありながら、北米や欧州、アフリカ、南米、アジアへ進出し、日本企業に先駆けて海外で株式を公開し、世界のソニーになりました。そして保険会社や映画会社を持つ、日本でもまれな業態の国際企業へと発展してきました。それが一九九五年、ちょうど出井が社長に就任するころから、組織と制度をいじくる経営ゴッコの会社に変わっていきます。

そういうソニーの変化を「ソニーが」という言葉で理解すると、その実態が曖昧《あいまい》になります。「誰々が」という個人名で理解しなければ、組織の真実の姿はわかりません。組織は人で構成されます。その組織を動かしているのは、一人ひとりの人間なのです。

本書では起きた事象を組織で理解せずに、人で理解していきます。日本という国は悪いことはしませんし、財務省も悪いことはしません。もちろん、ソニーも悪いことはしません。悪いことをするのは内閣総理大臣、財務大臣、ソニーの社長など、組織の責任者個人なのです。その責任者個人の行為を徹底的に問題視しない限り、何事も解決しません。

事象や人を理解するには、その両極端を先に理解します。たとえば企業なら、小企業と大企業の対比です。小企業の極端は一人が働く会社です。大企業の極端は無限大の人数が働く会社です。そうすると、小企業では働く人が一〇〇パーセントの経営責任を持ちますが、大企業では誰もが無責任で構わないということがわかります。この事実は、一〇人程度が働く企業と一万人程度が働く企業の対比でも、同じように理解できます。

企業の形態も同じことです。コンビニや居酒屋チェーン店のように同じ形態の店を多数展開している会社や、コーラや自動車だけという単品に近い製品を販売している会社と、ソニーのような多業種・多品種展開の会社を同一に論じることはできません。コンビニ、居酒屋、郵便局など、チェーン店の経営にはホールディング会社が似合います。しかし、ソニーのような自主独立型で多業種の会社に、ホールディング会社は似合いません。

不動産や生産設備など、豊富な固定資産を持つ機械労働主体の会社であれば、企業買収が意味を持ちます。しかし、新しく生み出される知的財産や創造力豊富な人材などを主な財産にする会社、すなわち頭脳労働を主体にする会社なら、企業買収はできません。知財や人材が流出すれば、企業価値がゼロになるからです。

極端な米国式社外取締役制度は、企業にとって大きな潜在リスクです。社外取締役制度は、個人による企業の乗っ取りさえも可能にします。二〇一一年九月二二日、米国のコンピューター大手企業ヒューレット・パッカード（ＨＰ）のＣＥＯが交代しました。取締役会による実質的なＣＥＯの更迭です。

ところが、新しいＣＥＯは、同年の一月にＨＰの取締役に就任しています。この役員交代劇の評価は、取締役会が正常に機能したと考えるのか、取締役会の誰かがＣＥＯの交代を目論んだと考えるのか、その違いで決まるのでしょう。

人と機械の違いを忘れて経営を論じる人はたくさんいます。企業体質の違いを労働の質の両極端で捉えると、機械（手足）労働を主体にする会社と人間（頭脳）労働を主体にする会社の違いになります。そういった両極を捉える視点で、出井時代のソニーの一連の「改革」を捉えていきましょう。

社内カンパニー制

名前からして奇妙な企業（カンパニー）内のカンパニー制。一九九四年に導入されたソニーの社内カンパニー制とは、一企業（一つのカンパニー）のなかに多数のカンパニーをつくる仕組みのことです。一企業の経営者にとって、自社と無関係な他社の資本は自由に操れません。だから、自社内に複数の会社を設けて操るということです。投資家に化けた素人経営者による経営ゴッコの始まりです。

カンパニー制の導入

企業はもちろんどんな組織でも、放置すると役職者を増やして肥大化していきます。ソニーも過去一〇年ほど事業本部制を続けていくうちに、さらに製品別事業本部の細分化が進みました。そうして、経営資源の分散が問題になってきた一九九四年、ソニーはカンパニー制を導入しました。エレクトロニクスを中心にした一企業でありながら、従来から馴染んできた事業部制を廃止し、テレビ、オーディオ、ビデオなどの分野の事業部門を名目上、分社化したのです。

ソニーは卓越した製品コンセプトとブランド力、技術力で一九七〇年代まで成長してきました。しかし、一九八〇年代になって、オーディオ機器市場低迷への対応が遅れて急激に業績を悪化させてしまいます。そこで一九八三年になって、組織を製品別単位の事業本部制に編成しました。商品開発と販売に関する責任と権限を事業本部と事業部に移譲することにより機動力を高めて、本社が担当する全社戦略立案機能を強化するという考え方です。

事業部制に比べたカンパニー制とは、各ビジネスユニットへより大幅に経営権限を委譲した事業形態で、部門ごとに販売や開発の責任を持たせるだけはなくて、擬似的に投資や資金調達の責任まで持たせる形態です。カンパニー制の目的は非常に単純明快です。ソニー本社の上に屋上屋を重ねるホールディング会社を設立し、ソニーを多数のカンパニーを従える財閥系企業に変身させて、そのトップに自分が君臨する――それが目的です。

各カンパニーにプレジデント（いわゆる社長ではない）を置き、それなりの責任を与えて独自に業績を上げてもらおうという考えのカンパニー制ですが、それはカンパニー制への改名や改革を必要とするものではありません。それは事業本部と営業本部を再編成すれば済むことです。ソニーのビジネスの躓きの一つが、このカンパニー制の導入です。一九事業本部と八営業本部を八カンパニーへと再編成すると同時に、意思決定ラインを八階層から四階層に減らして組織階層の簡素化を図ったとされています。

社長になりたがる社員はたくさんいます。しかし、社長の椅子《いす》は一つしかありません。カンパニー制では小山の大将になるプチ社長が乱立します。まともな人間ならおかしいと思うのでしょうが、名誉欲に溺《おぼ》れた人間ならチャンスだと思うのでしょう。カンパニープレジデントの名刺を持って嬉しそうにしている元事業本部長がたくさんいました。

名誉を与えられた彼らは、もちろん出井の傀儡になっていき、出井に気に入られるために、自分が取り仕切るカンパニーの収益だけを考えるようになります。そうして、カンパニーの機能を統合的に管理する経営ではなくて、各カンパニーの収益を単純に合計する経営が進められていきます。

ソニー内の事業部が互いに事業領域が異なり、一つの傘の下でシナジー効果もほとんどないならば、単純に別会社として経営すればよいのです。たとえば、ソニーは測定器会社や化学会社、ゲーム会社、保険会社、音楽会社などを別会社として運営していました。しかし、エレクトロニクスで括《くく》れる複数の事業なら、多少事業内容が違っていても同じ傘の下に置き、持てる経営資源と共用資源を最大限度に活用してビジネスをするのがふつうでしょう。

ソニーのカンパニー制は、単純に短期的なアウトプットを求める株主の立場に配慮して、それで株価を高めて会長や社長の報酬を引き上げる手段のように思えます。それは企業経営の本質を知らない人が考える仕組みです。極端な言い方をすれば、出井ソニーは経営を各カンパニーへ丸投げしていました。

カンパニー制なら、個々のカンパニーの採算を問題にして、不採算部門から撤退したり経営内容を分析したりという、短絡的な判断ができます。現場を見なくても業績判断が下せる、そんな今まで見たこともない企業内カンパニー制に、無知な株主がおかしいと思うこともないでしょう。しかし、ソニーが市場で勝負する商品を決めたり市場から撤退する分野を決めたりする企業戦略は、一つの傘の下で立てられるべきもので、個々のカンパニーのアウトプットから判断するべきものではありません。

単一分野の事業を各カンパニーに分割して丸投げしていては、経営資源の活用などできませんし、全体最適を考えることもできません。また、事業部門どうしのシナジー効果が強く期待されるソニーのような企業では、単純に不採算部門から撤退してもいけません。

東芝が半導体カンパニー、部品カンパニー、軽電カンパニー、重電カンパニーに本社を分社化したとしても違和感はありません。ソニーがオーディオカンパニー、テレビカンパニー、ビデオカンパニー、パソコンカンパニーに本社を分社化したとしたら、なぜ？　と思ってしまいます。東芝の軽電カンパニーを分解していることと同じことだからです。四人の異なる人間に、四種類のビジネスそれぞれを一つずつ任せることは不合理なことではありません。しかし、一人の人間を四片に切り刻んで、その四つの個々の破片に異なる四種類のビジネスを割りつけて任せることなどできません。

企業として形を成してきたころのソニーは、ヒューレット・パッカード社の真空管電圧計を模倣製造していた測定器製造会社でした。もちろん、その性能は本家の製品を上回っていました。次に官公庁ビジネスを主体にオーディオテープレコーダーの販売をしていました。それからオーディオ製品やビデオ製品が中心の会社になりました。すなわち、従来からエレクトロニクス分野を中心に事業をしてきた会社なのです。

そんな単一業種の企業内でも、開発、製造、販売、サービスという異質のビジネス機能の分断は可能でしょう。それでも完全に機能を分断してしまうと、一体化した効率的な企業運営はできません。

製造という同質のビジネス機能の細部分断は、その総合力を奪います。しかし、機能的に分断してはならない事業部門をソニーは機能的に分断してしまいました。製造、販売、サービスという異質のビジネス機能部門の分断だけではなくて、製造という同質のビジネス機能部門も分断し、さらに人材、資金、資源さえも分断してしまったのです。

ばらばらになった三本の矢は、その力を失い、折れてしまいます。資本が違えば当然のことですが、コカ・コーラやペプシコーラのように同種のビジネスなら、最初からカンパニー（企業）として独立しています。三井や住友、三菱などの財閥系のグループ会社も、財閥解体の昔から、それぞれがカンパニーとして独立しています。ソニーは財閥系企業ではありませんから、それらの企業のグループ構成とソニーの社内の事業部グループ構成を同一視することはできません。

おもしろいことは、そのソニーのカンパニー制導入を企業経営手法の新しい試みだと勘違いして、マスコミが好意的に評価したことです。さらに、ソニーの競合企業でさえも、同じような制度を取り入れました。その仕組みを熱心に研究する学者もいました。時の話題と新規性を持ち込むソニーの動きに安易に追従する日本の大企業経営者は多く、それを称えるマスコミ関係者も多いのです。まったく、彼らの見識を疑ってしまいます。

最初のカンパニー制導入は、多数のカンパニープレジデントのなかから自分に役立つ子飼いを見つけていく、という出井特有の方法だったと思います。出井の社長就任時は、ほとんどの事業部長や営業部長が出井の先輩だったのです。だから、ひとまず彼らの自尊心をプレジデントの名で擽《くすぐ》ったのでしょう。ソニーのホールディング会社化への布石と、先輩社員の懐柔という、一石二鳥の作戦です。

出井が社長に就任して本格的に社長活動を始めたのは一九九六年からです。一九九六年から一九九七年にかけて、彼は本社機能の強化という大義名分を掲げて組織再編をしています。具体的には、取締役を三八名から一〇名に減らしています。その代わりに二七人の執行役員（法的な身分の根拠なし）を任命し、事業戦略を執行役員に負わせて事業に専念させるとしています。多数のカンパニーの誕生によって、調整が取れなくなったビジネスユニット間の調整や統合に重点を置いたというのが大義名分です。しかし、その本音は技術者の経営からの排除でしょう。

カンパニー制の変更

従来のカンパニー制は、やがてネットワークカンパニー制へと変更されます。ネットワークを題目にして世間からＩＴ時代の寵児《ちょうじ》とされた出井が、一九九九年に「リ・ジェネレーション」の掛け声の下、ネットワークカンパニーの名称で、従来の社内カンパニーの編成を再び変えました。有力なグループ会社である、ソニー・ミュージックエンタテインメント・ジャパン（ＳＭＥＪ）や、ソニーコンピュータエンタテインメント（ＳＣＥ）などの四社を一〇〇パーセント子会社化することを含めて、カンパニーを再編したのです。

当初から数が増えて、八ビジネスユニットから一〇ビジネスユニットになっていた組織を大きく括り直し「ソニー・コンピュータ・エンタテインメント」と、「ホームネットワークカンパニー」、「パーソナルＩＴネットワークカンパニー」、「コアテクノロジー&ネットワークカンパニー」の四つに再編しています。また、決裁権限の上限撤廃をはじめとして、カンパニーの権限を強化しています。歯止めを失った、カンパニーへのビジネス丸投げです。

当時、ＰＳ２のヒットによってソニーグループの利益の二五パーセントを稼ぎ出していたゲーム会社ＳＣＥは、株価の上昇を目指す出井にとって、ソニーを黒字会社に仕立てるために、ソニーの一つの柱として欠かせなかったのです。この改変の意図は、それだけの話です。

でも、その改革の裏の目的と本音は違います。従来の多数の取締役を執行役員に移してカンパニープレジデントの呼称を与える、そしてカンパニー制を再編成してカンパニープレジデントの呼称を剝奪する、その一方で取締役の数も減らして、自分の支配力を確実なものにする、まことに巧妙です。

企業本社の統合力や推進力、企画力などの機能強化――それは経営モデルの変更や組織の変更で叶《かな》うものではありません。それができる人材によって叶うものです。出井はネットワークカンパニー制の導入により、それまでの単品の売り切り商品の連続ヒットによるビジネスモデルから、ネットワークを利用した継続的な課金ビジネスモデルへの転換を図ろうとしたのでしょう。しかし、結果的に際立った成果は上げていません。

出井の権力構造構築の進捗に従い、二度目のカンパニー改革でカンパニープレジデントの名刺を失った人はたくさんいました。しかし、それよりも見過ごしてならないことは、四つのカンパニー担当に執行役員を置き、ソニーの技術をソニーの経営から完全に切り離していることです。

カンパニー制の廃止

社内カンパニーの数が一つなら、それは一つの企業です。社内カンパニーの数が最大限度に多ければ、それは一人ひとりの社員がカンパニーになります。つまり、ソニーが個人企業の集合体になってしまいます。そうなると、企業内の意思統一など考えられません。カンパニー内のカンパニー制——その矛盾は誰にでもわかることだと思います。

業界リーダーのソニーが導入した新しい経営戦略として、これら一連の制度改革や役職名変更を捉え、最初は唖然《あぜん》として褒め称え、最後には思わしくない結果を知って貶《けな》す、そういう経済学者や企業経営者は心底、バカではないかと思います。経営学者は「経営者」ではありません。さまざまな事例を集めて、そこから勘違いの経営理論を導き出すことが仕事です。そんな経営を知らない経営学者は許されますが、経営を知らない経営者は許されません。

ソニーのカンパニー制を真似た会社はたくさんあります。ソニーがGEを真似ると、そのソニーを国内の他社が真似るという連鎖です。そのなかでも成功して今でもカンパニー制を続けているのが東芝です。しかし、東芝は半導体、家電、電力などで部門が完全に独立していますし、社員の部門間の異動も頻繁ではありません。したがって、カンパニー制が似合う会社なのです。

三井財閥（東芝）や住友財閥（日本電気）、三菱財閥（三菱電機）の下では、企業内カンパニーが独立する日がきてもおかしくありません。しかし、ソニー社内の類似業種部門をカンパニーに分けて互いに何を競わせるのでしょうか。ソニーのテレビ事業をブランドA、ブランドB、ブランドCの三つに分けて同じ資金を渡し、市場で自由に競わせるのなら話がわかります。しかし、同じ企業のなかで、そんなバカげたことをする経営者はいないと思います。

出井は、当時流行していた持ち株会社の設立を念頭に置いていたので、そのシミュレーションをソニー内で試みていたのでしょう。こうして出井の企業経営ゴッコが始まりました。しかし、出井が会長を退任した二〇〇五年の秋、ソニーは業績悪化を機にカンパニー制を廃止しています。まだ常軌を逸していなかったのでしょうか。そうではありません。技術と経営の隔離は成功し、ホールディングカンパニーの設立によって、すでにエレクトロニクス事業内にカンパニー制を敷く意義を失っていたからです。

ソニーのカンパニー制の廃止を出井が容認したのは、ネットワークカンパニーの導入で執行役員（主力の社内理系役員）と取締役（主力の社外文系役員）の分離に成功していたからでしょう。社内カンパニー競合主義の愚策——それは事業部門別成果主義（ＥＶＡ）で評価される部門間競合主義の愚策へとつながっていきます。ＥＶＡについては、続く次章の「事業部門別成果主義（ＥＶＡ）」のところで詳しく説明します。

ブローカーとコンサルタントの暗躍

企業の間接部門はコスト・センターとして位置づけられます。プロフィット・センターとして位置づけられる販売や営業、生産などの現業部門とは違って、企業に直接的な利益をもたらさないからです。コスト・センターでも、人件費を始めとして経費精算処理や給与計算処理などの事務経費が発生します。しかし、製品の生産や販売と勝手が違い、こうした間接業務のコスト構造は把握しづらいものです。

製造業が脚光を浴びてきた日本では、徹底的な合理化と人員削減をしてきた現業部門とは対照的に、間接部門のコスト削減を後回しにしてきた企業がたくさんあります。近年になって現業部門のリストラで間に合わなくなり、コスト・センターという聖域にメスを入れる企業も増えてきました。

社内会議室を一時間使うと三〇〇〇円のコストが発生する、だから会議は要点を絞って短時間に済ませよう――それは人事や経理、総務などの間接業務の効率化を目指す企業の傾向です。そして無駄な会議を減らし経費も削減するという大義名分の下で、本社から社内の各部署へ会議室使用料を請求して会議室の賃借管理をするという、新しい間接部門の仕事を発生させます。

社員に経営者意識を植えつけて、常にコストを意識させるには愚策だとしかいえません。それは仕組みの仕事ではなくて人間（上司）の仕事だからです。コストを意識している人は、そんなことをしなくても意識しています。コストを意識していない人は、そんなことをしても意識していません。

ブローカー依存症

企業の偉い人には、仕事の中味が理解できていない人がたくさんいます。また、社内で何が起きているのか知らない人がたくさんいます。そんな偉い人は、誰がモノを知っているかさえ判断できないので、自分の顔見知りの部下に話を聞くことになります。しかし、偉い人の周囲には、その偉い人と同じような性格のゴマすり社員が集まっています。

役所と大企業の本社は、非常によく似ています。行政の仕事は、大義名分の下に税金を使うこと、表彰をすること、提言をすること、器をつくること、外注を使うことなどになります。そして、その結果を問われません。よく考えるとわかりますが、これでは国民のためになることは何もしていないのと同じことです。

このほかに次の就職先の準備もあります。五〇代で外部へ転出する役人にとって、天下り先が必要です。これではビジネスの結果が出ません。ビジネスの結果が出なければ、金が入ってこない、それが真理なのですが、税金を確保できる立場では、その真理も通用しません。この役所に相当するのが、民間企業の本社間接部門です。

一般企業にとって「発注」という言葉は注文を発するという意味です。しかし、これが役所用語になると「丸投げ」という意味になります。つまり、自分は手足を動かさないで、鉛筆を使って書いた企画書と予算表を使いながら、本来は自分が汗をかいてするべき仕事を外部企業へ丸投げ委託して、庶民から搾《しぼ》り取った税金を使うということです。

ソニーの外注は本社機能から始まっています。最初は製品安全や取扱説明書作成といった部署から、文書作成の外注が始まります。それが製造の外注（ＥＭＳ）になり、さらに設計の外注になり、技術が空洞化してきます。それから人事や給与の管理まで外注するようになりました。すべての作業を外注すれば、本社の社員がすべてブローカーになります。

実際、本社だけでなく大崎、芝浦、厚木には外注と商談するための会議室が多数、用意されています。朝から夕方まで、外注相手に指示を出し、納品物を受け取る社員の数だけが増えていきます。

外注業務には基本があります。それは企業の定常業務以外を外注するということです。たとえば、社長の逝去にあたり、その社葬の取り仕切り一式を外注することです。社内に葬儀社を持つ必要はありません。ただし、年間に何千件という海外出張をこなす大企業なら、自社内または子会社に航空券を手配する旅行会社を持つこともおかしくはありません。実際、ソニー社員の海外出張は多く、それがソニートラベルという旅行子会社でまとめられています。

中国やシンガポール、インドの人件費は日本より低いですから、ソフトウエアのプログラミングや人事管理を外注するという発想をする人がたくさんいます。これらは企業のルーチン業務ですから外注してはいけません。それでコストダウンになること自体がおかしいのです。本社の間接業務の人間の作業効率を外注の三倍に高めたら、本社の社員に高給を払いながら、ノウハウを社内に保つことができます。

ふつう、企業の外注窓口の社員は、外注業務をするべき人ではなくて、外注に発注する業務を自分でするべき人なのです。外注以上の能力があって、初めて外注が可能になります。英語が書けないから、英語の文書作成を外注する……それでは外注の能力が判定できませんし、納品物の質が評価できません。外注すればコストダウンになる――その言葉は、自分の無能を隠すための大義名分にすぎません。ただし、部品の購買は業務丸投げの外注とは違います。すべての部品を内製することはできませんし、それは非効率だからです。

購買部門（プロキュアメント）の長には、豊かな家庭で育った人物を充てるのが盛田時代のソニーの社風でした。購買部門の責任者には、盆暮れには納品業者から多数の届け物があります。また、毎夜のように接待攻勢もあります。だから、業者との癒着を防ぎ不正に手を染めないように責任者を厳選していたのです。また、数年ごとに責任者を異動させていました。このあたりは役所の人事に似ています。しかし、出井ソニーの時代になって、その習慣も廃《すた》れてしまいました。

コンサルタント依存症

社内ブローカーと同じように始末が悪いのが社外コンサルタントです。自分が業務で必要とする能力なら、その能力を自分自身が持つべきでしょう。外注への丸投げと同じように、社外コンサルタントに業務を任せてはいけません。

ソニーは人事制度や企業の社会的責任（ＣＳＲ）、業務改革などで多数のコンサルタントを導入しています。それはソニーの海外進出や海外企業買収から始まり、出井時代になってからは日本の本社内にもコンサルタントが導入されるようになりました。しかし、いたずらに新規性を求めて組織の名称を変え、コンサルタントが進める経営手法を導入し、それで世間の耳目を集めても、何もビジネスが変わるものではありません。

組織変更は、権力者が自分の砦《とりで》を強固にして守るためにします。コンサルタントの導入は、権力者が自分の無能を隠すためにします。コンサルタントが役に立たないことは、ベテランで頭脳明晰なコンサルタント自身がよく知っています。しかし、彼らは決してそれを口にしません。その虚業が自分の仕事だからです。

企業の経営に深く関与するコンサルタントと、企業経営者の裏のつながりにも注意しなければなりません。また、アメリカのコンサルタントはしたたかです。日本の企業が相手なら、必ず二つのレベルの案を準備しています。相手のビジネスへの理解度に応じて、低度の案と高度の案を用意するのです。そして、ソニーをはじめとして、ほとんどの日本企業には低度の案で話をまとめます。

最近のソニーも、外資系のコンサルタントを使うようになりました。彼らは巧妙です。日本企業の上位役職者の知能を判断し、知能が高ければそれなりのコンサルタントをし、知能が低ければそれなりのコンサルタントをします。すなわち、上級用と下級用の二種類の提案書を用意しているのです。日本企業も、ほんとうにバカにされたものだと思います。ハーバード大学や東京大学などの後光に平伏し、外部コンサルタントの言葉に従った出井ソニーは、やがて愚策の山を築きながらビジネスをするようになっていきます。

そうして日本の企業は、アメリカのコンサルタント会社の餌食《えじき》になってしまいます。そのおこぼれを拾っているのが、日本のコンサルタント会社です。ソニーも、それぞれのコンサルタント事業に数百億円の費用を投じていますし、それらの提案に踊らされた社員の工数は大変なものになります。その結果は、筆者の知る限りゼロだとなります。

外資系コンサルタントでは、ボストン・コンサルティング・グループやマッキンゼー・アンド・カンパニーが有名です。ソニーは上級役職者とコネを持つ特定のコンサルタントを使っています。本社では誰もが自分の手足として外注を利用し、誰もが自分の頭脳としてコンサルタントを利用する……それがコストダウンだとして評価されますが、それでは企業が成り立ちませんし、社員自体が不要になってしまいます。

単純に出世だけを望まない管理職が多ければ、カンパニー制やバリューバンド制度の組織変更、ＥＶＡやシックスシグマなどのビジネス手法も、ソニーにとって悪影響を及ぼすことはありません。良識ある管理職なら、それらの愚策を無視すれば済むことだからです。

行政の外郭団体では、国家予算（税金）を原資にして第三者機関への調査委託が目立ちます。そのような委託業務はデータの収集、可能性の検討、影響の調査、実証実験などになります。どれも何かを達成するという結論が不要な作業です。民間企業が業務委託するコンサルタントも同じようなものです。コンサルタントは、結果を保証しません。

出井時代からのソニーは、コンサルタント好きの会社になりました。一九九九年、出井が社長の椅子を安藤に譲り、自分はソニー会長として投資家の立場からソニーを動かそうとする前年のことです。さまざまなコンサルタントが推奨する策がソニーに導入されました。業務系コンサルタントが推奨するサプライチェーンマネジメント（SCM）をはじめとして、戦略系コンサルタントが推奨する経済的付加価値（EVA）、業務系コンサルタントが推奨するシックスシグマなどを次々に導入していきました。

自分の意見を持たずに、既存のコンサルタントの意見に従う――そこには経営者から脱却して投資家としてソニーを操ろうとする意思が見えます。このような動きから、取締役のストック・オプションも理解できます。投資家として、経営者が利益を享受するということです。ソニーを投資銀行化する、すなわちホールディング会社にする、そこのトップに自分が君臨し、現場から遠いところで評論を続ける、そういうことになります。

ソニーはヒューレット・パッカード（HP）やアンペックス（Ampex）を真似ながら製品を開発する傍ら、テキサス・インスツルメンツ（TI）に育てられてきました。松下電器（パナソニック）は電球や真空管の時代からフィリップス（Philips）に育てられてきました。その関係で二十数年前までは、日本フィリップスの社員は、松下電器の健康保険に加入していました。日本のエレクトロニクス企業は、海外の同業者大企業に育てられてきたのです。その育ての親こそが、企業の本物のコンサルタントなのです。

ソニーはすでに人事の事務処理まで外注しています。そうなると、ソニー本社の仕事は何だろうか、ということになります。自己の努力を放棄してはいけません。ソニー本社の人間が、外注のＩＢＭの五倍の効率で仕事をすれば、定常業務の外注を考える必要などありません。筆者の目で見る限り、弱り切った今のソニーを外部から骨までしゃぶり尽くそうとしているのは、米国の巨大知財企業ＩＢＭのような気がしてなりません。

第六章　愚策の山を築く人々

次から次へと個人が打ち出すソニーの愚策――それは出井にとってすべてが成功で、決して失敗ではありませんでした。しかし、ソニーにとっては失敗だったのです。出井ソニーの最大の問題は、次々と打ち出される愚策が、真面目な社員の真面目に働く意欲を殺《そ》いでしまったことでしょう。数え上げただけでも、よくもこれだけの愚策を打ち出せたものだと感心してしまいます。

出井の社長就任時から、彼の米国かぶれが多数の付和雷同型社員に伝染し、そしてソニー社内にも伝染病のように蔓延《まんえん》していきました。一九三〇年代に生まれた日本人男性の米国コンプレックスに起因するトラウマなのでしょうか。そのトラウマを現実のビジネスで解消したのが盛田で、高級外車に乗るパパとママという戦勝国の幻影に引きずられていたのが出井のような気がします。

第六章では、今のソニーの低迷の原因となった、出井ソニーの一〇年間の暴走の組織改革を振り返ってみましょう。それは経営と人事の問題として総括できます。

事業部門別成果主義（ＥＶＡ）

同一企業内の複数の事業所間に設けられた報酬（給与）格差は、その企業内の一事業所で働く個人にとって納得できないものです。もちろん、海外や地方の事業所と東京本社では、経済的な差があって当然でしょう。しかし、どの事業所どうしを比べても、それぞれの事業所で働く人の質（能力）と量（労働）に平均的な違いはないはずです。たまたま業績が悪い事業所へ配属された、事業の衰退が当然の事業部へ配属された……自分が選んだ必然の結果ではなくて、他人が選んだ偶然の結果で自分の業績が評価されたらたまりません。

経済的付加価値（ＥＶＡ）評価の導入

ソニーには、イーブイエーまたはエヴァと呼ばれる経済的付加価値（ＥＶＡ：Economic Value Added）を利用した部門別業績評価制度があります。出井時代に導入された評価制度です。ソニーのＥＶＡとは、事業部門別成果主義のことで、同一企業のなかで偶然、割り振られた担当事業の部門ごとに報酬格差を付けることです。同じ環境ではなくて、同じ条件でもないものどうしを同一企業内で比較する――その矛盾と無駄は小学生にでもわかることでしょう。

ＥＶＡは、キャッシュフローを中心に置いた経営評価指数で、米国のスターン・スチュワート社が開発し、同社が商標登録をしています。その仕組みを簡単に説明すると、開発投資やリストラ費用などを経費として計上せずに、株主への配当を出費として計上し計算するところに特徴があります。単純な卸売業や小売業を対象にした経営評価指標で、事業構造が複雑な製造業には適用できません。ＥＶＡの算出方法は次のようになります。

ＥＶＡ＝（税引き後営業利益）－（投下資本×加重平均資本コスト）

税引き後営業利益とは、総売上金額から経費や税金などを差し引いたもので、「繰越利益」と「当期利益」を合計した数値のことになります。資本コストとは、株式や配当金などの「株主資本」と、借入金や利息などの「負債資本」のことです。企業形態によって、これら二つの資本構成の比率は異なるので、より正確な資本コストを求めるために費用の按分をします。これを加重平均資本コストといいます。

以上の数式からわかるように、ＥＶＡとは事業活動から得られた利益（税引き後営業利益）から、投下資本にかかる資本コスト相当額を指し引いた経済価値を示すものです。企業が上げた利益（税引き後営業利益）から全資本コストを差し引いて収益率を算出して、その企業がつくり出した経済価値を把握する方法だといえます。

数式で使われる加重平均という恣意《しい》性からくる曖昧《あいまい》さでもわかることですが、企業の業績比較は簡単ではありません。世のなかにどんな評価手段があっても構いません。そういう評価の仕方もある、という範囲で理解するのなら、それで構わないのです。

企業業績を示す指標の一つがEVAですが、投資した資本に対して、一定期間（短期間）にどれだけのリターンを生み出したかを事後的に計測するので、単純に考えれば博打《ばくち》にも似た評価方法で、近年の株価動向との相関が高くなります。このEVAの数値が高ければ高いほど、資本コストを超えて付加価値を生み出したとされます。したがって、投資の際の指標として、ものごとの本質を知ろうとしない多くの株主が使っています。しかし、ソニーの社長は社長として働く人であり、ソニーの株主として君臨する人ではありません。このEVAの導入により、社長が株主に化けて利益率を追うソニーの経営ゴッコが始まります。

本来比較できない異種のものを互いに比較しているのがソニーのEVAです。しかし、コーラ製造販売業の業績を複数の支店どうしで比較することはできます。ただし、面積、交通、経済、人口などの要素が関係します。経済と人口が国内にほどよく分散している欧米と、それが一極集中している日本では、支店どうしの業績は単純に比較できません。

コカ・コーラ社とペプシコーラ社の比較のように、同じような業態の企業の業績評価比較としてEVAは使えます。しかし、その公正な業績比較のためには、比較される企業が共に異なる資本の企業であり、互いに市場を同じくして自由競争が可能だという前提があります。また、コカ・コーラ社という一社にとって、各国や各地に展開する個別事業所の投資継続の判断には参考にできる指標でしょう。つまり、複数の事業所が同業種であり、一つの事業所の業績がほかの事業所の業績に、ほとんど関係しないからです。

ソニーのEVA業績評価制度は、当時のソニー本社NSビル六階に住んでいた一人の若い文系社員がソニーに導入したものです。それをアメリカ式経営に傾倒する出井が、ソニーの社内カンパニー業績評価に使いました。その弊害として、さまざまな無駄な仕事が社内に発生していきます。

若い社員だから仕方がないことなのかもしれませんが、ソニー本社で働くのなら、それなりの現場経験と社会常識が必要です。フランスのソニー事業所の撤退について、渉外部の社員と同行して経済産業省への説明に本社ビルを出発する彼が、「なぜ、こんなことまでしなければならないのですか」と叫んでいた姿を思い出します。

経済産業省の課長なら、新聞発表された記事の裏を局長や審議官などの上司から聞かれることがあります。情報通を期待される課長なら、事前に情報を入手しておいて、その問いに即座に答えなければなりません。したがって、新聞記事発表前に課長や課長補佐クラスへ企業から一報を入れておくことも、役所との良好な関係維持には欠かせないのです。それが企業の常識ですし、本社勤務の社員は、そんな社会常識を理解しておくべきなのです。

製造・販売・設計・本社間接部門、それらのどの部署にも、平均すれば同じような能力を持ち同じような勤労意欲を持つ人間の配置が必要です。企業内に不要な部署はないはずですし、総合機能で動くのが会社組織だからです。そうなると、部署によって給与格差があるのは矛盾することになります。

ＥＶＡは決して短期の業績目標指針ではありません。どんな企業でも、明日の資金繰りを考えなければ食べていけません。また、一〇〇年先の会社の事業も考えなければ存続していけません。ふつう、その中間で企業は生きています。明日のことも一〇〇年先のことも忘れてはいけませんが、来年はどうするか、一〇年先はどうするか、この二つが短期と長期の事業計画になるのです。いずれにせよ、超短期、短期、長期、超長期のすべてをバランスよく配慮しながら経営を進めるべきでしょう。

心ある事業部長なら、短期と長期の事業をバランスよく計画して業務を進めます。もちろん、自分の事業部だけの業績を考えて働くこともありません。それでもソニー全体のことを考える役員が上に一人もいなければ、そして自分のことだけしか考えない役員ばかりになったなら、ソニーの全体最適や時間最適を考える部長の数も減ってきます。そうして、全体最適を考えずに部分最適を考えて、時間最適を考えずに今期最適を考えて、最後には自己最適だけを考える管理職が優遇されて出世していくことになります。

ＥＶＡ評価の配分

ソニーのＥＶＡのさらなる問題は、その業績配分が個々の社員にとって個人別の配分比率なのか、人員構成を無視した部門別の総額配分比率なのか、まったくわからないことです。実際は、所属する社員の格付（後述するＶＢやＣＧ）に応じた、個人業績給の配分割合比率になります。すなわち、カンパニーごとの業績評価とされるＥＶＡの結果は、個々のカンパニーで働く個人に還元されるのです。しかし、それではＥＶＡ評価の原資が固定できません。

ソニーでは、六月と一二月にボーナスに相当する業績給が支払われます。その業績給には、個人の半期の実績に応じて支払われる額（純粋な業績給）のほかに、六月の業績給に限ってバリューバンド（ＶＢ）制度（職階制度）を参照して支払われるＥＶＡ相当分という額が含まれることになりました。

ソニーのＶＢは七段階あり、それは管理職社員の役職等級のようなものです。ＶＢ１はＶＢ２よりも偉くて、平均給与額も高くなります。ＶＢ１が役員の一歩手前、ＶＢ２が部長、そこからＶＢ７に向けて、部長代理、部長補佐、課長、課長代理、課長補佐に相当していると想像できます。バリューバンド制度については、続く「個人成果主義（ＶＢ）」のところで詳しく説明します。

誰がどういう根拠で計算して、それを誰がどういう形で承認したのか知りませんが、一例として二〇〇五年七月のＥＶＡ業績給の配分額と配分比率（後で一部追加修正がされました）を表11に示します。一般社員は、その決定事項を受け入れるだけで、そこに異論を挟む余地はありません。括弧内のＨＥＮＣやＩＭＮＣは、当時のソニーのネットワークカンパニー（事業部）の呼称です。

表11：VBへのEVA 配分
（EVA割り当て100%の場合）

VB1	110万円
VB2	100万円
VB3	90万円
VB4	80万円
VB5	70万円
VB6	60万円
VB7	50万円
ソニーのEVA 分配例	
カンパニーA	37.1%（HENC）
カンパニーB	40.3%（IMNC）
カンパニーC	102.2%（MSNC）
カンパニーD	66.7%（PSNC）
カンパニーE	63.3%（SSNC）
カンパニーF	47.0%（本社など）

＊（ ）内は当時のネットワークカンパニー名

ＶＢ５（正課長相当でＥＶＡ最高七〇万円）の社員にとって、カンパニーＢに勤務していると二八万円程度、カンパニーＣに勤務していると七〇万円程度、カンパニーＥに勤務していると四四万円程度のＥＶＡ相当支給額になります。

部門どうしの業績の違いは別にして、なぜ、この部門報酬の差の存在は感覚的に納得できないのでしょうか。カンパニー間の異動は個人にとって自由ではありません。同じ会社のなかで、Ａさんの年俸は五〇〇万円、Ｂさんの年俸は二五〇万円、ＡさんとＢさんの業務貢献度や勤務態度の自覚は別にして、この個人報酬の差の存在は感覚的に納得できるものでしょう。

しかし、同じ会社のなかで、一〇〇人の人が働くＡ部門の年俸総額は五億円で、同じく一〇〇人の人が働くＢ部門の年俸総額は二億五〇〇〇万円……これは感覚的に納得できないものでしょう。また、一〇〇人の人が働くＡ部門の年俸総額は五億円で、その倍の二〇〇人の人が働くＢ部門の年俸総額も五億円……これも感覚的に納得できないものでしょう。

どんな会社でも、企業内給与格差は存在します。たとえば、ソニーの販売会社、ソニーマーケティングの給料体系には、本社系（ソニー本社採用で配属またはソニーマーケティングの直接採用）・サービス系（サービス本社系採用と独立系社員採用の歴史がありましたが、給与は均一化されていました）・販社系（地方販売会社の採用）の三種類があり、その順番で若干の給与格差がありました。

また、ソニー本社以外の旧工場系（厚木ＴＥＣ、大崎ＴＥＣ、芝浦ＴＥＣなど）勤務社員と本社間接部門勤務の同年齢社員の給料にも、平均的に微妙な差があります。各テクノロジーセンター（ＴＥＣ）から本社へ異動してきた社員の上司なら、その異動してきた部下の僅差を数年かけて調節し、ほかの社員との格差を徐々に解消します。

世間ではＥＶＡを短期業績評価と見る人が多いのですが、無意味な指標で評価される業績を気にして働く人ばかりではありません。その評価を指針にして働くかどうかは個人の問題です。良識を持つ個人であれば、ＥＶＡの短期業績評価を鵜呑《うの》みにするはずがありません。

テレビ部門のカンパニーの社長なら、環境を同じくする国内競合企業のテレビ部門とＥＶＡを比較するべきなのです。だから、コカ・コーラとペプシコーラの比較なら可能ですし、居酒屋チェーン店のつぼ八と天狗の比較も可能です。また、牛丼チェーン店の吉野家とすき家の比較も可能です。しかし、パナソニックと三井住友銀行のＥＶＡは、投資家には比較できても、企業経営者には比較できません。

企業経営者にとってＥＶＡとは、自分が経営する事業の効率の判断材料にはなるでしょう。しかし、その企業と事業の評価材料としてはまったく使えません。ＥＶＡは企業評価尺度の一つであるとしても、会社内の部門評価尺度として使える評価システムではありません。

ＥＶＡはソニー株式会社本体を同業他社と比較するときにだけに適用できる単純な評価尺度です。同じ会社内のカンパニーの違いで給与を差別すると、心ある社員なら納得できないと思います。そこで働く人間の平均的な資質に差があるはずがないからです。企業内給与格差は珍しいことではありません。しかし、給与格差は認められても、ソニー本社内の給与格差、それもＥＶＡを適用した給与格差はおかしいのです。

残念なことは、ＥＶＡの社内カンパニーへの適用に個人的に疑問を持ちながら、出井に言われてそれを積極的に社内へ導入した社員がソニー本社にたくさんいたことです。すでにソニー社内には、間違いを間違いだとは言えない雰囲気が漂っていました。

社長にふさわしいのが成果主義です。ただし、その成果を年度ごとに短期で評価してはいけません。間接業務にふさわしいのが年功主義です。ただし、年功なりの能力を持つ者で組織が構成されていなければなりません。直接業務にふさわしいのが成果主義です。ただし、能力不足の弱者にも一定の配慮をしなければいけません。

能力や技能など、誰もが納得できる材料で労働力を差別化することは、間違いではないでしょう。しかし、能力や技能は質の問題ですから、よほどの大差がない限り、その高低の判定が難しくなります。そこで誰もが判定できる量としての資格や学校歴を材料にして、労働力が差別化されます。それは人材評価の手抜きです。

そのような量を判断基準にした評価を真っ向から否定するものではありません。しかし、同じ傘の下に金持ちと貧乏人を同居させてはいけません。互いに相手の暮らしぶりが見えます。それは弱者側にとって理不尽な差別として認識され、必ず組織内に葛藤《かっとう》が生じます。

C3チャレンジと個人成果主義（VB／CG）

サラリーマン社会では、社員個人が担当する職務は、個人が自分勝手に決められるものではありません。それは上司が決めるものです。上司から個人に割り当てられた名目上の職務や役割を後追いで個人の労働の価値だとされたらたまりません。その役割と価値は個人の努力に関係なく、上司が勝手に決めるものだからです。上司の目が節穴だとしたら、そして上司が私利私欲の人だとしたら、その部下は悲惨です。

Ｃ３チャレンジ制度の導入（上司権限の強化）

ソニーの個人成果主義（ＶＢ）とは、上司が部下の職務や役割を先に決めて、それに応じて報酬を支払う仕組みのことです。

二〇〇〇年七月、安藤の社長就任にともない、出井が準備していた新しい人事制度が導入されました。人事・雇用システムの改革と人員削減を目的にした改革です。その改革の大きなポイントは、社員の意欲向上と個人の貢献の増大を図ること、それに社員の自律を促すための寄与＝報酬（Contribution＝Compensation）を実現することでした。

この人事制度は、Ｃ３（Ｃキューブ）チャレンジ制度として導入されました。簡単に説明すれば、約束（Commitment）をベースにして、会社（安藤社長）と個人（社員）の間に新しい関係を構築し、真の貢献・成果（Contribution）を期待し、それにふさわしい報酬（Compensation）の実現を目的とする制度です。

C3チャレンジシートの記入項目

1. 職務の目的および主な成果責任
2. 知識・経験・能力
3. 職務遂行上の課題
4. 意思決定上の裁量

Ｃ３チャレンジでは、Ｃ３チャレンジシートを記入して、個人が半期ごとに自分の仕事の現状と進捗《しんちょく》を確認し、上司と話し合って業績評価を決めて、報酬の根拠にしていきます。Ｃ３チャレンジシートには、上記の項目を記入します。

業績はＳＳ、Ｓ、Ａ、Ｂ、Ｃ、Ｄの六ランクに分けられます。まず、自己が記入したシートの各評価項目に自己評価ランクを付けて、それから上司との面接で上司が評価ランクを付けます。

まず、それぞれの記入項目に対して、さらに細分化した自分なりの数項目を追加記入し、それらの項目すべてに自己評価のランクを付けて提出します。この自己申告ランクは上司との面談で引き下げられるのがふつうです。そうなると、ほとんどの社員が意図的に高ランクの自己評価をするようになります。

常識で考えればBぐらいが中間値になりますが、人事発表ではCが中間値だとされていました。すなわち、SSやSは特別な恣意的に近い扱いで、ほとんど該当者が存在しないことになります。素直に理解すれば、D評価は論外の人で、C評価は辞めてほしい人で、B評価はいてもいなくても、どちらでも構わない人だということでしょうか。

ほとんどの昇格は恣意的に決まりますから、この半期ごとの評価は業績給へ反映されるものだと捉えるべきでしょう。実際、C3チャレンジシートの上司評価が何年も連続してAクラスでも、いつまでも昇格しない人もいます。

上司と部下の面談で合意によって報酬を決める……非常に美しい制度のように見えます。しかし、部下の評価は上司が恣意的にすればよいのです。上司は部下の能力や行動をすべて理解し、その評価に責任を持つべき人だからです。その上司の部下への評価がおかしければ、その上司の上司が責任を持つべき人なのです。それでもおかしければ組織自体がおかしくなっていますから、異動か転職を考えるべきでしょう。

バリューバンド制度の導入（管理職の役職のデノミ）

目標設定による成果主義、C3チャレンジ制度の導入にともない、バリューバンド（Value Band）という職能格制度が社内に導入されました。職務遂行能力で判断する職能格制度の給与体系を廃し、職務を通じた貢献に着目して、その価値を評価・判定し、会社と個人の関係をより対等にするのが目的だとされています。何となく理解しにくい説明ですが、社員の高齢化対策の一環で、年功主体主義から役職主体主義への変更です。

過去の給与システムは課長や部長という職能格にリンクしていましたが、新しい給与システムも七ランクの役割の価値、すなわち七階級のバリューバンド（ＶＢ１からＶＢ７）にリンクすることになります。報酬制度をはじめとする人事諸制度は、今後は個人が担当する職務や役割の価値、すなわち、バリューバンドをベースにして決定されることになりました。

もちろん、Ｃ３チャレンジ制度の理念からいえば、職務内容が変わればバリューバンドも変わるので、ベース給与も変わることになります。したがって、年俸が上がることもあれば下がることもあります。すなわち、バリューバンド制度は、上司が部下に異動を言い渡すことで、簡単に年俸を上げたり下げたりすることができるツールになるのです。言い忘れていましたが、ソニーの管理職は古くから年俸制です。残業手当や管理職手当という概念はありません。

バリューバンド制度を含めて、人事評価制度の変更の本音は、社員全体の役職と給与の引き下げにあります。その人事評価制度の変更は段階的に実施され、最初はバリューバンド制度として二〇〇〇年七月に部長級一〇〇〇人を対象に実施され、次に二〇〇一年七月に課長級五〇〇〇人を対象に実施され、最後はグレード制として二〇〇四年四月に一般社員一万二〇〇〇人を対象に実施されました。また、二〇〇三年一〇月にはバリューバンドの年俸改定（引き下げ）が実施されています。

まず、ソニーの統括職位（役職）と職能格（格付）について説明します。ソニーには、常にフレキシブルな組織運営と人材活用を行なうという大義名分の下、一九六八年から「統括職位」と「職能格」が導入されていました。

「統括職位」は、統括課長、統括部長、部門長、プレジデントなどの組織運営上の立場と役割を示すものです。「職能格」は、個人の職務遂行能力に基づいて属人的に付与される資格で、昔は係長や課長、部長という格付けでした。職務遂行能力とは、仕事を達成するために必要な能力のことで、その建て前上の評価は全社統一基準に基づいているとされていました。また、職能格がベースになって、賃金、昇給、一時金（業績給）などの処遇が決定されていました。

一九七〇年代の部長は今の部門長以上の役職に相当していたでしょうか。統括課長でさえ、当時は専任の秘書がついていました。秘書は短大卒の優秀な女性が多かったように記憶しています。大学や専門学校、短大、高校、中学を卒業した一般社員は、やがて係長（係長代理と係長）、課長（課長補佐・課長代理・課長）、部長（部長補佐・部長代理・部長）という役職に就いていきます。課長補佐以上が管理職でした。

しかし、職能格と役職（統括職位）が必ずしも一致していませんでした。たとえば、係長でも統括課長になれます。そうなると、残業代が付きませんから、法律で許される上限まで残業をしたと同じ手当てが、係長（職能格）の統括課長（統括職位）に付きます。もちろん、そのような優秀な人は、すぐに正式な課長（課長補佐）に昇進していきます。

管理職になる（課長補佐に昇格する）には、試験がありました。上司の推薦を受けて受験し、ペーパー試験に合格すれば、役員クラスとの面接になります。それに合格すると、課長補佐に格付けされていました。また、海外勤務が重視されていたソニーですから、一般社員、係長代理、係長が海外赴任をして帰国すると、その職位が一つ上がるのがふつうでした。係長代理なら、帰国と同時に係長に格付けされていたのです。この場合、管理職になるのにも面接だけで試験はありませんでした。

課長から部長への昇格は、役員クラスの上司の推薦と社長の面接で決まります。ここで会社への本物の忠誠心が問われるのです。ソニーでは課長補佐以上の役職者を管理職としていましたが、部長補佐以上の役職者の統括部長から上が管理職だと理解するべきでしょう。統括部長の役職に就くには、本社の組織戦略委員会の承認と社長面接が必要です。

ともかく、職能格と統括職位とはかなり緩やかな対応関係にありました。たとえば「統括課長」に就いている社員の職能格には部長補佐、課長、課長代理、課長補佐および係長まで幅があり、同じ仕事を担当しながら職能格が異なるということで給与に無視できない差がついてしまうことがありました。その問題の解決策として、職務における役割の価値を重視する新人事制度に改変し、管理職の成果主義給与としてバリューバンド（Value Band）が導入されたのです。もちろん、それは建て前論にすぎません。

この制度改革の理由を会社の建て前で語れば、旧来の職能格制度では「社員の蓄積された職務遂行能力に着目し、そのレベルを判断するものだったので、年功的な要素が払《ふっ》拭《しょく》されていなかった」となります。一方、新しく導入されたバリューバンド（VB）制度では「現在担当している職務や果たしている役割に着目し、その重要性や価値を評価し判定するもので、成果的な要素を考慮したものだ」となります。

従来からの職能格とバリューバンドを対照して表12に示します。これは会社として発表されているものではありませんが、一般常識として捉えた比較です。なぜなら、課長と部長補佐との間には、海外出張の航空券はエコノミークラスとビジネスクラスという客観的な格差があり、その格差はバリューバンド5とバリューバンド4の違いとして、そのまま踏襲されているからです。VBを外れるまで昇格すると、海外出張の航空券がファーストクラスになります。

表12：VB対旧職能格対照表（常識に基づく想像）

VB1	部長を超えて、社内給与体系から外れる一歩手前
VB2	部長
VB3	部長代理
VB4	部長補佐
VB5	課長
VB6	課長代理
VB7	課長補佐
CG1	係長、係長代理
CG2	大学院修了一般社員（昔の大卒と同等）
CG3	大卒一般社員（昔の短大卒および高卒と同等）

話が逸れますが、役所や大企業の本社のように、「仕事の質を評価しようとしない組織」で働く人や「仕事の質が評価できない組織」で働く人にとって、休まず（量という客観評価）、遅れず（量という客観評価）、働かず（質という主観評価）、というのは一つの見識でしょう。近年、課長や部長の仕事を労働者の監督と予算の獲得だと勘違いしている人が増えています。それは民間企業の管理職の仕事ではなくて、官庁のキャリア官僚の仕事です。

表13：2000年7月に新設されたバリューバンド年俸制度

バリューバンド1（VB1） 基本給1550万円から1850万円（年俸平均が2160万円から2460万円） 業績給平均値：610万円（標準業績給が500万円、標準EVAが110万円）
バリューバンド2（VB2） 基本給1400万円から1700万円（年俸平均が1950万円から2250万円） 業績給平均値：550万円（標準業績給が450万円、標準EVAが100万円）
バリューバンド3（VB3） 基本給1250万円から1450万円（年俸平均が1740万円から1940万円） 業績給平均値：490万円（標準業績給が400万円、標準EVAが90万円）
バリューバンド4（VB4） 基本給1100万円から1300万円（年俸平均が1530万円から1730万円） 業績給平均値：430万円（標準業績給が350万円、標準EVAが80万円）
バリューバンド5（VB5） 基本給900 万円から1152万円（年俸平均が1270万円から1522万円） 業績給平均値：370万円（標準業績給が300万円、標準EVAが70万円）
バリューバンド6（VB6） 基本給804 万円から960 万円（年俸平均が1114万円から1270万円） 業績給平均値：310万円（標準業績給が250万円、標準EVAが60万円）
バリューバンド7（VB7） 基本給600 万円から852 万円（年俸平均が850 万円から1102万円） 業績給平均値：250万円（標準業績給が200万円、標準EVAが50万円）

職能格がＶＢになると、出勤と退勤の時間管理がなくなります。しかし、自律的な裁量を持たない人間に、労働時間を管理しない裁量制を適用してはいけません。また、裁量とは何かを知らない人が、他人に裁量性を強制してはいけません。学力にゆとりを持たない子どもに、ゆとりの教育をしてはいけない、それと同じことです。

すでに述べたように、バリューバンドは七段階に展開されます。また、ＣＧとは係長以下の一般職の職能格です。官庁の公務員の職能格は一一級に分けられています。民間企業の課長や部長に相当する課長補佐なら六級から八級、民間企業の部長や取締役に相当する課長なら七級から九級という具合です。民間企業の社長に相当する審議官クラスになると一一級になりますが、その上に特一一級という階層が密かに設けられています。それがソニーのＶＢ１（部長級を超える）に相当します。

表14：バリューバンド内の給与昇給段階

VB1	20万円刻み、15段階
VB2	20万円刻み、15段階
VB3	20万円刻み、10段階
VB4	20万円刻み、10段階
VB5	12万円刻み、21段階
VB6	12万円刻み、13段階
VB7	12万円刻み、21段階

まず、バリューバンド制度への改定において、社員はそれぞれ担当する仕事の役割価値に対応する「バンド」に位置づけられました。バリューバンドと給料の関係を前ページの表13に示しています。バリューバンドごとの報酬に加えて、六月の業績給にはＥＶＡという部門別業績評価の若干の上積みがありました。ＥＶＡについては、すでに説明しました。年俸は基本給と業績給の合計になります。

これらの数値は年俸のベース給であり、ほかに追加される業績給などの平均値がＶＢ１で六一〇万円、それからバンドごとに六〇万円刻みで下がり、ＶＢ７で二五〇万円だと決まっていました。業績給の中間値を年俸表に充てると、最高額が年俸二三一〇万円、最低額が年俸九七六万円になります。世間相場からいえば高給でしょう。

各バリューバンド内の給与昇給段階を表14に示します。近年では、年俸据え置きという事態も一般企業で日常化しています。しかし、昔からの風習でいえば、毎年一二万円（月割りで一万円）程度でも昇給させておくという、従業員の労働意欲への配慮が必要になります。ＶＢ１とＶＢ２の段階数がＶＢ３とＶＢ４に比べて多く、バンド内の長期滞留が可能になっているのは、ほとんどの人が役員にならずに役職が頭打ちになるからでしょう。

また、ＶＢ５とＶＢ７の段階がＶＢ６に比べて多く、バンド内の長期滞留が可能になっているのは、ＶＢ５については部長格への昇格に歯止めをかける意図があるからでしょう。また、ＶＢ７については、ともかく管理職にしたけれど少し様子を見たいという意図があるからでしょう。

しかし本音で語れば、部長代理と部長補佐クラスの多くがＶＢ５に格下げになったために、ＶＢ５の給与の幅が広くなければならなかったという事情があります。また、課長代理と課長補佐クラスの多くがＶＢ７に格下げになったために、ＶＢ７の給与の幅が広くなければならなかったという事情があります。

こうして部課長制度からバリューバンド制度に人事格付け制度が変更され、部課長に新しいバリューバンドが割り当てられました。そしてバリューバンドと年俸を記入した書類に安藤社長と契約者（従業員）が相互に合意のサインをすることになりました。

マイクロソフトなど米国企業の社員は基本的に一年契約です。それを真似て毎年契約更新をしようとしたのでしょうが、実際は最初の格付け時だけバリューバンド決定書類のサインが交わされました。ソニーには自分のバリューバンド格付けに納得できず、その書類に合意のサインをしなかった人が二人います。よほど自分のバリューバンドに納得できなかったのでしょう。

この制度の導入にともない、現在の年俸を考慮しながら、部長級（部長補佐、部長代理、部長）はＶＢ１からＶＢ５までの五つの職能格に割り振られました。統括職に就いていない大勢の部長補佐のほとんどがＶＢ５になり、部長や部長代理の多くがＶＢ４になりました。つまり、多すぎた部長補佐を格下げして課長クラスに格付けしたことになります。しかし、個人の能力と役割が最大限度に評価された結果かどうかは、大いに疑問です。能力は別にして、役割は上司が与えるものだからです。上司の判断がまともでなければ、どうしようもありません。

端的にいえば、バリューバンド制度の導入は、役職のデノミを目的にしていました。役職インフレの当時を思えば、決して間違ったことではなかったと思います。ただ、その導入時の説明が建て前に偏りすぎていたのです。純粋な技術者は建前と本音の使い分けなどできません。印刷する名刺の数も膨大になります。ただし、この時点では年俸レベルは従来に近い額が維持されていました。そのためにＶＢ５とＶＢ７のバンド幅が広く設けられていたのです。

バリューバンドが決定されると同時に、コミットメントの文字どおり、会社に対して自己が約束した目標の一年間の成果を踏まえて、その職務に対する役割期待の大きさを個人別に考慮して、給料のレンジ（給与昇給段階）が決まりました。バンドおよびレンジが決まることによって最終的なベース給が確定します。

ベース給の見直しについては、七月に年一回の定期的な見直しと、役割変化に応じた随時の見直しとがあります。この制度を四月ではなくて七月に導入すれば、前月の六月のボーナスの査定に影響しないので、昇格者も降格者も一定の合理性に納得し、社内の不平不満を抑えることができます。また、ボーナスの総額も抑制できます。そうして従業員の年齢と役職と給料の偏りが大きく是正されるという、なかなか巧妙な制度導入でした。

ここで説明したとおり、バリューバンド制度では、個人の役割価値の変更にともなう年度ごとの定期の見直しがありました。その見直しとは別に、年度途中でも職務内容や役割に大きな変化があった場合には、役割変化に応じた随時の見直しをするとされていました。いったん決まったバリューバンドは、現在の役割価値を社員が自己申告し、社員と上司との定期的な面談で調整され見直されます。この決定は社内の「評価コミッティ」でのチェックを経て最終決定されます。社員の人事異動が頻繁なソニーにとっては当然のことでしょう。

この制度では役割によって給与ベースが変動するので、役割価値の評価が前年度より低いとベース給が減額になります。しかし、新制度導入後しばらくは、当面の経過措置として、評価後一年間は給与減額を実施しない猶予期間とし、その間に以前の役割以上の評価に復帰すれば減額しないこととしていました。また減額することとなった場合にも、減額を年五〇万円までとする限度額を設定していました。これも社員の不満を抑える巧妙な方法です。時がたてば、社員がすべてを忘れてくれます。

さらに役割価値の評価に納得できない社員に対しては、担当役員との電子メールによるホットラインが設けられ、誰でも異議申立てができる仕組みになっています。すなわち、ＶＢの変更と決定は担当役員の一存で可能です。ただし、一度人事決定されたＶＢが変更された事例は、皆無ではありませんが、極めて異例です。

ソニーには人事１１０番というホットラインがあります。人事的な問題があれば、指定された社内電話番号に電話して相談するというものです。昔は内線電話番号で３０００番が使われていましたが、それは人事部長への直通電話でした。電話すれば、人事部で事情を調査した後、数十分後には人事部長から電話した本人の直属の上司に電話相談の事実が通報され、事情が聞かれます。上司の部長は、人事部長といつも友達なのです。だから、部長になれたのです。ホットラインは、そういうことを承知した上で使うべきでしょう。

ソニーには社内募集という、社員の自己申告異動制度もあります。次の職場に挑戦したければ、社内募集に応募して社内で異動するというものです。表向きは、希望する異動先が受け入れると決定すれば、現在の職場の上司は、その異動を拒否できないことになっています。しかし、それを信じるのも、どうかと思います。

社内募集ではふつう、現在の上司に応募の事実の連絡がいきます。つまり、現在の上司が異動の拒否権を握っていることになります。異動希望を出した本人には、何らかの理由をつけて落選通知を出せばすむことです。この自己申告異動制度は、優秀だけれども今の職場には適さない、そういう人が制度の裏を承知した上で利用するべきでしょう。

バリューバンド制度の改訂（管理職の年俸のデノミ）

ソニーの経営黒字維持を題目に掲げる出井は、二〇〇三年に自分の報酬を引き上げながら、管理職の給与引き下げと大規模なリストラを画策します。二〇〇〇年度に導入されたバリューバンドのベース給が、本来からベース給が高く設定されていなかったＶＢ６とＶＢ７を除いて、二〇〇三年一〇月から大幅減額になりました。それを表15に示します。

表15：2003年10月に改定されたバリューバンド年俸制度

VB1 基本給1300万円から1600万円（250万円減額） 業績給平均値：860万円（標準業績給が750万円、標準EVAが110万円）
VB2 基本給1200万円から1500万円（200万円減額） 業績給平均値：750万円（標準業績給が650万円、標準EVAが100万円）
VB3 基本給1100万円から1300万円（150万円減額） 業績給平均値：640万円（標準業績給が550万円、標準EVAが90万円）
VB4 基本給1000万円から1200万円（100万円減額） 業績給平均値：530万円（標準業績給が450万円、標準EVAが80万円）
VB5 基本給850万円から1102万円（50万円減額） 業績給平均値：420万円（標準業績給が350万円、標準EVAが70万円）
VB6 基本給804万円から960万円（変更なし） 業績給平均値：310万円（標準業績給が250万円、標準EVAが60万円）
VB7 基本給600万円から852万円（変更なし） 業績給平均値：250万円（標準業績給が200万円、標準EVAが50万円）

今度は、デノミした職能各役職に対する年俸のデノミが実施されたのです。名目上のことでしょうが、そのベース給減額分は標準業績給として上乗せしたとされていました。すなわち、全体として原資の総額は変更しないで、業績給評価への配分を強化したとされていました。

たとえば、ＶＢ５でベース給一〇四四万円なら、五〇万円減額の九九四万円のベース給になります。減った五〇万円分が業績給へ移行される額だとされます。ただし、ＶＢ６とＶＢ７には変更がありません。

年俸に関して、下位バリューバンドの最高値なら、上位バリューバンドの最低値を超えると思われますが、そうはいきません。ＶＢ５最上位の年俸が一一〇二万円、業績給が標準の三五〇万円、ＥＶＡが半額の三五万円なら、合計が一四八七万円になります。それに比べてＶＢ４最下位の年俸は一〇〇〇万円、業績給の標準が四五〇万円、ＥＶＡが半額の四〇万円になり、合計が一四九〇万円になります。

多数の社員の給与を参考にして、改訂後の標準業績給を調べてみたら、改定前の標準業績給がそのまま適用されているようでした。改訂前と改訂後を年俸で比較すれば、ＶＢ１で二五〇万円、ＶＢ２で二〇〇万円、ＶＢ３で一五〇万円、ＶＢ４で一〇〇万円、ＶＢ５で五〇万円ほどの減額になっていました。実際のＥＶＡ支給額は、カンパニー平均で標準ＥＶＡの半額程度だと思われます。したがって、表15の標準ＥＶＡは、満額ＥＶＡのことなのでしょう。また、計算がややこしくなってきますが、ＶＢ１の年俸は一八五五万円から二一五五万円、ＶＢ５の年俸は一一八五万円から一四三七万円になるのでしょう。

素直に考えれば、バリューバンド制度の改定は、年俸のデノミを目的にしていました。年俸インフレの当時を思えば、決して間違ったことではなかったと思います。しかし、業績給の額などで真実をごまかすと、その制度の大義名分を信じる純粋な技術系社員に誤解を生じます。

参考までに、課長や部長という役職が残っていた時代のソニーの給与システムを説明しておきます。当時の給与も、本俸と業績給に分けられていました。管理職については、七月の本俸改定時に合わせて昇給と昇格が決められていました。業績給については、個人業績の評価に基づき、職能格ごとに決定されていました。したがって、六月の業績給は、同年の三月末の職能格に基づいて支給されます。

職能格に応じた業績連動額は、表16のようになります。ただし、冬期と夏期で違いますから、それも説明しておきます。冬期の支給額は事前に確定されていますが、夏期には増減があります。

冬期：職能格ごとに表16に示す金額の半分（定額）を支給
夏期：表16に示す金額の半分を基礎に、一年間の会社業績を反映して支給

つまり、会社業績が夏期に反映されますが、「会社業績連動額」という名目どおり、個人の業績は職能格で固定されていたのです。表中の参事級とは、五六歳の役職定年を過ぎて部長職を退いた者のことです。また、副参事級とは、五五歳の役職定年を過ぎて課長職を退いた者のことです。

このようにして、バリューバンド制度が導入されると、年俸が一〇〇〇万円ぐらいに抑えられていた参事と副参事がなくなり、五五歳時の現役の給与と業績給が、六〇歳または六一歳の定年まで維持されることになりました。また、課長クラスでも評価が高ければ、半期のボーナスが三〇〇万円を超えるようになりました。

表16：旧業績給と職能格の関係

職能格	年額
部長	210 万円
部長代理	195 万円
部長補佐	180 万円
参事級	60 万円
課長	165 万円
課長代理	150 万円
課長補佐	135 万円
副参事級	60 万円

バリューバンドと学歴の関係

昔のソニーのようなベンチャー企業では、歳をとるほど通用しなくなるのが学歴です。仕事の実績という差別化要素があるからです。具体的な成果が不要な行政や財閥系大企業では、歳をとるほど通用してくるのが学歴です。ほかに差別化要素がないからです。

経験を重ねるほど通用するようになるのが英語です。しかし、英語が話せない上司なら、部下の英語力を判断することはできません。英語が話せる上司なら、部下の英語力が高ければ警戒して、その部下の地位を上げません。仕事ができない上司も、部下の仕事の能力を判断することはできません。仕事ができる上司なら、部下の仕事の能力が高ければ警戒して、その部下を遠ざけます。

ソニー社員の実際のＶＢ格付けと学歴（実力ではない）の関係はなかなかわかりません。参考までに、表17に二〇一〇年に無作為に抽出した理系社員二〇名のＶＢ格付けを示します。

表17：理系社員のVB格付け例

	年齢層	学歴（理系）	VB格付け	学校歴
A氏	55歳～59歳	早慶クラス	5	早稲田大学
B氏	55歳～59歳	旧帝大	5	東京大学
C氏	55歳～59歳	中堅国公立大	6	広島大学
D氏	55歳～59歳	中堅国公立大	6	電気通信大学
E氏	55歳～59歳	中堅国公立大	7	秋田大学
F氏	55歳～59歳	中堅国公立大	7	姫路工業大学
G氏	55歳～59歳	早慶クラス	7	早稲田大学
H氏	50歳～54歳	早慶クラス	5	早稲田大学
I氏	50歳～54歳	早慶クラス	6	早稲田大学
J氏	50歳～54歳	中堅国公立大	6	電気通信大学
K氏	50歳～54歳	旧帝大	6	東北大学
L氏	50歳～54歳	高専	6	大分高専
M氏	50歳～54歳	中堅国公立大	7	横浜国立大学
N氏	50歳～54歳	中堅私立大	7	武蔵工業大学
O氏	45歳～49歳	中堅私立大	7	明治大学
P氏	45歳～49歳	中堅私立大	7	中央大学
Q氏	45歳～49歳	高専	7	東京高専
R氏	45歳～49歳	中堅私立大	7	日本大学
S氏	45歳～49歳	中堅私立大	—	東京理科大
T氏	40歳～44歳	早慶クラス	7	早稲田大学

ソニーの役職定年は課長クラスで五五歳、部長クラスで五六歳だとされていましたが、その規定はいつの間にか忘れ去られています。もちろん、その規定破りは一部のエリート社員の特権維持のためで、この表に示すような非エリート扱いの多数の人たちが定年の六〇歳までに部長クラスのＶＢ４に到達すること

は考えられません。

名目上の管理職のＶＢ７になるのは、個人の実力しだいだという面が大きいと思います。しかし、実質上の管理職のＶＢ４になるのは、推薦してくれる役員クラスの強い引きがない限り、絶望的なことだと思われます。昔に比べて、課長クラス（ＶＢ５）と部長クラス（ＶＢ４）の格差は、大きく広がってきています。

表中の旧帝大とは東京大学や東北大学などのことで、中堅国公立大学とは横浜国立大学、広島大学、電気通信大学などのことです。また、早慶クラスとは早稲田、慶応、上智などのことで、中堅私立大とは明治、中央、日大などのことです。ソニーの社員採用の歴史的な経緯で、高年齢層に慶応大学出身者は少なくなります。これらＶＢの比較的低層に位置する人たちの学歴と給料でも、派遣社員や子会社で働くプロパー社員から見れば、夢のような話になるのでしょう。

特徴的なことは、これら高年齢層では、早稲田大学を除いて、明示的な学校歴の偏重が見られないことです。最近では、親の財力で子どもの学校歴が決まります。しかし、彼らが入社した当時は、家庭の事情で受験浪人が難しく、国立一期校グループの東京大学や一橋大学のすべり止めとして、国立二期校グループの横浜国立大学や電気通信大学が存在していました。

もちろん、これらの社員は、ストリンガーが実施する「若い人を登用するリストラ」の対象になります。人間の業務能力や業績評価の判定ほど曖昧なものはありません。五〇歳ぐらいでも、ＶＢに到達せずに非管理職のままの人も多数いますが、彼らが優秀でないとはいえません。ＶＢクラスと比較して、その能力が優《まさ》るとも劣らない人も多いと思います。

今のソニーは、学歴重視でも実力重視でもありません。派閥（ＣＥＯ人脈）重視です。技術者が多いから、そう感じるのかもしれませんが、社交的で派閥構築に熱心な文系社員なら、もう少しましな格付になるような気がします。現在のＶＢ格付には、一定のＴＯＥＩＣスコアの取得が義務づけられています。英語ができる（ＴＯＥＩＣスコア７００以上）とＶＢが高くなるという傾向だと思います。

過去、ソニーは高専卒業者もたくさん採用していました。ずっと昔には、中学卒や高校卒も大量に採用していましたが、今のソニーにそれらの人たちは残っていません。ソニー厚木工場の通用門を出て道路の反対側へ渡ると、木造二階建ての女子寮や社宅が建ち並んでいた時代のことです。

現在、ソニーでは中学卒業者や高校卒業者の採用はしていません。大学院の修士課程や博士課程の修了者の採用が主体で、それに高専卒と学部卒の採用が混じります。極端な言い方かもしれませんが、昔の中卒や高卒の採用が今の高専卒と学部卒の採用に相当し、昔の大卒の採用が今の院修了の採用に相当するのだと思います。

ソニーほど、役職名がコロコロと変わる会社はないでしょう。昔は次長という役職名がありました。部長にできない課長を処遇するものです。室長もあります。部長または課長に相当します。海外企業に倣って二〇〇〇年代には本社にＶＰ制が導入され、Vice President（ＶＰ）、Senior Vice President（ＳＶＰ）、

Executive Vice President（EVP）の役職名ができました。

本部長がEVPで、部門長がSVPで、ほとんどの部長がVPという感じでしたが、それから数年して、これらの役職にもデノミがあり、その人数が極端に減りました。新しい役職名を創設して役職者を増やす、そして組織を変更して役職者を減らす、その繰り返しがソニーの人事の歴史です。ソニーの名刺を印刷納入する業者の三鱗印刷の社長は、名刺の受注が増えたとしても、そんなソニーの姿を喜んで見てはいないと思います。

表18：３段階のグレード

グレード１	係長代理または係長相当、要推薦（上司）、要試験（筆記と面接）
グレード２	中堅社員、院修了（２年目に自動的に）、高専卒または学部卒（２年目以降）
グレード３	新入社員、高専卒または学部卒、または院修了

グレード制の導入（一般社員の格付と給料の同時デノミ）

バリューバンド制度を語るなら、二〇〇四年四月から管理職以外の一般社員へ導入されたグレード制についても説明しなければなりません。それまで数段階に分けてランク付けされていた一般社員、係長代理、係長は、仕事の内容によって三つのグレードにランク付けされ、段階的に給与の差が設けられるようになりました。そのグレードを表18に示します。

また、係長以下の一般社員、約一万二〇〇〇人の家族手当や住宅手当が廃止されて基本給に一本化されました。家族手当や住宅手当は、国内のソニーに約六〇〇〇人いた管理職については、すでに数年前から廃止済みでした。

VBの格付けと同じで、いったん確定されたランクは、その後の自己申告と上司の評価で変わるとなっています。自己申告シートの審査は、直属の上司（課長）との面談だけでなく、その上部組織の上司（部長）、および人事部が絡むこともあります。特別な試験はありませんから、上司との面談は一種の儀式だと捉えるべきでしょう。それでも評価の季節になると、管理職なら大勢の部下を相手に頻繁に時間をやり繰りして、全員と面談をしなければなりません。

高専卒と学部卒は、最も低いグレード3からスタートします。最も採用人数が多いマスター卒の場合でも、一応、グレード3からスタートします。しかし、二年目には自動的にグレード2に上がります。グレード2までは残業代が付くので、忙しい部署では基本給より残業代が多くなることもあります。残業代も含めればマスター卒で数年目にサラリーが月額五〇万円を超えて、年収六〇〇万円を優に超えることもあります。しかし、VB7との兼ね合いからか、グレード1の最高基本給は四七万五〇〇〇円ぐらいに抑えられているようです。

社員がグレード1に格付けされると、完全に裁量労働制（部署によってはグレード2から）が適用され、勤務の拘束時間の概念がなくなります。制度上は、一日に一五分ほど会社にいればいいのです。ベースとなる給与が一気に上がるために、グレード1の最低給与水準でも年収は八〇〇万円ぐらいになります。管理職（VB）直前のグレード1の年齢層は、三〇歳前後から四〇歳前後までと幅広くなります。ただし、上司から認められれば、三〇歳までにグレード2からグレード1へ上がることも可能です。

また、残業規制が緩やかなエキスパート（専門職）制もあります。基本的にグレード1の中堅社員（係長相当）はエキスパート制を選択することになります。エキスパートになると残業手当相当で月一〇万円の固定手当が支給されて、月間八〇時間を超えるまでは残業申請が不要になります。建て前上、VBと同じようにグレードも、自己申告シートの業績評価に記入した六ランク（A、B、Cなど）をもとに直属の上司と面接して決まります。

職級がグレード3とグレード2の若手社員は、だいたい二〇歳代後半までです。その間は残業代が支給されます。どんな残業でも上司の許可が必要ですが、それは建て前で、実際は月間三五時間までは上司の許可なく残業が可能です。例外扱いを申請すれば、職場によっても違いますが、その制限を超えて月間六五時間から九〇時間まで残業が可能です。ただし、製品開発の現場で忙しいときは、それを超える残業をしている人が多いのが現実です。もちろん、一年中、忙しいわけではありませんし、忙しさは職場環境によっても大きく違います。

成果主義は、成果の数値換算が確実にできる個人労働にしか適用できません。シリコンバレーの成果主義は、資金提供者から個人経営者に与えられる成果主義です。一つの会社においてチームワークをする労働者には、成果主義が適用できません。しかし、その監督者には、成果主義が適用できます。

官公庁や大企業の間接業務労働で語られる「休まず、遅れず、働かず」は、典型的かつ欺瞞《ぎまん》的な評価指標です。「休まずと遅れず」の二つは確実に数値で評価できます。一方、三つ目の「働く」は数値評価ができません。働いた成果が数値で評価できない間接業務において数値評価を試みることほど、馬鹿げたことはありません。

ソニーの役員は部下の話を聞くことが好きです。社内経験に乏しい役員でも、そこから最新の情報が得られるからです。そういう場面では顔つなぎ役の部長に説明役の課長やヒラ社員が同行します。役員が質問して、そこで課長やヒラ社員が答えられないときに、したり顔で説明するのが部長の役割です。部下には情報の提供を求めて、自分が持つ情報は部下に渡さない、それで部下の足を引っ張って自分の優位性を上司に見せる、そんな役職者が増えてきました。

目標設定管理制度（シックスシグマとＶＯＣ）

どんな問題でも、基本となる真理を理解して議論するべきです。相手の理解不足が原因で、または相手が勘違いをして、真理を無視して発言したことに対して、真剣に議論を仕掛けても仕方がありません。ソニーの目標設定管理制度（シックスシグマとＶＯＣ）も、世間から誤解されています。それは社長の声を聞いて、その社長のために何ができるかを社員が考える仕組みなのです。

シックスシグマの混乱

シックスシグマは米国の半導体企業、モトローラ社（Motorola, Inc.）が開発した品質改善のための一手法だとされ、米国企業ＧＥが一九九五年に導入し、続いてソニーが一九九七年に導入しています。シックスシグマは本来、標準偏差を小さくする手法、つまり「ばらつき」を減らす手法の一つです。しかしＧＥでは、その品質改善手法を昇華させて、経営方法にまで適用できるようにしたとされています。

シックスシグマは、一九八〇年代初頭に米モトローラにおいて生産プロセスを改善するために開発された手法で、日本の製造業などで実施されていた総合品質管理（ＴＱＣ：Total Quality Control）をベースにしています。なお、「Six Sigma」は米モトローラ社の登録商標です。

製品の製造過程において品質を管理するには、ばらつきをコントロールすることが欠かせません。その手法の一つである統計的品質管理（ＳＱＣ：Statistical Quality Control）にはふつう、スリーシグマが使われています。シグマ（σ）とは、統計学用語でいう標準偏差（分散の平方根）のことで、「分布のばらつき」を示します。

スリーシグマでは、品質のばらつきを標準偏差で測定し、正規分布の中心平均から上限管理限界と下限管理限界に、それぞれ３シグマ（合計シックスシグマ）を使います。そうして、上下の管理限界の外に出た事例に対応しながら、一定の品質維持を目指していきます。

シックスシグマでは、上限管理限界と下限管理限界に、それぞれ６シグマを使うので、その名前が付きました。統計用語の「シグマ」は、欠陥ゼロの状態と比較したプロセス精度の偏差をいいます。シックスシグマとは、一〇〇万回のオペレーションで数回の欠陥が生じる状態――ほとんど欠陥がない高品質、軽く九九パーセントを超える高品質を意味します。

プロセスから発生する欠陥の数を測定すれば、その欠陥の排除方法を体系化して、欠陥ゼロの状態に限りなく近づけることができる――そういう統計的手法に基づいた数値管理がシックスシグマの基本です。

平たく言えば、シックスシグマでは、まず各種の統計分析手法や品質管理手法を体系化して、製品製造やサービス提供に関連するプロセス上の欠陥を識別します。そして次に、識別した欠陥から業務オペレーションの品質を測定し、その欠陥を除去して経営品質を改善します。

出井時代になってから、社員の目標設定管理制度として、ソニー全体にシックスシグマが導入されました。製造工程の品質管理のツール——それを個人の目標管理ツール、しかも間接部門で働く個人の目標管理ツールとしても導入したのが出井ソニーです。シックスシグマの導入には、専任の部が設けられて専任の統括部長の計画下で、大勢の社員が何度も長時間のシックスシグマの学習を強制されました。

シックスシグマの活動は、ブラックベルトと呼ばれるチームリーダーの下に行われます。そのブラックベルトの下に、グリーンベルトやホワイトベルトなどというサブリーダーが設けられて改善作業が進められます。

現実の作業では、製品やサービスの品質不良のために生じる無駄なコスト（ＣＯＰＱ：Cost Of Poor Quality）と経営品質に決定的な影響を与える重大な要因（ＣＴＱ：Critical To Quality）の二つを導き出すために、いろいろと思い描いた特定要因や関連プロセスなどを魚の骨の形でフローチャート化（魚骨図化）します。そのフローチャートに従って、「ＭＡＩＣ」(Measurement/Analysis/Improvement/Control) というサイクルを繰り返して各プロセスをチェックし、不良の原因究明や改善作業を継続していきます。

米国で先頭を切ってシックスシグマを導入したＧＥでは、自社の製品とサービスが欠陥ゼロに近づくように、組織のあらゆる場面で業務改善に利用しているとされています。ＧＥにとって、シックスシグマは、仕事の方法そのものだとされているのです。そのシックスシグマは、日本的経営の研究を起源としていますが、米国企業の風土に合わせてトップダウンで改革を進める手法として考えられているように思えます。簡単にいえば、その応用に機械的な品質の要素は考えられていても、人間的な品質の要素はほとんど考えられていません。

以上の説明からわかるようにシックスシグマは、機械的な要素がほとんどを占める製造プロセスに限って適用できる品質改善手法なのです。人間的な要素がほとんどを占めるサービスプロセスへの適用はできません。まして絶対的な品質基準がない管理系の間接業務への適用など、できるはずがないのです。

しかし、おもしろいことに一九九〇年代にＧＥは、シックスシグマを製造プロセスに導入するだけでなく、経営活動中に存在するプロセス全般に導入して、顧客視点ベースの経営改革手法として成果を上げたとしています。それから、米国と日本でシックスシグマが一般的な経営改革手法として一躍有名になりました。

シックスシグマのソニー社内導入では、やれブラックベルトだ、グリーンベルトだ、ホワイトベルトだと、社内は大混乱を極めましたが、その不合理を追及する社員は皆無でした。逆に、シックスシグマの導入講習に熱心に聞き入る社員や、喜々としてシックスシグマの導入に励む社員はたくさんいました。あれだけの費用と工数を掛けたソニーのシックスシグマは今、どうなっているのでしょうか。

員がほとんどでした。

ソニー流で定義される顧客の声（ＶＯＣ）

ソニーのシックスシグマでは、目標経営品質が顧客の声（ＶＯＣ：Voice Of Customer）だとされて魚骨図を作成するようになっていました。当然、ＶＯＣとはソニー製品の顧客の声のことだと捉えていた社員がほとんどでした。

しかし、実際の魚骨図作成では、ソニー社員の顧客の声の捉え方について問題がありました。シックスシグマの導入担当者は、それを上司または事業部の声だとしていました。しかし、社長の出井は、それを社長の自分自身の声だとしていたのです。少しでも常軌を知る社員なら、どちらを顧客にするにせよ、魚骨図作成の手が止まってしまいます。シックスシグマで目標にするべき顧客の声が社長の声だという、その常軌を逸した理論が、どうしても筆者には理解できませんでした。しかし、やがて理解できるようになりました。

米国流の企業経営者にとってＶＯＣのＣ（顧客）は、自分の企業経営結果を株価で評価してくれる株主です。経営ゴッコでソニーのホールディング会社設立を目指す出井にとって、ホールディング会社（株主）の頂点に座る自分こそが、ソニー社員から見た真の顧客なのです。シックスシグマの間接部門への導入も、この理論で納得できます。

確かにＶＯＣのＣはソニーの市場の顧客であり、株主でもあります。しかし、それは勤務する企業の継続的な繁栄を望む社員が、自分自身の繁栄を映し出す鏡のなかで見る顧客と株主なのです。もちろん、社員は株主の従属的な下請けではありませんし、その顧客は自分の上司や社長ではありません。

大企業の人事や教育に多いことですが、現場を知らない人間の集団が、教えられた制度や規則を頼りにして、常に上から目線で人を見下して物事を決定していきます。当然、人事担当者や教育担当者は、自分の行動と現場のギャップに気づくことができません。人事担当者や教育担当者の仕事の目的は、企業の目的と同じで顧客や市場の獲得です。しかし、それが目先の従業員の調教になっているのが現実でしょう。

こうしてソニーのシックスシグマは、経営ゴッコの玩具になっていきました。昔の雪印乳業の不祥事で、社長の記者会見がテレビ放映されたときのことです。返答に詰まった社長に代わって、側近の課長の一人が会社にとって不利となる事実を発言していました。当然、社長は困った顔をしていました。それを見た出井が「社員は社長に恥をかかせてはいけない」と言いました。

自分が社長となる企業の内情を社長自身が知らないこと、それこそが社長の恥だとは思いませんか。社長の仕事は、自らが現場に出向いて真実を知ることであり、座して部下からの報告を受けることではありません。社長は恥をかかないように振る舞わなければいけない、社員は実直に振る舞わなければいけない、が真実ではないかと思います。

どうしても筆者が気になるのは、大企業のトップに就く人物としての品性を備えていない出井の振る舞いと言動です。多くの社員は、彼の人間としての品格に疑問を感じていたと思います。「あいつら」や「だよなー」という言葉……それは創業者の井深や盛田が決して口にしなかった言葉です。

出井ソニーは、シックスシグマをソニー版に焼き直したと言っています。しかし、ソニーとして、手本にした米国企業にいくら支払ったのでしょうか。相手企業から出井に対して、何もベネフィットは与えられていなかったのでしょうか。そしてシックスシグマ導入の効果は、どうだったのでしょうか。

企業経営者のしつこい主張や行動の裏には、金銭上の不透明な取引があることが多いと思います。米国企業の社外取締役の報酬がいくらか知りませんが、国内ではほとんど会社に顔を出さない社外取締役に対して、一〇〇〇万円程度の年間報酬が支払われています。それが企業の役員どうしの互助会でないなら、いったい何なのでしょうか。

数人のシックスシグマ推進専任担当者を社内に置き、その人件費と導入に使った場所、印刷物などの諸費用、そして導入講習を受けた大勢の社員の工数――それらの無駄遣いの問題を指摘する人はいません。

04	05	06	07	08	09	10	合計
35	25	38	45	53	64	37	759
23	29	24	40	52	63	23	728
19	27	22	40	62	43	19	494
32	16	15	22	48	57	27	491
13	14	9	4	14	26	22	205
16	4	4	13	11	26	13	180

同じような例にイントラネット上での学習（e-learning）があります。仕事の意義を知らない間接部門では、何かをしなければと社員教育にイントラネットを使って電子学習を進めます。いろいろな説明をして、その理解度をパソコンの画面上で答えさせて確認します。仕事をつくり、システムを外注し、それで満足する……やはり、結果が求められない役所の仕事です。

企業の社会的責任（CSR）の周知など、本社の責任を逃れる手段としてなら理解できるのですが、実際の社員教育にはなりません。ほとんどが

表19：人気６大学別採用者数の推移

年代 学校名／人数	1989	90	91	92	93	94	95	96	97	98	99	2000	01	02	03
慶応	49	45	43	60	29	14	10	10	13	24	17	15	43	42	48
早大	16	18	68	35	46	14	10	25	31	42	39	28	33	29	40
東工大	0	0	0	0	27	14	1	14	25	38	31	22	35	23	32
東大	20	13	20	18	14	6	6	3	5	16	10	33	45	31	34
阪大	9	0	12	0	0	0	0	0	3	7	4	18	25	18	7
京大	6	8	9	5	7	0	0	2	2	2	3	10	19	8	12

＊出典：『サンデー毎日』

常識の範囲内のことなので、イントラネット上の説明を読まなくても、想像の範囲で正解の回答ができますし、回答したら学習が完了したとされます。その教育は、個々の部下を知る上司の仕事なのですが……。

学閥グループ主義

過去のソニーでは、歴代の社長の学校歴が異なり、社内に学閥が存在していませんでした。井深は早大出身です。盛田は阪大、岩間は東大、大賀は芸大、出井は早大、安藤は東大、中鉢は東北大の出身です。早稲田大学には井深の名を冠にした井深大記念ホールがあります。

ＩＴビジネスを目指した出井の時代から、ソニーに学閥グループが形成されていきます。表19に一九八九年から二〇一〇年までの二二年間の人気六大学別採用者数の推移と合計を示します。数値には若干の誤差があります。また、国内大手企業の人気六大学の採用比率と採用絶対数を次ページ表20に示します。

ほかの大学からの採用も含めると、最も採用が少ない年は、二〇〇五年の二二〇人です。二〇一二年のソニーの定期新卒採用は二七五人（事務系が七〇人、技術系が二〇五人）でした。二〇一三年の定期新卒採用予定は、一八〇人（事務系が三〇人、技術系が一五〇人）です。

人件費の削減でまず実行すべきことは、従業員数の削減ではなくて、個々の従業員の仕事の効率化です。しかし、前者は容易になり後者は困難になります。また、自社独自の成長（市場占有率の拡大）と景気変動による業界全体の成長（市場拡大）を混同している経営者も多数見られます。自社の成長は自己依存ですが、景気の浮沈は他者依存です。だから、後者は外注業者などのクッションを活用して対応するべきものでしょう。

表20：大手企業の2009年度人気６大学採用比率と採用絶対数

会社名	採用比率	採用絶対数
ソニー	52%	279 人／540 人
パナソニック	34%	170 人／500 人
富士通	33%	195 人／585 人
トヨタ	28%	266 人／935 人
キヤノン	28%	241 人／872 人
日立製作所	22%	211 人／950 人
ＮＥＣ	22%	185 人／840 人
東芝	20%	198 人／980 人
シャープ	20%	134 人／681 人
三菱電機	19%	145 人／770 人
ホンダ	15%	134 人／893 人

＊出典：『サンデー毎日』

出井がソニーの経営実権を握った二〇〇一年から二〇〇三年にかけて高学歴者採用数が増えています。また、ストリンガーがソニーの経営実権を握った二〇〇七年から二〇〇九年にかけても高学歴者採用数が増えています。人事担当者が自己の存在意義を示すために文系の経営者に媚《こび》を売った――そういう無意識の行為の結果でなければよいのですが。

人気六大学の採用比率を他社と比較すると、その採用比率はもちろんのこと、絶対採用数でもソニーがトップになります。たとえば大量採用した二〇〇九年度の採用五四〇名中、慶大六四人、早大六三人、東大五七人、東工大四三人、京大二六人、阪大二六人になり、その人気六大学からの総採用数が二七九人と、全体の五二パーセントを占めています。ＭＡＲＣＨと呼ばれる大学群からは明治大六人、中央大六人、法政大六人、立教大三人、青学大二人の二三人で、日東駒専になると日大二人、専修大一人、駒沢大〇人、東洋大〇人の三人になります。

ソフトウエアプログラマーの数に不足していたソニーは、ＯＳにＵＮＩＸを使ったワークステーション開発の時代に、慶応大学からたくさんの言語プログラミング講師を招くようになります。慶応大学卒業者の採用数がトップを占めるようになったのは、慶応大学の教授だった所眞理雄がソニーに来てからのことです。

二〇〇〇年に安藤が社長になってから、ソニーに東大卒業者の採用数が増えています。電通大出身の久《く》多《た》良《ら》木《ぎ》が副社長になった時代には電通大卒業者の採用数が増えていますし、東北大出身の中鉢が社長になった時代には東北大卒業者の採用数が増えています。

この採用比率からわかることは、ほとんどの社員を間接部門の上級職にしてしまい、実務の多くを外注化（役所用語で発注という）している企業にソニーがなっているということです。つまり、役所化しているのです。日立、東芝、三菱、ＮＥＣ、富士通、ＮＴＴなどにも東大卒社員が多いのですが、それは入社時からのエリートとして入社しています。

それらの企業の例に倣って、ほとんどの新卒社員がエリート化しているのが今のソニーです。つまり、役所のキャリアが本社社員に相当し、ノンキャリアが外注社員に相当するということでしょう。しかし役所では、たくさんの外注企業の上に、豊富な資金（税金）を給与原資とするキャリアとノンキャリアが存在しています。民間企業と比較して、その経済構造と組織構造がまったく違うのです。

ソニーの学閥を簡単に括《くく》れば、昔は理系の早大と理系の東北大、それに理系の東大が少しで、文系は寄せ集めでした。東大卒の安藤が入社したときの文系社員の新卒入社は一五人にすぎません。それから文系と理系の慶応、文系の東大と一橋大、理系の早大と東工大が確定していったような気がします。慶応情報系の湘南藤沢校出身者は文系扱いに近くなります。

大賀は大学の出身校ではなくて、小学校低学年時の成績を参考にして社員の潜在能力を評価していました。今と違い、児童を評価する教師の質の低下が問題にならなかった時代なら、それも正しかったと思います。高学歴者は、高学歴をネタにして社会での地位的優位性や経済的優位性を保とうとします。また、ＭＢＡ出身者は、その資格をネタにして同じように社会での優位性を保とうとします。

ソニーの盛田が記した『学歴無用論』という本は今でも有名ですが、ソニーに学歴無用はありませんし、盛田も学歴無用だとは言っていません。学歴が有用だとは言っていない、それが真実です。

社外取締役制度とCEO

ソニーの社外取締役に聞きたいことがあります。あなたたちは、ソニー本社の何を知り、ソニー関連会社の何を知り、ソニーのロゴの歴史と意味をどれだけ理解しているのかと。そして、派遣社員や末端の従業員を含めて、ソニーの名の下で働く人たちとソニーという会社をどれだけ大切にしているのかと。

ソニーに関係して働くすべての人を思い遣《や》りかつ大切にする――それが社外取締役の仕事です。そうでなければ、即刻、ソニーから去ってほしいものです。出井時代から、ソニーの社外取締役制度とは、ソニーのことを知らない社外の有名人を集めて、仲良しグループの互助会を構成する仕組みのことになりました。現在のソニーの取締役の心に、良心の欠片《かけら》は残っているのでしょうか。

社外取締役制度の改悪

ソニーは井深社長の時代、一九七〇年に社外取締役制度を導入しています。それはソニーの発案ではありません。ニューヨーク証券取引所（NYSE）へ米国委託証券（ADR）の上場を始めたことでNYSEの上場規則が適用され、二名の社外取締役を登用せざるを得なかったのです。また、一九九一年には外国人取締役を登用しています。

社章に使われていたソニーのロゴ

NYSEの上場規則では、取締役の三分の一を毎年入れ替えることになります。株主総会での取締役選任決議を簡単にするために、社外取締役制度の導入にともない、当時の取締役任期二年を一年に変更しました。この制度は、取締役会の公平性や透明性を保つ上で、今でも非常に優れている制度だと思います。

やがてソニーは導入したカンパニー制を再編し、取締役会を改革し、執行役員制度を導入することになります。それは最初の社外取締役の導入から二七年後のことです。その前に理解しておくべきことは、一九九四年に導入さ

出井改革の手順と目的

1994年のカンパニー制（ホールディング会社設立への布石）
1996年から1997年の取締役制度改革（経営からの技術系社員の排除）
1999年のネットワークカンパニー制（先輩社員の排除と経営の完全密室化）
2000年から2005年までの発言（ホールディング会社設立と、その社長就任の模索）

れたカンパニー制と一九九五年に導入されたストック・オプション制度、それに一九九九年に実施されたネットワークカンパニー制の再編と本社機能の変更です。

出井ソニーの究極の目的は、ホールディング会社を設立して、ソニー本体および関連会社を傘下に収めて、出井自身がホールディング会社の社長に就任することです。ホールディング会社というものは、技術を核にするビジネス（技術経営）を理解しない、経済学部や商学部、法学部の出身者が考えそうな会社です。銀行、証券、保険、不動産などのマネービジネスに似合います。

欧米流の経営を題目にして出井が実施した個々の組織変更を経営改革だと捉えると、間違った理解になりますし、その変更の真意が不明瞭になります。読者の理解を助けるために、その手順と目的を簡素化して年代別に復習しておきます。

ソニーは一九九七年に三八人の取締役を一〇人に絞り込み、そのうち三人を社外取締役にしました。商法上の取締役から外れた人の多くは、実際の業務遂行に責任をもつ執行役員になり、執行役員専務、執行役員上席常務、執行役員常務の肩書が与えられました。執行役員とは名前だけで、商法上の意味はまったくありません。つくづく巧妙な方法だと思います。ヒラ取締役なら常務になれば喜びますし、常務取締役なら上席常務になれば喜びます。

一九九七年六月以降の執行役員は、新任候補を加えると三七人になり、その時点では二年前の改革時よりも一〇人増えることになりました。また、肩書も上席常務が加えられて、専務執行役、上席常務執行役、常務執行役、執行役の四階層（実際は執行役員です。執行役員は取締役ではありません）になりました。上席常務の追加は、常務執行役に納まらない人、川島章由がいたからです。彼はソニー生命のビジネス掌握のために出井が準備した持ち駒でした。

取締役と執行役員の分離は、経営を監視する前者と日常業務を担う後者を分けるためだとされています。それまでの日本流の取締役会には両者が混在していたので、その役割を分離して取締役会の戦略機能と経営監督の強化を狙ったと理解されています。しかし、まったくバカげた話です。企業戦略が立てられない社外取締役に、その企業の経営監督はできないからです。もちろん、そんな人でも経営の結果として出された数字への批評はできます。

この経営と執行の分離は、取締役会で末席常務だった出井が先輩社員を排除するという、彼の自信のなさの表れのように思います。その改革の目的の世間向きの大義名分は、少人数による議論活性化になります。注目するべきことは、この時点で取締役の欠員補充として、社外取締役制度を推奨していた、一橋大学教授の中谷巌を起用していることです。

ソニーが取締役の数を減らして執行役員制を導入する役員会改革をして以来、東芝をはじめとして同様の仕組みを導入する企業が国内に急増し、横並び意識の強い日本企業の間で一種の流行のようになりました。しかし、先行したソニーの例を見ると、取締役会の時間こそ長くなりましたが、そこで独自の戦略が打ち立てられた例はほとんどありません。企業の実情を知らず、評論家にすぎない社外取締役ですから、当然のことだといえます。

社外取締役制度は、銀行、証券会社、航空会社などが相次いで導入しています。二〇〇三年にソニーを筆頭に三七社で始まった国内の委員会等設置会社が、二〇一一年時点で上場と非上場を合わせて一〇〇社近くになりました。

筆者の偏見かもしれませんが、保険、銀行、財閥系企業など、何となく経営が不透明な会社が多いような気がします。複雑な業態の大企業で社外取締役が関与できることは皆無に近いでしょう。しかし、社長の独断が許されて事業規模が小さい企業なら、社外取締役を迎えて、その意見を社長が参考にする意味はあると思います。

世間や株主に向けて形式を整えようとする大企業の企業統治を崩壊させるのが社外取締役制度です。経営改革の演出のように見えますが、実際は違います。取締役から社内の人間を排除していくことが目的です。すなわち、ソニーでは政治の世界から技術者を排除することになります。会社を愛するのは社員で、会社を知るのも社員です。辛口の助言は身内にしかできません。その身内を排除する経営者は、自分に媚《こ》び諂《へつら》うゴマスリに囲まれながら、やがて裸の王様と化していきます。

こうして取締役会議は年一回の海外開催を含めて、長時間の雑談を楽しむ懇話会や海外旅行を楽しむ懇親会に変化していきました。飛行機のファーストクラスで一〇人の取締役が欧米へ旅行すると、旅費だけで一〇〇〇万円を超えます。ソニーで働く末端社員にとっては夢のような話です。この社外役員中心の取締役会が独自に決めた施策は、社長直属だった監査部を取締役会直属にするという一点だけなのです。それが高額の役員報酬に値するものなのでしょうか。

社外取締役は該当企業の事業運営の門外漢ですから、会議で必要とされる議論には参加しないで、自分の得意分野のことを延々と話し続けます。他人の理論を借用して、さも自分の理論のように話し続けます。そして、事務局の不手際を追及するだけの人になってしまいます。

表21：委員会等設置会社移行時の取締役会と取締役の構成（2003年）

取締役会　＊全取締役17人中、社外取締役は８人（※付加）	
出井伸之	中谷巌（議長）※
安藤國威	岡田明重※
徳中暉久	河野博文（副議長）※
森尾稔	小林陽太郎※
真崎晃郎（副議長）	カルロス・ゴーン※
ハワード・ストリンガー	橘・フクシマ・咲江※
久夛良木健	宮内義彦※
ヨーラン・リンダール	山内悦嗣※
大西昭敞	

指名委員会	報酬委員会	監査委員会
小林陽太郎（議長）	岡田明重（議長）	山内悦嗣（議長）
河野博文	宮内義彦	橘・フクシマ・咲江
カルロス・ゴーン	徳中暉久	大西昭敞
出井伸之		
安藤國威		

ソニー凋落《ちょうらく》の起点だと筆者が確信する二〇〇三年の委員会等設置会社移行時の取締役会と取締役の構成を表21に、代表執行役と執行役の構成を次ページの表22に示します。これ以降、ソニーの取締役会は形骸化し、その運営は人事権を握る出井によって密室化されていきます。

企業経営にとって必要な取締役の数は、企業サイズに単純比例しません。飲料会社のように単純な業態であれば少なくなりますし、ソニーのように複雑な業態であれば多くなる、それがふつうです。しか

表22：委員会等設置会社移行時の執行役の構成（2003年）

代表執行役
出井伸之（会長兼グループCEO）※ 安藤國威（社長兼グループCOO、エレクトロニクスCEO/CQO）※ 徳中暉久（副社長兼グループCSO、PSBG/NACS 担当）※
執行役
森尾稔（副会長兼東アジア地域代表、グループCPO）※ ハワード・ストリンガー（副会長兼米州地域代表、エンタテインメントビジネスグループ担当）※ 高篠静雄（副社長、IMNC・HNC 担当） 久夛良木健（副社長、ゲームビジネスグループ・BBNC担当）※ 真崎晃郎（専務兼グループ・ジェネラルカウンセル）※ 近藤章（専務兼グループCIO） 湯原隆男（常務兼グループCFO） ヨーラン・リンダール（欧州地域代表、ソニーグループ・ヨーロッパチェアマン）※ ニコール・セリグマン（グループ・デピュティ・ジェネラル・カウンセル）

＊代表執行役と執行役のうち、取締役兼務者は８人（※付加）

し、あまりにも丸投げ体質のように思えます。一方、法的権限と責任がない業務執行役員は三八人で、専務が三人、上席常務が一二人、常務が七人、ヒラ執行役員が一六人になっています。

取締役の役割は、経営の方針決定および業務執行の監督になっています。代表執行役と執行役の役割は、業務の執行（取締役会から任された範囲内でソニーの経営を担い、ガバナンスの責任を負う）になり、妙な話ですが代表執行役は業務執行のトップになります。業務執行役員の役割は、従来の執行役員と同じで、本社スタッフや事業ユニット、研究開発などの特定の業務執行について社内的な責任を負うとなります。

就任時の社外取締役の発言は、「フェアネス精神を大切に、責任を果たしたい」（河野博文）、「新しいソニーのための化学反応を起こす」（小林陽太郎）、「本当の適材適所がソニーをもっと元気にする」（橘・フクシマ・咲江）、「株主と経営を結ぶ、よき架け橋でありたい」（宮内義彦）、「ソニーモデルの監査委員会をつくりたい」（山内悦嗣）などです。

彼らがつくり上げていった今のソニーを思うと、涙が出るような発言ばかりです。ここでカルロス・ゴーンだけは「いつまでに、誰が、何を、どう行うか」と言っています。まともですが、それを言うだけでなく、実践してほしかったと思います。社内取締役で監査委員の大西昭敞は「監査役は現場に立ち、トップと必ず会って話を聞くことが大事」と言っています。トップから話を聞いても、トップが現場を知らなければ、トップがご乱心ならば、話にも何にもなりません。

カンパニープレジデントを増やす、そして減らす。執行役員を増やす、そして減らす。そのためには、斬新な役職タイトルを与えて個人の不平不満を抑える。こうして出井ソニーでは、仕事がわかる有能社員や先輩社員が徐々に排除されていきました。まことに巧妙ではありませんか。

会長職延命のための役職（Co－CEO）

ソニーに最高経営責任者（CEO：Chief Executive Officer）が導入されたのは一九七六年のこと、盛田の会長時代のことです。次の経団連会長就任を予定していた盛田は、次期社長を岩間に譲りながらも、体外的な面子からソニーの経営実権は手放せなかったのです。すでにアメリカではポピュラーになっていた役職名のCEOが、そのときから国内各社でも流行するようになります。

最高経営責任者（CEO）のほかに最高執行責任者（COO）、最高財務責任者（CFO）、最高技術責任者（CTO）、最高情報責任者（CIO）など、C?Oの?に何でも挿入して役職が増やせます。種類を数え上げるときりがありません。そうしたら、誰もが分野別責任者になり、最高責任者（ＣＥＯ）の責務がほかの責任者（Ｃ？Ｏ）に丸投げされます。しかも、そうして数多くのＣ？Ｏを従えて、ＣＥＯの権限（階級差別）を周囲に見せつけることができます。

経営の責任者の社長、その社長の軌道を見守る会長、それに全社的な立場から自分の担当業務を客観視できて、会社と社員を大切にする一〇名程度の社内取締役——そのシンプルな経営監督体制のどこが問題なのでしょうか。大賀からスムーズに政権移譲がされなかった出井は、しびれを切らして一九九八年にソニー共同最高経営責任者（Co－ＣＥＯ）という役職を創設しています。

一九九八年五月七日のことです。ソニーは同日付けで出井伸之社長が共同最高経営責任者（Co－ＣＥＯ）に就任し、最高経営責任者（ＣＥＯ）の大賀典雄会長を補佐し、グループ全体の経営にあたると発表しています。大賀会長が経団連副会長に内定し、財界活動で多忙になることに対応した措置だとされていました。

このCo－ＣＥＯは、便利に使えます。出井が会長を退任するときにも、ストリンガーをCo－ＣＥＯにして、彼に事業責任を任そうと画策しています。大賀に倣いＣＥＯとして自分が残り、ソニーの経営実権を維持するのです。二〇〇五年の出井の会長（ＣＥＯ）退任は、まだ若干の良心が残っていた社外取締役から、出井が現役として残ることの不自然さを追及されたこともありますが、決して単に会長の職を役員会で解かれて追放されたのではないと思います。

表23：1998年に就任したグループ役員19人

岩城賢　（ソニー生命保険社長）
小寺淳一（ソニーマーケティング社長）
石垣良夫（アイワ社長）
松尾修吾（ソニー・ミュージックエンタテインメント会長）
佐野角夫（ソニー・プレシジョン・テクノロジー社長）
青木昭明（ソニー・エレクトロニクス・インク社長）
金杉元靖（ソニーファイナンスインターナショナル社長）
丸山茂雄（ソニー・ミュージックエンタテインメント社長）
山田敏之（ソニー学園理事）
林誠宏　（ソニーマーケティング副社長）
澤田敏春（ソニーマーケティング専務）
盛田昌夫（ソニー・ミュージックエンタテインメント理事）
徳中暉久（ソニー・コンピュータエンタテインメント社長）
久夛良木健（ソニー・コンピュータエンタテインメント副社長）
ジェイコブ・J・シュムックリ（ソニー・ヨーロッパ社長）
ハワード・ストリンガー（ソニー・コーポレーション・オブ・アメリカ社長）
真崎晃郎（ソニーコーポレーション・オブ・アメリカ副社長）６月に追認*
トーマス・D・モトーラ（ソニー・ミュージックエンタテインメント・インク社長）
ジョン・キャリー（ソニー・ピクチャーズエンタテインメント・インク社長）

本章で後述する「お手盛り報酬の拡散」の項でも説明しますが、ＣＥＯとCo-ＣＥＯの二人体制なら、今までどおりＣＥＯとして高額の報酬を受け続けることができます。また、将来の経営が悪化したら、その責任をCo-ＣＥＯに被せることも可能です。しかし、自分が会長（ＣＥＯ）就任のままソニーの業績がさらに悪化したら、大賀と同様の高額退職金を手中にすることが難しくなります。そのリスクも考えて、最終的にＣＥＯとCo-ＣＥＯの二人体制を自ら諦めて、さっさと高額退職金を手中にして、次期社長だと期待されていた久夛良木《くたらぎ》健や次期会長であるべき安藤國威を道連れに自爆の道を選んだのでしょう。自分を超えそうな成功者を残してはいけません。賢い選択です。

グループ役員制度の愚策

ソニーは一九九八年五月一日付でグループ役員制を導入し、グループ主要企業の経営陣のなかから、ソニーの執行役員と同等の資質や実績を持つ人材をソニーのグループ役員として任命しています。本来的な根拠のない役員名称の乱発です。ソニー生命保険社長の岩城賢、アイワ社長の石垣良夫、ソニー・ミュージックエンタテインメント会長の松尾修吾ら一八人が選ばれています。後でソニー・アメリカ副社長の真崎晃郎が追加され、グループ役員は総勢一九人になりました。たぶん、先々ストリンガーによって追放される良識家の真崎は、最初から出井にも無視されていたのでしょう。

当時のソニーグループ役員を前ページ表23に示します。不思議なことに、ソニーケミカルも含めて、多数のソニーの製造子会社が除外されています。グループ役員制度が、ホールディング会社設立への試行錯誤の一環だということがわかります。また、これらグループ役員は、出井ソニー体制支援のために、大賀がソニー本社から追放した先輩のようにも見えます。

グループ役員って何でしょうか。サラリーマン双六《すごろく》の上がりに役員の名前をほしがる人はたくさんいます。社長の自分はソニー関連会社のことなど何もわからない、だからそれを知る人どうしでうまくやってくれ、ということなのでしょうか。自分がわからないテレビビジネスを知ろうともせずに部下に丸投げしていたストリンガーに似ています。

グループ役員制度は、ソニーグループ経営の観点に立ち、自分が所属する会社の枠を超えて、役員がその能力や手腕をグループ各企業で活用できるようにするものだそうです。たとえば、グループ内他社の経営陣に参画することも可能にする仕組みだそうです。すなわち、グループ内の人材を最適な部署に配置し、柔軟にグループ経営を展開させるのが狙いだとされていました。

しかし、ソニー本社の枠を超える子会社の采配は、ソニー本社の社長自身の役目でしょう。なんと素晴らしい、まことに巧妙な大義名分でしょうか。多数の先輩にソニーグループの役員という名前を与えて、そのトップに君臨する出井が、着々と最高経営責任者（CEO）の権限拡大の布石を打っていきます。

ソニー本社の統括部長なら、子会社に出向すれば上は社長から下は監査役までという役員相当の職になります。出井ソニーの時代から、ソニー本社から関連会社の社長として出向した上級社員の無軌道ぶりが目立つようになりました。毎日のように社費を使った宴会と接待が続きます。子会社を監督できる人が本社にいなくなっていたからです。自分が経営する会社のことさえも満足に把握していない子会社の社長をソニー本社のグループ役員にして、ほかの子会社のことにも口出しさせる——それは出井をトップにした仲良しクラブの結成にすぎず、妄想のグループ企業経営構想だと思います。

実行と結果の間には、必ずタイムラグがあります。出井ソニーの前半（社長時代）がうまくいったのは、ＩＴ化の時代だと叫ぶだけで、彼が実施したこと（ソニーの事業に役立たない組織変更）の影響が何も出ていなかったからです。米国流経営の真似、特にゴールドマン・サックス（ＧＳ）やＧＥの真似を強めた結果、二〇〇〇年に出井が社長を安藤に譲り自分が会長になってから、その弊害が現れていきます。

カンパニープレジデント、グループ役員、執行役員などという名前だけを与えて、名刺の肩書を増やし個人の名誉欲を擽《くすぐ》り、その一方で彼らから企業経営の実権を剝奪して取締役会を密室化していく、まことに巧妙なやり方です。残念なことに、グループ役員の名前なんかいらない、と言った人は皆無だったようです。キミたちはボクの仲間なんだよ……そう耳元でささやく天の声に安堵する人たち。その弊害は、今のソニーでも続いています。

ソニー生命売却事件

二〇〇二年四月九日のことです。社長の出井の独断の形で、ソニーが一〇〇パーセント子会社のソニー生命を外資のＧＥキャピタルに売却すると発表しました。ソニー社員のほとんどが寝耳に水の出来事だったと思います。もちろん、ソニー生命の幹部や保険加入者の猛烈な反発が表面化しました。ソニー生命は、ソニーの冠の下に保険業を営んできた会社だからです。

資金繰りに問題がないソニー生命の外資への売却が、ソニー本社を含めて、世間から簡単に受け入れられることだとは、ふつうなら誰も考えません。ソニー生命を設立した創業者の盛田の遺志を引き継ぐ大賀の意向も影響します。大賀と出井の確執の種は、二〇〇二年のソニー生命売却事件で蒔《ま》かれたといえます。大賀のソニーでの最後の仕事とは何だったのかと聞かれたら、出井が画策し暴走させたソニー生命売却話を中止させたこと、見かけ上だけでも出井の会長退任を決めたこと、この二つになるのでしょう。

この売却事件が勃発《ぼっぱつ》する前年、二〇〇一年一一月七日の夜のことです。北京でオーケストラを指揮中の大賀が脳出血で倒れて、北京市内の中日友好病院の集中治療室へ運ばれました。北京のコンサートホール保利劇場で開催された東京フィルハーモニー交響楽団の公演でタクトを振っているときに突如、倒れてしまったのです。大賀が七一歳のときのことでした。

大賀からの異論が出にくい……それは出井にとってソニー生命売却のチャンスだと捉えられたのでしょう。大賀は重病で、それから約三ヵ月間にわたり意識不明だったそうです。大賀が奇跡的な回復を見せたのは、翌年の二〇〇二年二月ごろ、ソニー生命売却事件の直前のことでした。会長の出井にとって最大の誤算で予想外だったことは、自分を後継者に指名してくれた大賀が、病気から回復してソニー生命の売却に反対したことでしょう。

この売却話の仲介にはゴールドマン・サックス（GS）が深く関与しています。また、ゴールドマン・サックスのゼネラルパートナーを務めていた松本大とソニーが設立し、二〇一〇年にはオリックス証券を吸収合併したネット専業証券会社のマネックス証券株式会社や、一九九九年に住友銀行投資グループ(Sumitomo Financial Group) と米国投資銀行DLJなどの出資によって設立されたDirect SFG証券などの関係が深く絡んでいます。

ソニー生命の売却……それは唐突な話にも思えますが、その伏線はすでに二年前、二〇〇〇年ごろに敷かれていました。東邦生命やセゾン生命を買収しても業績が上がらなくて、優秀な営業マンがほしいGEキャピタルと、その仲介をしていたGSと出井の関係構築です。ソニー生命売却における外資との交渉は、資本提携や業務提携ではなくて、単純にGS側への企業売却交渉として話が進められていたと思います。

GEのジャック・ウェルチ会長をビジネスの教祖に仰ぐ出井は、ひたすらに外資のビジネス手法に傾倒していきます。その傾向は住友銀行常務から転出し、GSの日本進出に協力した近藤章をソニー執行役員専務に迎えてから加速していきます。二〇〇一年秋から、出井の指示で近藤はGSおよびGEを相手にしてソニー生命売却交渉を始めていたのでしょう。でも、ソニー生命は出井の私的所有物ではありません。

二〇〇二年五月三一日に開催されたソニーの取締役会では、本件について出井批判が続出したようでした。出井会長擁護に回ったのは元米国商務長官、ピーター・ジー・ピーターソンぐらいで、売却に賛成する日本人役員は皆無だったという話です。米国人はしたたかです。盛田と非常に親しかった元駐日米国大使のトーマス・フォーリーも、盛田が亡くなった後では、ソニーが推すJR東日本のスイカビジネスでモトローラを支援し、市場からソニーを排除しようとしています。人脈と、その個人の利害関係だけで動く彼らは、非常にビジネスにドライなのです。

ソニー生命の売却騒動は、オリックス生命とGEキャピタルの協調で何とか火が消えたような形になりました。結局、ソニーの出井は、この件でオリックスに恩を借りたことになります。オリックスの宮内義彦代表は、ソニーの委員会等設置会社化で二〇〇三年から二〇〇九年にかけて社外取締役に就任し、後にソニー・アドバイザリーボードのメンバーになりました。

ソニー生命売却事件については、出井伸之と近藤章のほかに川島章由という人物についても語らなければなりません。ソニー生命の売却を画策したのが近藤ですが、それを阻止しようとしたのが川島です。

近藤は住友銀行（現在は三井住友銀行）の役員から、二〇〇〇年にソニー執行役員専務に就任しています。二〇〇四年七月からはAIGイースト・アジア・ホールディングス・マネジメントの副会長になり、さまざまな銀行や保険会社を渡り歩いています。すなわち、ソニー生命売却のために出井が外部から一時的に呼び寄せた人物なのです。

一方、執行役と取締役の分離という大義名分の下に実施されたソニー経営の密室化の下で、ソニー生命社長になった川島章由について、彼の異動と昇格を追ってみましょう。短期間にうまく動かされています。

川島章由の異動と昇格

1996年6月	ソニー取締役
1997年6月	ソニー取締役退任、執行役員上席常務
1998年6月	ソニー専務取締役
1999年6月	ソニー専務取締役退任、執行役員専務
2001年7月	ソニー生命保険㈱代表取締役社長（執行役員社長兼務）
2006年7月	ソニー生命保険㈱社長退任

会長の出井にとって、ソニー生命保険の社長という職は、川島に対する最高のプレゼントだったと思います。しかし、ソニー生命の売却に反対したのが川島です。自分が所属する組織に正直な人だったのでしょう。大賀が相談役に退いた二〇〇六年にソニー生命の社長を退任していますが、大賀のサポートだけでよく頑張ったと思います。

ここで一九七四年一月に東京駐在員事務所を開設して以来、投資銀行業務、セールス&トレーディング業務を中心に、投資業務、資産運用、不動産業務などの幅広い金融サービスを提供するゴールドマン・サックスについて少し説明しておきます。なぜなら、今の出井と切り離せない関係にあるからです。

現在の国内グループ企業としては、ゴールドマン・サックス証券株式会社を中心に、ゴールドマン・サックス・アセット・マネジメント株式会社、ゴールドマン・サックス・リアルティ・ジャパン有限会社、ゴールドマン・サックス・ジャパン・

ゴールドマン・サックス証券株式会社の取締役および監査役

代表取締役社長：持田昌典
取締役副社長：佐護勝紀
取締役：ロバート・A・マックタマニー
取締役：C・ダグラス・フュージ
取締役：綿貫治子
取締役：E・ジェラルド・コリガン
取締役：ディヴィッド・J・グリーンウォルド
監査役：前田洋

ホールディングス有限会社があります。社員数が約一〇〇〇人のゴールドマン・サックス証券株式会社の取締役および監査役の構成を次ページに示します。

金融商品取引業が主力ですが、その組織は投資銀行部門、マーチャント・バンキング部門、証券部門、投資調査部門、テクノロジー部、業務・ファイナンス・サービス部門、コンプライアンス部門、法務部、内部監査部、社長室で構成されています。出井はゴールドマン・サックスを手本にしてソニー本社を変えようとしていたと思います。

ゴールドマン・サックス日本アドバイザリーボードのメンバーを次ページに示します。ゴールドマン・サックス、三井住友銀行、出井ソニーの結びつきがよくわかると思います。

ホールディング（持株）会社は、マネーゲームを本業にする証券会社に似合いますが、製造業には似合いません。保険業界や証券業界の真実は、いつも闇のなかです。楽天、オリックス、三井住友、クレディ・スイス、GE、GS、積水、西武、ライブドアなどの会社とソニーの関係——それを知らずしてソニーの政治は語れません。人間のしつこい動きには、必ず裏で何かが動いています。それが何らかの形のリベートだというのは社会の常識でしょう。

銀行、保険会社、証券会社、ソニーと、それらを動かす人間（政治家や資本家）の相互関係の背後を知らなくては、ソニーの政治の実態はわかりません。経営が苦しくなったソニーは、茅ケ崎の保養所の売却（楽天へ）、御殿山のソニー本社ビルと用地の売却（積水ハウスへ）など、外部から見えにくい不動産売却を続けています。

ゴールドマン・サックス日本アドバイザリーボードメンバー

出井伸之（ソニー株式会社アドバイザリーボード　議長）
稲盛和夫（京セラ株式会社　名誉会長）
岡本行夫（株式会社岡本アソシエイツ　代表）
奥正之（株式会社三井住友フィナンシャルグループ　取締役会長）
行天豊雄（公益財団法人国際通貨研究所　理事長）
河野栄子（株式会社リクルート　前取締役会長）

また、今までのソニー芝浦ＴＥＣの跡地にソニー生命が二〇階のビルを建て、そこにソニー本社が入居しています。ソニー生命は不動産会社になっていくのでしょうか。ソニーが所有していた銀座のソニービル、大阪の心斎橋のソニータワー、その建設や売却にまつわる噂も数え切れません。それらの話は、ほとんどの技術系社員が知らないところで進んでいます。誰が誰に設計を依頼したのか、現在のソニー新芝浦本社ビルの出入口は、ガラスの壁と扉の区別が簡単にはできません。

社員や顧客の反対の声に押されて、二〇〇二年四月二五日、出井は一度、ソニー生命の売却話を保留にしています。しかし、それに懲りることもなく、翌月の五月九日にニューヨークで開かれた経営方針説明会の席で再度、売却の可能性を発言しています。これら一連の独断の動きにも周囲から反発されて、同月の一七日に再度、売却の話を撤回しています。誰かと売却を約束してしまい、よほど困っていたのでしょう。

直接業務の研究、開発、製造、販売、修理など、それに間接業務の人事、秘書、渉外、広報、通商、知財、総務、品管、法務、IRなど、ソニーに必要なもろもろの仕事のうちで、海外営業と広報・宣伝以外に手を染めていない出井です。名目上の事業部長は経験していますが、社長業のイロハも知らず、エレクトロニクス事業もわからなかった新社長の出井は、最初の一年間は何もせずに、正味四年で社長業を放棄し、ソニーの運営を次期社長の安藤に任せて会長の椅子《いす》に納まります。

出井の会長就任時から始まった自己中心の社外向けの不用意な舌禍は、二〇〇二年のソニー生命売却事件、二〇〇三年のソニーショックと二万人のリストラ計画、二〇〇四年の目標利益率一〇パーセント（TR60）へと続いていきます。会社の売却を事前に世間へ発表する必要はありません。リストラの実施を事前に世間へ発表する必要もありません。具体的な数値で利益率をマスコミに発表する必要もありません。それではまるで役所の仕事のようになります。

二〇一二年四月の平井の社長就任でも、同様の舌禍が続きます。二〇一五年三月期に売上高八兆五〇〇〇億円、営業利益率五パーセントという、自分では決められない正の数値を目標に掲げています。その一方で、一万人のリストラと関係する構造改革費用に七五〇億円という、自分で決められる負の数値を目標に掲げています。

ふつう、政治家は目標達成について「いつまでに？」と訊かれたら「できるだけ早急に」と答えます。その答えに具体性がないのが失敗しない政治家です。ところが、数値は具体性を示します。自分の内なる目標は数値で捉えます。しかし、他人への発表を数値でしてはいけません。

勝てない戦の結果予測を事前に公表してはいけません。必要なら黙って実行する――そうすれば、成功したときの評価は高くなり、失敗したときの傷は小さくなります。マスコミへ話題を提供して自分の顔を世間に売ることよりも、不言実行で会社に貢献することが会長や社長の仕事でしょう。

服装や装飾品で、他人を煙に巻いてはいけません。内容がない言葉で、他人を翻弄《ほんろう》してはいけません。実行ができない施策で、他人を動かしてはいけません。それは詐欺師《さぎ》がすることです。

GSの持田、マネックスの松本、オリックスの宮内、ソニーの出井のつながりは無視できません。プロフェッショナル経営者だと自称する出井は、GEを真似て製造業に失敗し、GSを真似て投資業で失地回復を図ろうとします。しかし、自分はリスクを負わずに、他人の資金を使って稼ぐピンハネ・ビジネスは、いつか破綻《はたん》します。それが投資型ビジネスの末路です。

話が逸れますが、会話が中心で飲む銀座・赤坂・六本木などの店とは違って、夜の新宿歌舞伎町の暗闇で頻繁に飲み歩くと、豪勢に金を使い続ける人種が見えてきます。それは組織の金で飲む企業家や政治家ではありません。それは個人の金で飲む泥棒や詐欺師、また外国人居住者相手のマンションオーナー、それにソニー生命の高給社員です。

派手な世界と酒が好きで自ら飲食店を開業し、それでもまだ飲み歩く水商売の素人は、自分の店を倒産させて数年で街から消えていきます。また、サラリーマンを卒業した老人の豪遊は、虎の子の退職金を使い果たして終わりになり、長続きしません。過去の資産を使い果たしても派手なパフォーマンスを続ける……何だか、今のソニーの姿に似ているような気がします。

ソニー生命売却事件の沈静化に安堵《あんど》した大賀が、二〇〇三年一月にソニー取締役会議長を退任してから、出井の暴走が本格化します。しかし、七〇歳を越えていた大賀は心身ともに疲れていたのでしょう。それからも途絶えることのない出井ソニーの暴走を心配しながら、自分の余生の充実を目指して、二〇〇六年からはソニー相談役に退いてしまいました。

お手盛り報酬の拡散

企業統治の維持において重要なことは、その企業の悪平等をなくし、働く人々の不公平感を排除することです。それは従業員の給与格差をなくすことではありませんし、個々の労働を均一に評価することでもありません。それは社長が額に汗して、率先垂範して働き続けることなのです。

差別ではなくて、必要最小限度の区別なら、従業員の公平感が保たれます。夜遅くまで働く大勢の薄給の社員。その一方で、身内の経営陣だけで決めた数億円のお手盛り役員報酬。社員は機械ではありません。心ある人間です。その報酬ギャップは、ソニー経営陣の下で働く真面目な社員の公平感を根底から突き崩していきます。

中谷巌とカルロス・ゴーンの役割

日産の役員だけでなく、ソニーの社内取締役や執行役は、なぜ日本国内でも類を見ない高額報酬になっていったのでしょうか。その一歩は一橋大学から教授の中谷巌を社外取締役に迎えたところから始まります。それはソニー・ホールディングスの設立を目指す出井にとって非常に重要な時期でした。

中谷巌は国立大学教授の職にありながら一九九九年にソニーの社外取締役になり、一橋大学の教授を辞職せざるを得なくなりました。彼のソニー社外取締役就任時には、国の人事院が国立大学教職員と企業役員との兼職を認めていなかったからです。国立大学教授との兼任を考えていた彼は、世間常識が不足していたとしか言いようがありません。しかし、同年九月には社外との役職が兼任可能な私立多摩大学経営情報学部の教授に就任し、二〇〇一年から二〇〇八年三月までは学長を務めています。また、二〇〇五年には一橋大学名誉教授の称号も受けています。

一九九九年から二〇〇五年六月まで、中谷はソニー社外取締役を務めています。二〇〇三年六月から二〇〇五年六月にかけては、取締役会の議長も務めています。しかし、事務局が用意した書面を読み上げる取締役会の議事進行役が、社外取締役のソニーへの貢献だとは思えません。野中郁次郎など、一橋大学関係者には著名な実力派の経済学者が多いのですが、六年間の社外取締役就任期間中に何の貢献もソニーに残さなかった中谷でも、一橋大学名誉教授の称号に値するのでしょうか。

大学教授を辞めてソニーの取締役に転職し、ソニーの取締役会議長に任命された中谷には、それなりの報酬が支払われていたと想像できます。大学教授の給料とソニー社外取締役の給料、そのどちらの給料が高いかは誰にでもわかることでしょう。

米国に留学した戦中生まれの中谷が、米国の大学や家庭に憧《あこが》れて、豊かな米国に根づいた近代経済学に心酔して、アメリカかぶれしたのでしょうか。そのアメリカかぶれが敗戦後の米国進駐軍に憧れた、戦前生まれの出井に伝染したのでしょうか。原理原則を知らない人ほど、何かにかぶれてしまいます。「アメリカかぶれ」という面で、二人は非常に似ています。

やがて米国流の社外取締役制度の導入を強く主張していた中谷を利用して、会長と社長（二〇一二年一月現在では副会長）を除いてソニーの取締役会が、すべて社外取締役で構成されてしまいます。そして経済学の大学教授を社外取締役に迎えるという、出井流パフォーマンスに世間が踊らされていきます。

すでに述べたように、中谷は日産の出身です。次に出井ソニーが実施したことは、中谷のコネで日産のカルロス・ゴーンをソニーの社外取締役に呼ぶことでした。日産はすでに外資の企業です。そして、そこで働くゴーンは外国人経営者として高給を得ています。従来からの日本企業の日本人経営者とは報酬額が違うのです。

ゴーンをソニーの社外取締役に迎えれば、ソニーの会長や社長が高給を得てもおかしくないという理論が展開できます。巧妙な、お手盛り報酬確保の手段です。さらに中谷を取締役会の議長に据えます。これでお手盛り報酬へのすべてのお膳立てができたことになります。まことにうまい手順です。

ソニーの凋落の原因を人で追究していくなら、ソニーに社外取締役制度を導入させる役目を担った中谷巌と、ソニーの取締役の報酬を法外なまでに引き上げる役目を担ったカルロス・ゴーンの二人に言及しなければなりません。もちろん、利用された彼ら自身に責任はありません。彼らを利用した人に責任があります。

もう一人挙げるとすれば、コンサルタントとしてソニーに米国流の安易な経営手法を持ち込んだジャック・ウェルチです。もちろん、ジャック・ウェルチに責任はありません。それを無理に真似た人に責任があります。ただし、米国流経営の教祖の彼らは共通して、資本主義がもたらす剰余の分配（自分の報酬）に非常に強欲なようです。

そのほかにオリックスの宮内会長などもいますが、彼らは仲間内で互助会を作っていたようなものでしょう。ベネッセコーポレーションやオリックスは、定年を迎えるソニーの上級ゴマすり社員の転職先にもなっていました。

安藤に社長を譲り会長に就任する前の出井は、ＥＶＡやシックスシグマのほかにサプライチェーンマネジメント（ＳＣＭ）など、欧米系コンサルタントが推奨する使えないビジネス手法を次から次へとソニーに導入していきました。企業のトップに投資家として君臨し、外部のコンサルタントを使って欧米で開発された経営手法を導入することこそ企業経営者の仕事なのだと勘違いしていたように思います。

出井と中谷は非常に似ています。有名人が発する言葉に、原理原則に照らして考えればくだらないことだと簡単にわかる言葉に、極端にかぶれてしまう傾向です。中谷の似非《えせ》経済理論に出井がかぶれて、ＧＥのジャック・ウェルチの似非経営手法に出井がかぶれて、ソニーの取締役会に仲良しグループが結成されて、それでソニーが凋落してしまったのではないでしょうか。

二〇〇五年三月の出井のソニー会長退任発表とともに、中谷巌とカルロス・ゴーンの両者も同年六月の株主総会でソニーの社外取締役を退任しています。六三歳になりソニーを失職して初めて、中谷は出井の正体を知り、自分のバカさ加減に気づいたのでしょうか。その後、経済学の持論について若干の修正をしています。ゴーンは自分の経済基盤を日産で確立しているので、出井と友達になっただけでしょう。しかし、出井は彼らをうまく使っていましたし、彼らも出井をうまく使っていました。

中谷巌とカルロス・ゴーンの二人にも良心は残っていたと思います。最後は形式上でも出井を会長から退任させているからです。ただ、会長の退任にともない、社長も退任する、全取締役も退任する、これをソニーの異常事態だと言った人は少なかったと思います。外国人会長の登場だけが世間の話題になっていました。不思議なことです。

二〇〇五年、出井ソニーは外国人会長を擁立し、それまでの経営陣は総退陣したとされています。そんなバカなことがあるでしょうか。過去の企業の例に見られる取締役会のクーデターでも、取締役の誰かが残ってクーデター以降の会社を指揮しています。

ところが、出井は自分が指名したストリンガーをＣＥＯにして、自分は最高顧問とアドバイザリーボード議長に就任しています。ストリンガーは自分が指名した平井をＣＥＯにして、執行役会長に留任しています。その意味で、社外取締役中心のソニーの取締役会は、まったくと言っていいほど機能していません。

社外取締役を動かして形だけでも出井を退陣させたのは、まだソニー名誉会長の職に在った大賀だと思います。

しかし、ソニーの二人のＣＥＯ辞任について、世間の理解は間違っています。出井はＣＥＯを解任されたのではありませんし、ストリンガーもＣＥＯを解任されたのではありません。彼ら自身の次善の策として、ソニーの業績不振の責任を追及されて役員退職金を失うことを避けようとしたのです。大賀に倣ったのでしょうか、ＣＥＯとCo－ＣＥＯの二人体制を残そうとして、それに失敗したから、身を引いたように見せかけているのです。それなら、高額の退職金を失うよりましだという判断でしょう。

出井の解任を決めた取締役会の真実――それは目に見えない未曾有《みぞう》のクーデター、すなわち暗黒の一〇年でソニーの独裁経営者になった会長自身がやむなく仕掛けた、自分を含めて社内取締役全員を爆死させ、自分の傀儡《かいらい》の外国人を会長兼ＣＥＯの職に置くことで、自身の延命と安泰を取締役会の外で図るという、前代未聞かつ前例皆無の自爆クーデターだったのです。だから、彼と一部の仲間たちは、今でもしつこく生き残っているのです。また、自分の傀儡で六三歳のストリンガーをＣＥＯにしておけば、すぐに役職定年になるので自分の発言力も維持できます。

前代未聞の退職金

会長兼最高経営責任者（ＣＥＯ）に就任した当時の出井伸之（六二歳、以降、ここでの年齢は当時）を支えるグループについて述べてみます。ソニーにとって海外勤務経験者は、いつの時代でも必要です。満足に英語が話せなくても海外市場を切り開いていった、そういう人々の伝統がソニーに残ります。しかし、やはり英語力は、ソニーの幹部になるための必須《ひっす》条件だと思います。

出井の時代になってから、欧州勤務経験者よりも米国勤務経験者が重宝されるようになったと思います。彼らは欧州勤務をしていた出井の過去を知りません。米国かぶれの出井の周囲には、自然と米国駐在経験者が増えていきます。ただし、出井より若干若い人物がほとんどだったと思います。

当時の経営トップは出井伸之、安藤國威、徳中暉久の三人で、それに四つのネットワークカンパニーを率いる小寺淳一（六四歳）、中村末広（六三歳）、高篠静雄（五六歳）、井原勝美（四九歳）がいました。中村は英国、小寺は米国、井原はドイツに赴任した経験を持ちます。

執行役員専務の森本昌義（六一歳）は、一九七二年に米国へ赴任した後、米国とブラジルの生産法人社長を歴任し、外国人持ち株比率が四〇パーセントを超え始めた当時のソニーのＩＲ（投資家向け広報）を担当していました。株価上昇を経営目標の金科玉条にする出井ソニーは、同業他社に比べてＩＲ部門の突出した強化を図っていたのです。

米国法人のソニー・エレクトロニクス社長兼ＣＯＯから、日本に帰国してプロキュアメント担当に就任した執行役員上席常務の青木昭明（五八歳）は、シックスシグマを社内に根付かせる推進責任者を兼務していました。

放送関連ネットワークカンパニーの小寺の下には、やはり米国駐在経験者の執行役員常務の大木充（五六歳）や鶴見道昭（五八歳）がいました。現場をよく知る優しい人は、なぜかソニーを早めに退職してしまいます。鶴見もその一人でした。

自分がよく知らない人間を評価することは、誰にとっても難しいことだと思います。だから、自分の側近を活用することは自然だと思います。ただ、偉い人の近くには、偉い人に便宜を図ってもらおうとするさもしい人ばかりが集まります。それが問題です。人材は選ぶものではなくて、育てるものだからです。

出井ソニー時代に活躍した人たちのなかでも、久夛良木《くたらぎ》健（四九歳）を忘れるわけにはいかないでしょう。彼はソニーの次世代を期待されたエンジニア出身の異色幹部でした。出井会長の時代からソニー本体の取締役に就任し、ソニー・コンピュータエンタテインメント社長と二足のわらじを履いていましたが、のちにはソニー副社長にも抜擢されています。

ソニー・コンピュータエンタテインメントは、やがてソニー本社に組み込まれますが、それはＰＳ２で成功した利益をソニー本社が取り込んでソニー本社を黒字化するために、出井にうまく使われただけのことです。生まれたばかりのベンチャー体質の企業を大企業体質の企業に吸収してはいけません。ベンチャー魂が腐ります。当時、猪突《ちょとつ》猛進型の久夛良木に傷つけられ、彼に遺恨を抱く社員も多かったと思います。特異な性格を持つ彼をうまく使える技量を持つ盛田のような人は、すでにソニーにはいなかったのです。久夛良木にとっても、ソニーにとっても、不幸なことでした。

服従と反発の違いはあっても、これら多くの人々が会長の出井の取り巻きとなって、新しいソニーを創造していきました。しかし、人脈構築にも節度が要ります。出井の思惑どおりに働いた人には一つの共通点がありました。それはソニーに残した仕事が名目だけで、その実績がゼロだったということです。

ソニー本社は一度、石川県のプリント基板関係の工場、ソニー根上《ねあがり》からの撤退を社内で決めています。しかし、その話はいつの間にか立ち消えになってしまい、外部には漏れませんでした。一九九〇年一一月に設立されたソニー根上は、その後二〇〇二年四月一日にソニーケミカルを存続会社として統合されましたが、やがて売却されてしまいます。

ソニー根上が設立された一九九〇年には、石川県能美市に北陸先端科学技術大学院大学も開学しています。行政関係の委員会の役職に出井が就任していた時代の森喜朗総理大臣は、石川県能美郡根上町（現在の能美市）で根上町長を務めた森茂喜の長男として生まれています。出井をアシストするソニーの上級社員の個室には、当時の森首相と自分がゴルフをしている写真が飾られていました。さもしい根性です。

出井がソニーに影響力を持ち、森喜朗が現役で国会議員をしている限り、ソニー根上（後のソニーケミカル事業所）がすぐに解散になることは考えにくいことです。大賀が存命中なら、ドイツのレンズメーカー、カールツァイスとソニーの関係も維持されます。また、ソニー木更津が解散になることもありません。それが世のなかの常識です。しかし、そういう関係にまったく無頓着《むとんちゃく》なのがソニーの技術者なのです。

企業経営者と政界とのつながり、政治家と財界とのつながり、そんな特別な関係を筆者は否定しません。岩手県には七つの新幹線停車駅があります。山口県には五つの新幹線停車駅があります。北陸新幹線はぐるぐると長野を迂回しながら金沢につながります。それらを否定するものではありません。さまざまな事情があるからです。ただ、人間には節度が必要です。私利と公利の間に立つ節度です。それを失った人が、権力者だけでなく、一般大衆にも多くなりました。日本が豊かになったからでしょうか……。

大賀の会長退任にあたり、ソニーの取締役会は出井の采配で一六億円の退職慰労金を支払いました。出井から大賀への餞別《せんべつ》です。また、同時に退職した監査役四人には八九九〇万円を支払っています。井深や盛田が得ていた報酬を知る大賀が相手のことです。これから出井が得ようとしている高額報酬について、その大賀の違和感を払拭させる効果が期待できます。

このときの取締役一三人の給料は、最高の人で一億五〇〇〇万円までになっています。実際の支払額は総計で七億三七〇〇万円です。ボーナスは五人で九〇〇〇万円。途中退任の取締役二名に退職金三〇〇万円を支払っています。監査役は五人で、給料総計が月に一三〇〇万円、年で一億四〇〇万円、途中退任者が一七〇〇万円です。一年間の取締役と監査役の報酬は九億五二〇〇万円です。

出井ソニーの時代に、大賀には一六億円の退職慰労金が支払われました。久夛良木には三〇億円相当のストックオプション株が贈与されました。それは大賀と久夛良木を手なずける手段でしょう。また、唐突な大賀への一六億円の退職金も、次の自分への高額退職金の布石だと理解できます。高額退職金を基金にした軽井沢の大賀ホールの建設は、長年の大賀の夢の実現に加えて、出井の勝手な振る舞いに対する大賀の精一杯の抵抗だったような気がします。

一四人で構成される取締役会に、会長と社長の二名しか社内取締役がいないという密室を創り出した出井伸之。その出井の傀儡となった安藤、ストリンガー、中鉢。取締役会でCEOを解任された出井やストリンガーにとって唯一の誤算は、取締役会の各委員会の決定を、特に指名委員会の決定を、本体の取締役会で覆せないことだったのでしょう。

本書では、組織で話をせずに、個人名で話をしています。組織は人で構成されます。政府は悪いことはしません。日本も悪いことはしません。もちろん、ソニーも間違ったことをしません。ソニーで働く特定の個人が間違ったことをするのです。

取締役制度がどうであろうと、会社がカンパニー制を採用しようと、そんなことは経営には関係ありません。経営はシステムによって成功するものではなくて、そこにいる一人ひとりの人間によって成功させるものだからです。どのような制度でも、どのような組織でも、それを動かす人、そのトップに立つ人――その人物で成功と失敗が決まります。

罪を憎んで人を憎まず、という諺《ことわざ》があります。しかし、人を相手にしなくて組織を相手にしていたら、それは無責任を相手にしていることになります。商法でどのように定められていようとも、責任者は組織ではなくて人だからです。小さい組織はトップの意思が明確で、組織が頭から栄え、頭から腐ります。しかし、統治機能を失った大組織は、いたるところから組織が腐ります。

ひたすら有名人や社会的地位が高いとされる人に憧れて、ひたすら格好良さと流行を追いかける――そんな軽薄な人にビジネスはできません。ゴルフとワインと海外旅行を楽しむごく一部の上級社員の陰で、汗と油にまみれた大多数の下級社員が苦しんでいる……ソニーが苦しんでいます。

上司から見て目立つ人材はもちろん非凡です。しかし、それは諂《へつら》いがうまいという点で非凡なことが多いのです。非凡の内容を見極められる人は少ないものです。隠された素質を持つ路傍の石を磨いて、それを自社の玉と成す名伯楽も少ないものです。

企業トップを取り囲むスタッフは、ゴマすりと諂いに秀でた社員の集合体です。仕事に秀でた真面目な社員は、いつも現場で働いています。だから、企業トップから声を掛けられることがありません。そのような、顔も見たこともない社員に愛情を注ぐ社長はいません。その存在を知らないからです。

大賀が社長の時代、ソニーのどこの工場へ行っても、どこの子会社へ行っても、その玄関近くに大賀の大きな写真が飾られていました。まるで、どこかの国の首領様のような感じでした。それは彼の権力欲と封建性を示す象徴だったように思います。

第七章では、大賀政権を引き継いだ出井ソニーの一〇年間の迷走の技術空洞を振り返ってみましょう。それは技術と人事の問題として総括できます。

デザイン会議

ソニーには盛田昭夫が社長の時代から、デザイン会議と呼ばれる会議がありました。商品の外観デザインを審議する会議で、旧本社NSビルに本社が移る前の最初の本社ビルのクリエイティブ・ルームで開催されていました。設計中の製品のモックや試作品を前にして、その外観、色、形、使い勝手、文字の大きさ、文字の位置、端子の位置、電源コードの長さなど、すべての製品要素が議論される会議です。

デザイン会議の主導者は設計技術者ではなくて、商品デザイナーになります。一口にデザイナーといっても、ソニーには電気回路デザイナーやグラフィックデザイナー、エディトリアルデザイナーもいます。彼らも含めて意匠デザイナーが中心になって、設計段階から最終段階まで、数回に分けてデザインを吟味していきます。

最終のOKは、盛田や大賀、黒木が出していました。検討する新製品の数と設計段階によっても違いますが、ふつう一時間から二時間の検討会議です。まず、意匠デザインのモックが優先されます。それは技術的な合理性を否定して、おもしろいモノを創るという思想です。だから、技術者としては理不尽だとしか思えないデザインが多かったと思います。

たとえば、ブラウン管テレビでLCD（液晶ディスプレイ）のようなフラットテレビを設計させられた技術者もいます。ブラウン管内をカソードからアノードへ直進しようとする電子ビームの走行を直角に曲げるという、技術者なら絶対に発想できないことを強要するのが、当時のソニーのデザイナーでした。電気回路や機械設計について無知だといえば無知なのですが、だからこそ次々と斬新な製品が生まれていたのだと思います。

斬新なデザインは、高度で新しい技術を誘発します。また、模倣されないデザインは、排他的で優れた技術の盛り込みで可能になります。しかし、斬新な設計と壊れやすい製品の間には、若干の共通点があるように思います。それはムリです。ムリは、やはり無理なのです。

盛田の時代の後期には盛田がデザイン会議の中心人物でした。大賀の時代の初期には大賀がデザイン会議の中心人物でしたが、大賀時代の後期からはソニーのデザイン部門を率いる黒木靖夫がデザイン会議の中心人物になりました。このデザイン会議でも、盛田や大賀、黒木の間では、それぞれの個性が出ています。

大賀の方針は、「自分の意見を聞け」でした。そうでなければ、自分がデザイン会議に出席している意味がない、ということです。盛田や井深は、大所高所から意見を述べていました。黒木は参加者の多くから満遍なく意見を聞き、そして自分の意見を述べていました。その彼の一言は重かったのですが、その言葉にデザイナーが振り回されるということはありませんでした。つまり、控えめな発言で、部下にも反論の余地を残していたということです。

黒木は一九五七年に千葉大学工学部工業意匠科（現在のデザイン学科）を卒業し、そごうデパートに入社し宣伝部に配属されています。一九六〇年にソニーに入社し、広報課、外国部、宣伝部、商品本部を経由して取締役クリエイティブ本部長に就任しました。しかし、大賀が社長の時代のこと、盛田が病に倒れて再起不能になった一九九三年にソニーを退職し、ソニーの顧問に就任して一九九七年まで同職を務めています。麻雀《マージャン》が好きで、さまざまなジャンルで働く人を集めて自宅で麻雀大会を開くなど、一九九〇年代のソニーでは異色の存在でした。

たぶん彼は一九九三年に、敬愛してきた盛田に別れを告げたのだと思います。出井時代になってから、ソニーのデザイン部門は崩壊していきます。かつての自分の部下の行く末を案じながら、黒木は顧問の職も辞したのでしょう。残念なことに、黒木がソニーを去った後、優秀なデザイナーの多くが転職したり退職したりしていきます。また、ソニーは電通や博報堂などの広告会社への影響力も徐々に失っていきます。

一九九三年、黒木がソニーを去り、デザイン部門の統括の役目は取締役の出井へ、そして盛田の次男・盛田昌夫へと引き継がれていきましたが、やがて数々のソニー独自の製品デザインを生み出してきた伝統のデザイン会議も廃止されてしまいます。

ソニーのデザイン会議の歴史を知る社員も、今のソニーにはほとんど残っていません。かつてのソニーのデザイナーたちは、個性に溢《あふ》れて独立心旺盛だった外国部の社員と気質が似ていました。彼らデザイナーや営業系社員と技術者の交流がもっとあったなら、もう少しおもしろいソニーになっていたように思います。

モノ造りの重要性を叫ぶ国内製造業で、技術開発力や製造販売力を強化して市場を広げようとする企業は多いのですが、意匠がマーケティングの重要な要素だと認識している企業の数は少ないように思います。人は視覚や聴覚など、遠くから確認できる五感で動かされます。意匠は視覚に訴えます。家電量販店や大型マーケットなどが、レイアウトや音楽の視聴覚に訴えているのは常識です。その視聴覚を商売の中心にしてきたのがソニーです。

ビデオテープレコーダーのベータマックスとＶＨＳでは、パナソニック系の販売店が活用する販促物のアダルトビデオの力に、ベータマックスが負けました。パソコンＯＳのＣＰ／ＭとＭＳ-ＤＯＳでは、カラー化の先行でＣＰ／Ｍが負けました。パソコンのMacintosh とMS-DOS/Windowsでは、ＧＵＩで先行していたMacintoshに、バッチ処理のＭＳ-ＤＯＳをＧＵＩ化したWindows で追いつきました。ブラウン管テレビからフラットＴＶへの移行は、画質よりもテレビの外観で市場が誘導されていきました。いずれの例でも、消費者の視覚に訴えています。

デザインは視覚と聴覚を刺激するものです。ラジカセをウォークマン（Walkman）に置き換えた要因になる技術は、それまでのクリスタル型やマグネチック型のイヤフォーンと違い、新しく開発された高音質のヘッドフォーンにありました。これは聴覚に訴えています。

過去のソニー製品に見られた多数の洗練された商品デザイン。その突出した意匠性を生み出していたのが、本社で頻繁に開催されていたデザイン会議です。その歴史も途絶えてしまいました。一方、最近の韓国企業サムスンの製品を見ると、昔のソニーのような洗練されたデザインが目立ちます。

専門職制度

ソニー本社が文系社員優位の職場になってから、その他大勢の理系社員評価の目くらましに使われるようになった専門職制度。どんなに美しい制度でも、どんなに優れた制度でも、その制度がまともに運用されなければ意味がありません。信頼関係で築くのが技術、利害関係で動くのが政治……未来を夢見て技術を開発するソニーから、私利私欲に政治を利用するソニーになってほしくないものです。

ソニーの専門職制度は、研究員を対象にした技術系専門職（主幹技師または主任技師）と事務・管理及び営業系専門職（主席または主査）に分かれています。エンジニアや間接業務担当者にとって自由闊達《かったつ》に仕事ができる環境をつくるためだとされています。急激な変化のなかで頑張っている社員に対して、公平さを保つという制度です。確かに、多数の余剰高学歴エンジニアに担当部長や担当課長の名前を与えてしまい、ソニーは部長と課長だらけになっていました。

この制度の推進者が人事部長の桐原保法でした。彼は東大の法学部を卒業し、人事企画から国際人事へと、ソニーの人事畑一筋できた人間です。しかし、業界のクレーム担当者の間で「浪速のご意見番」と呼ばれていた瀧本寿叙から、ソニーのアフターサービス体制の不備を強く指摘された大賀の意向で、ソニーのアフターサービス部門の子会社、ソニーサービスへ出向し、そこで三年間ほど社長を務めました。

本社のエリート中のエリートでありながら、大賀ソニー以降に過酷なサービスの現場を見た最初で唯一の人物だと思います。現場からの叩き上げの井深や盛田は、常に現場主義を主張していました。現場を知り、その問題点を知り、そして改善する——そうして責任者が現場の出来事に関心を持ち、現場で働く人々と意思疎通を図ること、それが長期的に成功するビジネスのコツです。

しかし、桐原の場合、本社のエリートから若くして子会社の社長へという異動で、本人は再起不能にも等しい挫折《ざせつ》感を味わっていたのかもしれません。やがて人を頼りにソニーサービスから本社の人事部門に復帰しています。その後の大規模なリストラでも、人事部の若手の係長や課長が前面に出ていたので、自己申告制度や専門職制度をソニーに導入した彼の名前を見ることはありませんでした。

ソニーの子会社の運営がわかり、かつ第一線で労働の現場も見た、そういう唯一の本社エリートだったと思うのですが、ソニーサービスに残って何かを改革するでもなく、成長した自分の力を本社で発揮するでもなく、ソニーを卒業しソニー教育財団の副理事長として転出しています。トラウマが大きかったのか、それとも歳をとりすぎてしまったのか、残念なことだと思います。

出井が会長を退任した直後、出井の周囲を固めていた多数の上級管理職が異動になり、降格されていきました。それから数年して、コネを頼りに元の鞘《さや》に納まった元上級管理職もいます。その代表格が斉藤端と桐原保法です。両名とも、ソニー本社からソニーサービスへ転出し、厳しい子会社の悲哀を経験した者だというのは、まったくの偶然なのでしょうか。

ソニーには、出井ソニーの終わりとともに、職を解かれて主力から外れた人がたくさんいます。当然だと思います。しかし、そのうちの数人が半導体の担当などで、不死鳥のようにＥＶＰなど高位の役職に復帰しています。仕事をしている人、仕事ができる人は、その仕事ができないＥＶＰの下に埋もれているのです。もし、平井がソニーを率いるＣＥＯとして活躍し、ソニーを復活させるのなら、ソニーの人事から出井色の名残《なごり》を一掃し、年齢に関係なく、仕事ができる人を登用して、その助けを借りることでしょう。

さて、ソニーの専門職制度に話を戻しましょう。ソニーの専門職制度は、一九八〇年代の中ごろに導入されました。ゼネラリストの管理職でなくて、技術に特化したスペシャリストの管理職相当社員を主幹技師（統括部長級）と主任技師（統括課長級）に任命し、技術系でも業務系に近い管理職相当社員を主席（統括部長級）と主査（統括課長級）に任命しました。これらの専門職の任命は、毎年四月に行われました。

職位なら部長から課長までが統括部長の対象になり、部長補佐から係長代理までが統括課長の対象になっていました。一方、部長から課長までの社員が主幹技師や主席の対象になり、部長補佐から係長代理までの社員が主任技師や主査の対象になっていました。専門職の任期は二年で、二年ごとに見直しがあります。

部・課長という職位制度とは別に設けられた専門職の格付けですが、待遇は統括職の部長や課長と同じになります。したがって、統括課長の部下が統括部長相当の主席だという矛盾も発生していました。同じ飛行機で海外出張をすれば、部下がビジネスクラスに座り上司がエコノミークラスに座ることになります。

ふつう、管理職はゼネラリストと呼ばれ、専門職はスペシャリストと呼ばれます。しかし、管理職も管理技術の専門職なのです。技術者と違うのは、人や金の管理が少し増えるということでしょうか。しかし、実際の現場では、管理ができなくて監督だけをしている人が多くなります。監督とはルールの番人のことで、決められたルールが守られるように監督する人のことです。必要なのは、能力ではなくて権力です。

主幹技師や主任技師、主席や主査という名称を与えられなくても、個人が自分の役割を認識して働き、それで組織が動くのが理想だと思います。この制度を否定するものではありませんが、上司の推薦とペーパー審査で決められてしまうと、さまざまな矛盾が露呈し、制度そのものが機能しなくなります。その制度の実施には、人材選別への熟慮と、その適用実態の把握という、ソニー人事担当者の努力が欠かせません。

全社表彰制度と技術者特別功労認定制度（MVP）

一人の社長の陰には、その人を支えてきた名もない多数の社員がいます。一つの技術の成功の陰には、その仕事に関係してきた名もない多数の社員がいます。社長や政治家の写真を社内に飾ったり社長から授与された表彰状を並べたりして有頂天になっている管理職を見ると、真面目な社員ほど落胆するのではないでしょうか。

全社表彰制度

技術系役員の発案だったのでしょうか、ソニーに全社表彰制度が導入されました。事業年度の一年間を振り返り、多大な功績を残した技術者や部門を社長名で表彰する制度です。いろいろな部門や部で、社長のサイン入りの表彰状を並べる部門長や部長が増えました。

出井の業務改革が世間から注目される反面、ソニーの技術の沈滞がマスコミで話題になってくると、技術系でも何らかのアクションをとることになります。その一つが全社表彰制度でした。

表彰されれば部門全体の評価が高くなります。そうなると、政治的な工作で表彰を受けようとする人が増えてきます。表彰委員会の仕事も発生します。何だか、行政と同じような仕事になってしまいます。

政府が出す補助金、エコポイント、エコカー、子ども手当など、それらのカネで人は踊ります。しかし、それが人を育てることはありません。今日の満腹の後には、明日の空腹が控えているのです。

技術だけが得意で純朴な理系役員では、政治だけが得意で狡猾《こうかつ》な文系役員と闘うことができません。しかし、技術表彰制度を盾《たて》にして、その苦しさから逃げてはいけません。その技術系ビジネスの表彰のばらまきは今でも続いています。

技術者特別功労認定制度（ＭＶＰ）

これも、技術系役員の発案だったのでしょうか。ソニーに特別功労認定制度（ＭＶＰ）が導入されました。一年を振り返り、多大な功績を残した技術者を特別功労者（Most Valuable Professional）として年度ごとに表彰する制度です。そのＭＶＰのタイトルは、自分の名刺にも印刷できます。また、専門性を高めるためという題目で、認定者へ一〇〇万円の報奨金が支払われます。

残念なことは、この制度の表彰対象者が設計や製造の担当者に限られていたことです。ソニーの技術者を表彰するのなら、そこには品質管理、知財管理、標準化、物品調達などの仕事も含まれます。それらが配慮されていません。たぶん、役員が自分の経歴の範囲で考えて表彰対象を決めると、自然にそうなるのでしょう。それは制度自体の問題ではなくて、その運用実態の問題です。この制度の対象社員が、社内の全技術部門に適用されないのが問題なのです。販売やサービスも含めて、企業全体に適用されていないと、社員の不公平感は払拭《ふっしょく》できません。

評価基準も上司推薦（自己推薦も受け入れられますが）で、技術系役員や研究所長に対するプレゼンと申告ペーパー、それに上司の力で認定が決まります。人事評価と同じです。いちばんの問題は、社内にＭＶＰに認定された社員を活用する仕組みがないことです。ＭＶＰに認定された人にとって、貰った報奨金を使い果たしたらおしまい、という自分勝手な祭事にすぎません。賞金は人を幸せにします。しかし、企業が従業員へ贈る報奨金や政府が地方行政へ渡す交付金は一時的なもので、決して人や地方を育てることがありません。

企業が与える褒章《ほうしょう》は、人を育てるためにあります。役所が与える褒章は、人を終わらせるためにあります。藍綬《らんじゅ》褒章や紫綬《しじゅ》褒章は、老人へ与えればよいのです。役所の褒章に賞金は付きません。副賞としてそれなりの金銭を付与する表彰は、ペーパーだけの名誉表彰ではありません。ソニーの特別功労認定制度の問題は、報奨金の一〇〇万円を渡したきりで、その後のフォローをしないことでしょう。それでは行政の補助金ビジネスと同じになります。

一つの表彰の陰には、それに協力した名もない大勢の社員がいます。しかし、彼らに日が当たることはありません。大多数のソニーの技術者が、今のソニーでは底辺社員になってしまいました。たとえ本意からではなくても、日が当たらなくなった技術者を結果的に報奨金で踊らせてはいけません。社員が家畜化してしまいます。技術者の喜びは、技術の開発だけで十分です。優秀な技術者は、自分で自分を評価するはずです。

特許報奨金に見られるような欧米型の技術者特別待遇で、技術者個人の能力を評価しようとソニーがもがいています。表彰という社員へのモチベーションの手段は否定しませんが、それが「することがないから考えた」制度では困ります。社員が開発した技術でソニーの業績が上がり、それが正確に業績給へ反映されるまでになれば、表彰制度など不要でしょう。

先に述べた全社表彰制度もそうですが、部門ごとに勝手な表彰制度を設けることは避けるべきでしょう。技術系のＭＶＰ表彰にしても、品質管理や購買、それに特許や標準化など、技術系でありながら、その表彰の対象にならない仕事はたくさんあります。文系や理系の仕事で区別することなく、会社として総合的な表彰制度を運営するのが、そこで働く社員が最も納得する形だと思います。表彰は社長の思いつきや事業部長の点数稼ぎでするものではありません。

フラットＴＶの出遅れとロボットからの撤退

人は成功を体験すると、その成功に固執し続けて、変わることができなくなります。技術革新の方法は二つしかありません。それまでの人を全員入れ替える、つまり従来とは別な場所と人で始める、またはそれまでの仕事を完全に止める、そのどちらかです。

成長している技術なら、それまでの部署に加えて新しい部署を設けて、そこで新しい技術を開発します。成熟している技術なら、それまでの部署を廃止して新しい部署を設けて、そこで新しい技術を開発します。成功している部署、成功してきた部署に、新しい技術開発を任せてはいけません。

非常に残念なことですが、技術者にとって大きな技術開発体験は、在職中に一度か二度ぐらいしかできないのが現実です。技術開発は息が長い仕事なのです。そうなると、自己否定の難しさが問題になります。それを考慮してビジネスを進めるのは、経営者の役割の一つだと思います。

フラットＴＶの出遅れ

もうふた昔ぐらい前になるでしょうか、ブラウン管時代のテレビの話です。一般にはシャドウマスク型ブラウン管が使われていましたが、テレビ市場で後発のソニーは米国で開発されたクロマトロン型ブラウン管を使ったテレビを販売しました。

ソニーが最初に発売したカラーテレビ、縦型の19C－70クロマトロンは、大きな電源トランスを使ったもので、電気が趣味の素人《しろうと》が真空管と大型部品を掻《か》き集めて作ったようなものでした。それがトランスレスで横型の19C－100クロマトロンになり、その廉価版の19C－80クロマトロンになり、ソニーの技術は洗練されていきました。クロマトロンは故障が多いといわれていましたが、一〇年を超えて故障しないものもありました。

製造の歩留《ぶど》まりが悪いクロマトロンに続いて、ソニーはクロマトロン型ブラウン管からヒントを得た、トリニトロン型ブラウン管を独自開発しました。球形の一部を切り取ったようなシャドウマスクの画面に比べて、円柱の一部を切り取ったようなトリニトロンの画面は、シャドウマスクに比べて原理的に明るいという以上に、画面の外観に際立った違いがありました。

ブラウン管のカソードから放射されるRGB三色用の電子ビームは、それぞれ画面に向けてまっすぐに飛んでいきます。当然、画面が球形の方が画面各部への到達距離も時間も等しくなり、均一な画面が再生されます。それをシリンドリカルにしているトリニトロンは、電子ビームを曲げるためにパーマロイを使い、地磁気の影響による色むらを解消するためにマグネットを使うという、非常に調整が難しいテレビでした。

トリニトロンには、その技術的な困難を超える魅力があったのでしょう。一九六八年一〇月にトリニトロンテレビが販売されてから、二〇〇〇年代に入るまで、三〇年余りブラウン管テレビの時代が続きました。その間にソニーはカラーテレビ市場で大きな収益を上げてきました。その成功体験は、ソニーにとって見えない負の遺産となっていたようです。

他社がフラットテレビを販売したころの初期製品は、画面の視野角が狭く、画面を横から見ると極端に暗いために、ブラウン管テレビに比べて大きく見劣りしていました。そのフラットテレビに対抗してソニーが発売したのが平面ブラウン管テレビの「ベガ（ＷＥＧＡ）」でした。一九九七年七月のことです。

シリンドリカルなブラウン管を使ってきたソニーにとって、ガラスのコーナー強度を工夫すれば、ほぼ平面のブラウン管を開発することは難しくありません。ソニーの平面ブラウン管には、やがてシャドウマスク型ブラウン管を使う他社も追従して平面化してきました。しかし、市場で先行していたソニーはカラーテレビのシェアを伸ばすことになります。

ベガの32型には、近藤哲二郎が開発したデジタル高画質技術ＤＲＣ（デジタル・リアリティ・クリエーション）が使われていました。その後ソニーのテレビは、平面ブラウン管の成功によって薄型化戦略が遅れ、一時期テレビ部門が大きな赤字を出しました。そうしてソニーは、高度な液晶パネルの国内業界共同開発を目的にフューチャービジョンの設立に参加します。

その後、ソニーは薄型テレビで何とか巻き返しを図ります。サムスンとの合弁で自前の液晶製造会社を持ち、「ブラビア（ＢＲＡＶＩＡ）」という新しいブランド名を与え、二〇〇五年に新製品を発売します。そしてその新製品はあっという間に市場を席巻《せっけん》し、ソニーはテレビで首位の座を再度獲得しました。

しかし、サムスンとの合弁が経済産業省に嫌われて、フューチャービジョンから外れることになります。もともと官庁指導で設立された外郭団体は、何かを開発するという大義名分の下に、行政からの天下りを受け入れたり国家予算を消化したりすることが本音の目的になります。したがって、その組織からの脱退を技術的に見れば、世間の話題になったり国家予算を使えなくなったりはしても、たいした問題ではありません。

ソニーの一時的な液晶テレビの成功は、サムスンと合弁の液晶製造会社において、品質にこだわった良質の液晶を量産できたことが大きいでしょう。また、画質の向上も販売促進に寄与したようです。残念なことに、出井の進めた改革TR60により貴重な人材がサムスンに流出し、ソニーのテレビ技術のほとんどが外部に流出してしまいました。

ソニーから自由闊達の精神を奪い、液晶テレビ開発を遅れさせた責任は出井にあると思います。平面ブラウン管テレビ「ベガ」で成功している部署に自己否定になるようなことをさせてはいけません。まったく違う部署を新設して、そこで新しく人を集めて開発を進めなければなりません。それが成功するイノベーションの鉄則です。

最近の日本で目立つのがメッセンジャーです。フランスが日本の福島の核燃料の保管を申し出た――それにいくらの費用が請求されるのかわかりませんが、その事実を経済産業省へ伝えた――それは一国の首相の仕事ではありません。その申し出にどう対応するか、それを考えて、フランスに伝えて、結果を出すことが首相の仕事です。

東京都知事の石原慎太郎とソニーの出井伸之には、司令塔の頂上に立つメッセンジャーだという共通点があります。思いつきの発言をして、それを部下に命令するところです。フラットテレビでも、「ぼくは（テレビ部門に）やれやれと言ってるんだけど、あいつらやらないんだよなあ……」という発言を出井はしています。オリンピック誘致の都知事発言も同じです。「国民がやる気にならないから、だめなんだよ」と言います。政治家は御神輿《おみこし》の神体ではありません。成功への確信を持つのなら、社員や国民、都民をやる気にさせるのが社長や知事の役目でしょう。

勝算を確信しないで提言だけして、それだけで大きな賭けに突き進む性格では、予算の無駄遣いという結果になってしまいます。マスコミの宣伝文句だけを必要として、結果を必要としないのが、典型的な役所の仕事です。また、大企業本社の間接部門の仕事です。

ロボットからの撤退

ソニーは一九九九年、犬型の愛玩用ロボットＡＩＢＯ《アイボ》を発売しました。しかし、そのロボット開発も短命で二〇〇六年に終了します。また、アイボとは別に開発を続けていた二足歩行ロボットＱＲＩＯ《キュリオ》の開発も同時に終了しています。

ロボットには随意型と自律型の二種類があります。随意型は使う人間が思うとおりに動きます。たとえば、ロボットの定義しだいなのですが、人間が木刀を持てば、その木刀が原始的な随意型ロボットだといえます。手袋、靴、眼鏡、補聴器、杖《つえ》、車椅子《くるまいす》、自転車、カツラ、入れ歯なども、疑問は残りますが非常に原始的なロボットだといえるでしょう。少し高度になれば、駆動力のほとんどを人間の力に頼らない、介護ベッドや電動車椅子などが挙げられます。

自律型はロボットが自分の意思で動きます。機械が自分の意思で動く……そんなバカなことはありませんから、実際は無作為（ランダム）な制御回路を持つロボットになります。制御しようとする人間の意思とは無関係に動きますから、ロボットの行動が予測できません。それが完全自律型ロボットです。

現実では高度な随意型（意思疎通型）ロボットが、自律型に近いロボットだとされています。ソニーのロボット技術をもってすれば、障害者に役立つ優秀なロボットが開発できます。もちろん、愛玩用の玩具に比べて市場は小さいですが、意義のある仕事です。

ロボットビジネスが脚光を浴びていたときに、筆者は開発責任者の土井利忠に提案したことがあります。義指や義手、義足の代わりをするロボットを開発したらどうかと。即座に返ってきた答えは、「そんなものは開発しない」でした。彼の興味は誰もが楽しめるロボットだったのです。それも一理ありますから、その土井流の考え方は否定できません。

どうしてソニーはロボット開発をやめてしまったのでしょうか。技術を顧みないソニーを見限ったのか、土井は二〇〇七年にソニーを退社しています。ロボットビジネスについては、単純に出井ソニーの宣伝に利用されただけなのか、目先の採算性を優先して廃止に追い込まれたのか、それはわかりません。

どのような事業でも、市場規模が小さければ最初は採算性が問題になります。しかし、社会貢献が目的の事業なら、行政からの資金援助が期待できます。実際、ロボット開発を続けているトヨタ、ホンダ、パナソニックなどは、行政主導のロボット技術開発プロジェクトに参加し、そこから独立行政法人の新エネルギー・産業技術総合開発機構（ＮＥＤＯ）をとおして十分な資金援助を受けています。

それまでに投資した資金と研究者のことを考えて、さらに社会貢献まで考えると、ロボット技術を新たな分野へ応用することも必要だと思います。ただし、それは開発技術者の仕事ではなくて、将来のビジネスを視野に置くべき社長の仕事と采配でしょう。ここでも、技術者の趣味を社会貢献ビジネスへ昇華させてきたソニーの精神が廃れています。

ソニー・タイマー

ソニー社外で広く知られている言葉にソニー・タイマーがあります。ソニー製品を買うと、その保証期間内の一年では壊れずに、一年を数ヵ月過ぎると必ず故障して有償修理になるという伝説です。

ソニーに在籍していた筆者は、自宅では意図的に他社製品を使っていました。テレビはパナソニックのＶＩＥＲＡ《ビエラ》です。それは自社製品を客観的に見るために必要なことでした。それで比較すると、やはりソニー製品は若干、壊れやすいような気がします。しかし、最近買った某社のパソコンは、一年と半年で液晶パネルが壊れました。最近買った某社のデジカメは、最初から壊れていて、半年ごとに修理が必要な欠陥製品でした。

ソニー発展の礎となったシリコンメサ型トランジスター

ソニー・タイマーについては、設計者が故障タイマーを仕込むことなどできませんし、設計者はそれなりに品質に気を配りながら設計しています。しかし、新しく開発された部品を使っていたり設計ノウハウが継承されていなかったりしたことは多いと思います。ほとんどの部品はふつう数年を経て故障します。製造段階で故障していれば、また初期不良として著しい欠陥を見せていれば、誰でも発見することができます。

過去、ソニーが開発した商品は、ほとんどが多発故障をしていました。ソニーは製造でアマチュアだったのです。最初にトランジスターを実用化したソニーは、部品の開発者であり、回路設計の開発者でもあったのです。そこには試行錯誤が付き物ですから、当然のことながら故障が多発します。また、真空管時代が主力の時代だったので、トランジスター回路を理解する技術者が極端に少なく、ソニーはアフターサービスに特別な力を入れていました。したがって、故障の問題が表面化しにくかったのです。

品質や修理の管理業務は、工場出身者ではうまくいきません。品質管理や修理の本質を見極めている人が少ないし、故障は自己否定になるからです。ソニーでは「年間故障率」という言葉が使われています。一年間に販売された製品の数に対して、修理に持ち込まれた製品の数の比率を求めて年間故障率として数値で判断するのです。

販売と修理にはタイムラグがありますから、もともと無意味な数値なのですが、それでも欠陥品発生を知るための指標にはなります。だから、本社の担当者は座ってデータを集めようとします。しかし、欠陥品なら数値でデータを得なくても、現場にいればすぐわかることですし、状況も確実に把握できます。

過去、あまりにも多い故障に問題を感じたビデオ事業部門出身の役員が、故障率を三パーセント以下に減らすように指示を出したことがあります。もちろん、すぐに故障率は三パーセント以下に下がります。きつく言われた現場が修理伝票を操作して、その目標数値を達成するからです。一時的かつ人為的な現象です。そうして数年もすると、また元の状態に戻ります。

当人は品質管理に真剣に努力されていたので言いたくはないのですが、ソニーの品質管理の乱れは鹿井信雄副社長の時代から始まったと思います。数値管理を品質管理の目標に本気で掲げていたからです。それからは悪くなる一方です。現場を知らない人、または現場に出ない人が品質管理のトップに立つと、真実の数値が見えなくなってしまいます。

企業の数値管理の問題は、下から上がってきた数値で物事を管理しようとすることです。下から上へ提出される数値は、必ずそれなりの数値（伝票改竄《かいざん》）になります。間接部門や直接部門にかかわらず、労働者の工数管理を事業別に割り振ると、労働者はトイレに行った時間や同僚と話をしていた時間をどこへどう割り振るか苦心します。そして、問題にならないように、適当に割り振ります。そんな無駄な工数計算を現場に強制して、そんな意味のない数値を頼りに仕事をしているのが多くの数値依存の管理者なのです。

工数管理が必要なら、上から現場に出向いて管理者の目で工数管理をして自分で数値を付けることです。自分で現場に出ない限り真実はわかりません。現場から上がってくる伝票で、簡単に仕事を管理してはいけません。ただし、現場経験が長いベテランになると、その現場から上がってくる伝票の数値に隠された真実を洞察することが可能になります。

真実が見えない最悪の管理者が中川副社長でしょう。自動車業界を例にして、修理は金になるので、そこで儲けようという発想をしています。その発想は昔も同じで、製造業の発想です。修理ラインの導入やアフターサービスの利益化をいつも口にします。法的な車検制度がある自動車の修理と一般家庭用の家電製品の修理を同一視する——実際に社内で中川が口にしていたことです。

ライン作業で修理できるものは大量の同一故障品、つまり欠陥商品だけです。また、利益を追求するアフターサービスは、百害あって一利なし、とは誰にでもわかることだと思います。自動車のディーラーなら、車を整備してサービス料を取ります。人の生命にかかわる製品や商品の価格が高い製品と、ふつうのテレビやビデオの家電製品の区別ができていないのです。恥ずかしい話です。

今のソニーの品質管理は、それなりの偉い人が担当しています。そして当人は、それなりに仕事をしていると勘違いしています。筆者は品質管理とアフターサービスにおいて、その現場と実態を確実に把握している品質担当役員を見たことがありません。

ソニーの品質管理が最悪になったのは、出井ソニーが実施した目標利益率一〇パーセントの愚策（ＴＲ

60）からでしょう。本社品質管理部門の優秀な技術者が、次々と解雇されていきました。そして最後には本社品質管理がほとんど実体を失い、品質管理が各事業部門に任されるようになりました。その昔、ソニーの品質管理担当者は、欧米の電気製品規制法に対応するために、日本企業の先端を切って欧米の製品安全認証機関と交渉していました。そこでもソニーは先駆者だったのです。

最初は優秀な品質管理担当者がソニーを辞めていきました。彼らは優秀でしたから、次の就職先を簡単に見つけていきました。そして、その優秀な品質管理担当者を解雇した、品質管理とは何かを理解していない品質管理の管理職が、次に解雇の対象になりました。彼らは転職先がなくて困っていたようです。品質管理には、ノウハウの継承が欠かせません。しかし、今のソニーには、ほとんど何も残っていません。

ソニーの真摯《しんし》なアフターサービス対応は、技術を大切にする大賀の時代までで終わったように思います。かつて大阪に自動車修理業を営む瀧本寿叙という人がいました。前章で説明した「浪速のご意見番」で、熱心なソニーファンでした。また、ソニーだけでなく、ほかの家電メーカーにも正当な苦情を言う人でした。

この人の苦情の担当は、ソニー本社の佐野角夫の役目でしたが、当時の社長の大賀も、一度、大阪に瀧本を訪ねて苦情を聞いています。その結果、ソニーではアフターサービス業務の地位が向上し、ソニー本社にサービス窓口が設けられることになりました。しかし、その精神はすでに忘れ去られているようです。

その後、アフターサービスの地位向上を配慮したのでしょうか、ソニーのアフターサービス会社の社長として、ソニー本社人事から桐原保法が派遣されています。人事という仕事柄からか、社内の底辺に敵が多い人でしたが、仕事にはまじめに取り組む人だったと思います。ただ、やがてアフターサービスから本社の人事部へ戻ってしまいました。どんな末端の仕事でも、そこに骨を埋める覚悟でしなければ失礼ですし、現場の人たちはついてきません。

ブランド志向主義（クオリア）

その昔、ソニーには「ES（ESPRIT）シリーズ」というオーディオ製品がありました。オーディオアンプが一〇万円以上していた四〇年前の時代です。当時のオーディオマニアには売れました。トランジスターを使ったアンプ、高ダンピングファクター（スピーカー駆動能力の一つ）を誇るアンプ、高品質の部品を使い技術の粋を集めたソリッドステート・アンプ、それだからこそ売れていたのです。

このESシリーズの開発と販売に関して、ソニー内では一般製品と高級製品を担当する二人のオーディオ事業部長どうしの葛藤《かっとう》もありました。もう昔のこと、一九七〇年代の話です。しかし、この二人の葛藤の背後には、オーディオのソニーの名に恥じない、良いオーディオ製品を出したいという熱意が感じられていました。

それから二五年後、出井ソニーが「クオリア（QUALIA）」という高級ブランドシリーズを立ち上げました。昔からオーディオ製品には高級ブランドが成立します。オーディオは趣味の世界ですし、その根強いファンも多いからです。しかし、テレビに高級ブランドは成立しません。テレビが実用品の世界だからです。実用性と必要性を超えるのがブランドの世界です。

デジカメは大型高級車や高級腕時計とは違います。今の世のなか、買い物に行くには軽自動車が実用的です。写真を撮るのにはデジカメが必要です。しかし、都会で時間を知るのに腕時計は不要です。それでも、高級腕時計にブランドは成立します。

二〇〇三年四月のソニーショックの後遺症に悩まされ、薄型テレビへの出遅れで商品開発力の低下を世間から指摘されたていた出井ソニーは、モノ造りへの復活をかけて二〇〇三年六月にクオリアプロジェクトを発表しました。このプロジェクトは、ソニーコンピュータサイエンス研究所上級研究員の茂木健一郎が広めた「クオリア」の概念に触発された出井が発案したもので、一部のソニーの技術系社員が関与しています。

クオリア製品には、デジタルカメラ、ヘッドフォーン、液晶テレビ、ハイビジョンカメラ、フルハイビジョン液晶プロジェクターなどがあります。その価格は、定価八四万円（36型トリニトロンカラーモニターQ015-KX36）、定価二一万円（専用スピーカーSS-Q015）、定価三一万五〇〇〇円（専用フロアスタンドSU-Q015）、定価三九万九〇〇〇円（デジタルカメラQ016-WE1）などになります。

そのほか、ステレオヘッドフォーンが二六万二五〇〇円、ＭＤプレーヤーが一八万九〇〇〇円です。ソニーブランドの復権を狙ったものだと思いますが、いったい誰がそんなものを買うのでしょうか。販売店のほとんどが、まったく売る気もなく、商品に自信もない、そんな商売は成立しません。社内では熱心に取り組む技術者と冷ややかに見つめる技術者の両方がいました。

クオリアは、その造りに極限までこだわるので完全受注生産だとされていました。個人商店は別にして、企業の受注生産とは、コネでつながっている官公庁や親会社からの発注を受けるもので、一般的な消費者から受注するものではありません。また、相手の購買力が巨大だから成り立つ商売なのです。

業績が低迷する旧三洋電機が、起死回生策とばかりに女性社長を迎えて、高級白物家電の販売に乗り出したことがありました。掃除機、オーブンレンジ、炊飯器などが、いずれも一三万円もしていました。内《うち》釜《がま》に高純度の銅板を使い、美味しいご飯が炊けるという触れ込みでしたが、材料費や製造費を考えると、いくらなんでも炊飯器に一三万円は高いと思います。しかし、最近では一〇万円程度の炊飯器も珍しくなくなりました。それでも、美味しいご飯を炊くだけのものなら、床の間ではなくて台所に用意するものなら、鍋《なべ》・釜やふつうの炊飯器で十分です。

実用家電製品に高級ブランド化はありません。ブランドとは、他人に見せて自己満足するためのものです。最大は別荘や飛行機で、最小は宝石や金歯などになります。乗用車や腕時計、眼鏡などは、その中間になります。もちろん、政治家や企業家、学歴という可視化された社会的地位や、田園調布や芦屋の高級住宅地に構える自宅もブランドになります。

出井ほどのブランド志向の人間が、ブランドとは何かに気づいていないのです。ブランドとは、他人との差別化のために、他人に見せつけるためのものなのです。装飾品のことなのです。バッグや財布、宝石、ベルトなど身に着けるもの、または自動車や家、愛人など、誰の目にも所有者がわかるものなのです。他人の目に見えない、家庭内に置くものに、ブランドは成立しにくいのです。

技術だけで企業は経営できません。感性だけで企業は経営できません。商魂だけで企業は経営できません。理性を技術で示し、感性をビジネスに活《い》かし、商魂で市場を開拓した盛田昭夫です。バランス感覚に優れていた盛田昭夫です。しかし、出井が初めて技術に口を出したクオリアには、技術も感性も商魂もありませんでした。

ソニーのビジネスの躓《つまず》きは、出井の自己顕示欲の強さと、無節操なブランド志向から始まっていたように思います。しかし、出井がソニーの改革と称して実行した愚策は、マスコミ全体から好意的に受け入れられました。そのマスコミが称えた愚策は、出井が独自に考え出した策ではありません。米国からの借り物の愚策なのです。

ソニーブランドはあり得ます。しかし、クオリアが高級品のソニーブランドなら、ほかのソニー製品は低級品のゴミなのでしょうか。企業名にブランドはあります。しかし、その企業が販売する製品にブランド品と非ブランド品を作ってはいけません。廉価版のグッチや廉価版のロ一レックスは存在しません。

売れる製品は、アイデアだけでは作れません。そのアイデアのなかに、他社が真似できない革新的な技術が盛り込まれていることが必要です。その技術が製品の骨格を支えているのです。技術の無い製品は八百屋の安売りの野菜のようなものです。本にたとえれば話題を呼ぶ週刊誌です。読んで考えて感動する文庫本とは違います。

かつてソニーが市場に出した製品は、「Research Makes the Difference」の標語どおり、すべてがクオリアでした。それなのに、他社と同等かそれ以下の製品をクオリアと銘打って売り出そうとするさもしい根性には呆《あき》れます。クオリアと銘打って発売した製品の製造金型発注に、そして人件費と工数に、どれぐらいの無駄があったのでしょうか。プロフェッショナル経営者を自称する出井は、その無駄をどれぐらい理解していたのでしょうか。

誰もが、いつでも、どこでも使う電子製品にブランドはありません。また、電子製品は寿命が短いのです。ベンツは一〇年たってもベンツだし、ルイ・ヴィトンは一〇年たってもルイ・ヴィトンなのです。日本人なら貧乏な人でも、ルイ・ヴィトンのバッグを買います。それはブランド（贅沢という満足）を買っているのです。

残念なことは、ソニーの技術者が出井の無駄遣いを止めることができなかったことです。可能性を追い求める技術者の遊び心と、投資効果がゼロに終わる経費の無駄遣いは違います。パソコンのＶＡＩＯ《バイオ》、ロボットのＡＩＢＯ、ゲームのＰＳ２は出井が世に出した製品ではありません。唯一、出井が世に出して、すぐに撤退した製品がクオリアなのです。

世界のマスメディアが期待した、一九九五年の出井ソニーの誕生。そのリーダーの出井は、二〇〇四年一月一二日発売の米『ビジネスウィーク』誌で「世界最悪の経営者」に選定されました。そしてソニーの業績不振の責任を取る形で二〇〇五年六月二二日に出井が会長を退任し、同時に事業不振からの再生計画の一環としてクオリアの開発停止が発表されました。

出井の会長退任後、二〇〇六年一月二六日に開催された業績説明会で、正式にクオリアの中止が発表され、二〇〇六年三月末で、ほとんどの製品の生産が終了しました。常識外れの値段をつけたクオリア製品は、数々の不具合を出し、わずか二年で終わった短命ブランドになりました。もし黒木靖夫がソニーにいたならば、間違いなく彼はクオリアの開発に反対していたと思います。

パワポ工業株式会社

パワポといえば俗称で、マイクロソフト社が販売するプレゼンテーション用ソフトウエア「ＭＳパワーポイント」のことです。文字表現機能だけでなく、作図機能や描画機能、動画機能にも優れていて、派手なプレゼンテーションを実現できます。そのパワポを操る術に優れているのがソニー社員です。いえ、厳密にいえば出世するソニー社員です。

製造業の仕事の主体が外注になり、ほとんどの社員が作業日程をいじくる仕事に専念するようになりました。そして作業日程情報を共有する会議が頻繁に開催されます。それは管理職が作業日程しか理解できていないからです。そうして書類づくりと会議が自分の仕事になってしまいます。パワーポイントを使えば、スケジュール表と組織図は美しく描けます。

何かのプロジェクトの最初には、役員を含めてその推進に錚々《そうそう》たる顔ぶれが名前を連ねようとします。そのプロジェクトが迷走し始めて、トップからの評価が得られなくなると、その顔ぶれの数がグングンと減っていきます。

ソニー内に権限と責任のない会議が増えています。ソニーの経営と執行の分離とは、技術と経営の分離のことです。会議の種類には、大きく分けて技術会議と経営会議の二つがあります。それに戦略という言葉を付けると、どんな会議でも格好良く見えてきます。

企業内では、よくＫＪ法やブレインストーミングによる会議が開催されますが、それは上に立つ者が自分の能力不足を隠すために使われることがほとんどです。現場がわからないから、自分に発想力がないから、他人の知恵を借りようとするのです。

ソニーには技術的な方針を決定する技術会議がありました。出井ソニーの技術会議は、文系の徳中暉久の監督下で、技術系の副社長の久夛良木《くたらぎ》健が仕切っていました。それなりに機能していたとは思うのですが、なぜ監督者が徳中なのかという疑問がありました。それはソニーの技術開発の動向を把握できなかった出井の思惑からだったと思います。

社内に技術の評価ができる人がいなくなると、当然、パワーポイントを使った目くらましが流行します。そうして技術書を読まずに、パワーポイント入門書を読む技術者が増えていきます。そうなると、社内の会議でパワーポイントを使用するプレゼンテーションが常態化している会社は危ない、ということになります。

もちろん、会議で問題を提起する責任のある担当者には発表の準備が必要になります。しかし、パワーポイントを駆使した立派なプレゼンテーション資料作成に、貴重な労働時間を費やす必要はないのです。そんなことに費やす時間があるのなら、本来やらなければならない業務に専念するべきでしょう。聞く人がまともであれば、発表者は問題の本質を説明するだけでよいのです。

パワーポイントを社内会議で使用する会社が多い理由は、現場を把握していない役員や管理職が多いからでしょう。説明すべき現場の問題を上の人たちが理解していないから、発表者はできるだけ派手な見せ方をしようとします。また、資料作成に時間を使うことが仕事だと思ってしまいます。会社の仕事とは何かを知らない若者なら仕方がないことでしょうが、それを正すのは上司の役目です。

言うまでもありませんが、会議は遊戯《ゆうぎ》や稽古《けいこ》の発表会ではなくて議論と決定の場です。次に「誰が、何を、いつまでにやるか」を決める場です。問題提起は「起・承・転・結」の「起」にすぎません。この部分に不必要な労力や時間を費やさなくてはならない状態にある会社は、その組織がすでにおかしくなっています。それは報告書でも同じです。派手な報告書の乱発は、会社が「外向き」ではなくて「内向き」になっている証拠です。

最近のソニーでは、外国人社員でさえもパワーポイントの描画機能にこだわるようになりました。パワーポイントの描画表現国際コンテストを開催したら、上位のほとんどをソニー社員が占めるのではないでしょうか。今のソニーでパワーポイントの使用を禁止すること——それだけのことで実際の仕事に取り組む時間が大幅に増えると思います。

会議や説明に使う膨大なパワーポイント資料作成に要する工数や人件費がどれぐらいになるのか、あまりにも巨額で想像ができません。概算すれば、たとえ紙の数が削減できたとしても、ソニー社員が作成するパワポ資料一枚あたりのコストは、人件費分で一万円を超えているのではないかと思います。行政が作成する調査報告書よりは、ずっと安いと思いますが……。

会議の内容が理解できない人は、会議運営の規則や細則にこだわります。ほかに自分が口出しできるところがないからです。説明資料の内容が理解できない人は、その外観を批判することになります。文字の大きさを批判したり、説明や結論が一ページ以内に収まっていないことを批判したりします。そんな軽い上司をパワーポイントでごまかしてはいけません。

見て捨てる書類と、読んで考える書類を区別しない人が増えています。パワーポイントに毒されて、考えるという習慣を忘れてしまい、文字や絵を見て流す人になってはいませんか。自分の成長に役立つ本を前にして、自分の未熟さゆえに理解できない内容や知らない用語を前にして、やれ長文だ、読みにくい、わかりにくい、と呟《つぶや》くとき、読者はすでに進歩から遠ざかっています。好奇心が旺盛で柔軟性に溢れる子どもは、決してそんな台詞《せりふ》は口にしません。

第八章　残された希望への道

日本の官僚や経済学者、それに日本企業の経営者や技術者には、クレイトン・クリステンセンのイノベーション本やマイケル・E・ポーターの競争戦略本の理論に傾倒する人がたくさんいます。しかし、現実の日本企業のビジネスにとって、日本と米国では産業、経済、社会などの構造が違い、米国発の単純なビジネスモデル理論はほとんど参考になりません。それは戦勝国の白人大国で通用する理論です。

経済学や経営学が栄えて、国や企業が亡びます。机上の空論を弄《もてあそ》んでいても、現実のビジネスは成功しません。日本企業が国際ビジネスへ参入するには、非戦勝国（敗戦国）だという日本の立場と、非白人（黄色人種）だという日本人の立場と、非主要言語（日本語）だという日本文化の立場——これら三つの理解が欠かせないのです。だから盛田は髪を白く染めて、つたない英語を一所懸命に話し、欧米の要人と交流を深めていたのです。

また、国際ビジネスが「技術的な競争」ではなくて「政治的な戦争」であることへの認識――言い換えれば「武力戦争」を回避した、ドライな「経済戦争」であることへの認識も、ウェットな日本人には不足していると思います。ドライな思考のツールには、日本語ではなくて、英語が必要です。米国の某大手自動車会社が重度欠陥に使う社内隠語は、ふつうの日本人が思いつくこともできないドライな言葉、「S」(Shield=隠蔽)なのです。

ソニーだけでなく、今日の日本企業のビジネス低迷は、技術開発やビジネスモデルだけで語れるような問題ではありません。第八章では、ソニー発展の歴史とソニーのこれからを三本の矢「技術開発、市場開拓、政治交渉」として総合的に捉えて説明していきます。

目標利益率一〇パーセントの愚策(TR60)

社員の業績評価にあたって、どんなに不条理であっても、評価される側に納得のできる口実を与えることが人事評価の基本です。評価される側がまったく納得できない評価をしてはいけません。どうしても妙な差別をするのなら、誰にも永遠にわからないように差別をすることです。

人事評価に基本はあります。評価する上司は、精一杯努力して部下の仕事を理解し、それから業績を評価しなければいけません。部下が提出した報告書を読んで、他人から得た評判を聞いて、部下の自分への諂《へつら》いに擽《くすぐ》られて、それで簡単に部下の仕事を評価してはいけません。

一九八五年から一九八六年にかけて、国内が円高不況に見舞われ、ソニーも大規模なリストラを進めました。ただしリストラといっても、本社の人間を子会社に移し、子会社の人間を解雇するという単純な手法でした。当時、人事本部のなかに能力開発部（能開）を設けて、多くの技術者を収容していました。自分の能力を自分で開発して、自分の足で自分の職を探して、どこでもいいから出て行きなさい、という趣旨の部署でしたが、まだソニー子会社での仕事があり、どこかのソニー関連事業所に潜り込むことができました。

しかし、二〇〇三年一〇月二八日に発表されたソニーグループ全体の六〇周年変革プラン、トランスフォーメーション60（ＴＲ60）は違いました。リストラ対象人員が多くて、受け皿がなくなっていたのです。

昔の能力開発部は、今のキャリア開発室として引き継がれています。近年、キャリア開発室に入るリストラ対象社員は「ＨＳ＝秘書庶務候補」、「ＳＫ＝再教育候補」、「ＳＹＳ＝社外出向候補」、「ＳＹＴ＝職種転換候補」などのほかに、「ＳＹＫ＝社内休職」、「ＴＳ＝単純作業」などに分類されています。単純作業とは、既存の紙の資料をＰＤＦファイルに電子化する作業のことです。

筆者には、いつまでも技術のソニーを守れと言うつもりはありません。すべての技術者の職を守れと言うつもりもありません。エレクトロニクス事業の縮小や売却も否定しません。すでに、そういう時代になっているからです。しかし、大勢の社員が技術のソニーに憧《あこが》れて入社しています。その個々の社員の心情を思い遣《や》ることなく、経営者の無策の結果、次々と社員を解雇するという行為を是認したくありません。

多くの経営者が、好況では人を増やして組織を拡大し、不況では人を減らして組織を縮小します。しかし、企業の危機意識は、絶え間ない日常的なリストラにあるのです。不況を理由にした大きなリストラは、企業経営者の無能と怠慢を意味します。出井ソニーから始まったリストラのさらなる問題点は、経営者が自分を取り巻く本社勤務の無能社員の多くを温存し、製造と営業の現場で必要な社員の多くを切り捨てたことです。

二〇〇三年四月のソニーショックの後遺症に悩まされ、薄型テレビへの出遅れで商品開発力の低下を世間から指摘されたていた出井ソニーは、二〇〇三年六月のクオリアプロジェクトの発表に続いて、TR60で利益率一〇パーセントの目標を打ち出しました。数パーセント台に低迷していたソニーの利益率を引き上げる数値目標の発表です。その具体策として、テレビ事業を標的にした構造改革が実施されることになります。

経営者は政治家ではありませんし、経済学者でもありません。数値目標を出せば、それは希望ではなくて達成しなければならない数値になります。実際、カルロス・ゴーンは、出井に利益率一〇パーセントが達成目標なのかと訊ねています。ただし、利益率は企業経営の効率を示すものではありません。単純な比較は禁物です。

異なる存在意義を持つ異業種の企業を利益率で比較することほどバカげたことはありません。営業利益率はS&Pやムーディーズの評価や企業の資金調達には影響するでしょうが、企業経営の実態を表すものではありません。そんな他人の評価に振られる経営者であってはいけません。

表24：出井時代のソニーの売上高と営業利益と営業利益率

年度	1997	1998	1999	2000	2001	2002	2003
売上高	67,610	68,041	66,866	73,148	75,782	74,736	74,964
営業利益	5,140	3,380	2,232	2,253	1,346	1,854	1,441
営業利益率	7.6%	5.0%	3.3%	3.1%	1.8%	2.5%	1.9%

＊単位：億円

一九八一年には一四パーセントだったソニーの営業利益率は、表24に示すように出井時代に減少の一途をたどり、ソニーの収益力が低下傾向にあることが、誰にも一目瞭然《いちもくりょうぜん》になりました。二〇〇四年度には一・六パーセントにまで下がっています。無節操な事業拡大計画と内外の大量社員採用、それが大きな原因でしょう。

ソニーも創業から数十年が経過すると、毎年、定期的に退職者が発生します。その数は一〇〇人から数百人程度だったのですが、二〇〇三年末から二〇〇四年三月にかけての希望退職者募集では、過去最高の退職条件が提示され、本社圏で二〇〇〇人ぐらいが辞めています。管理職の主な仕事は、後進を育てること、不要な人の首を切ること、この二つです。だから、リストラ自体が間違いなのではありません。しかし、退職特別加算金を五〇〇〇万円も払えば、必要な人でも文句を言わずに退職してしまいます。

日本語のリストラとは、事業縮小と人員削減のことになります。ソニーは、二〇〇六年三月までに国内社員を七〇〇〇人削減する予定でした。しかし、二〇〇四年三月二二日のＴＲ60進捗状況の発表では、同年三月までに約五〇〇〇人が早期退職制度などに応じて退職し、それにともない前年度に設定した一五〇〇億円の構造改革費用は、当初の計画より二五〇億円増えて一七五〇億円になったと発表しています。

その理由として、国内グループ各社で早期退職制度が実施され、人員の最適化が前倒しで実施されたとしています。結果の数字として、二〇〇三年度の計画による人員削減は二万人に達しました。このリストラが実施されたときの社長は安藤でしたが、指示を出していたのは紛れもなく出井でした。これで黒字になる……計算上はそうなっていました。

ソニーに君臨した大賀は、盛田に続いて会長職に就いて、ソニーの経営実権を長期にわたって握ろうとしました。しかし、それは米国の映画会社の赤字経営や監督問題で無理になりました。出井も大賀と同じように会長としてソニーに君臨し、経営実績を長期にわたって握ろうとしました。しかし、それはリストラのタイミングを間違えた結果の業績不振で無理になりました。

この最初の希望退職制度の適用は混乱を極めました。極端な例では、長年勤務した他社の勤務先から五〇歳を過ぎて退職金を貰ってソニーへ転職してきた人が、一年と少しソニーに在籍して高額の割り増し退職金を貰って、また他社へ転職していきました。年収五〇〇〇万円ぐらいに相当していたのでしょうか。本人は笑いが止まらなかったと思います。

二〇〇五年度から二〇〇七年度までの中期計画では、エレクトロニクス事業復活へのさらなる断行として、事業の縮小または売却で一万人の追加削減をして、二〇〇七年度末までに二〇〇〇億円のコスト削減をすると発表しています。また、ソニーグループの人員削減目標は、国内で四〇〇〇人、海外で六〇〇〇人としています。

さらに二〇〇八年一二月九日、ストリンガーは収益力が低下しているエレクトロニクス事業の立て直し策として、世界中で一万六〇〇〇人の人員削減を発表しました。これには正社員八〇〇〇人が含まれています。経営改善の具体策として、二〇〇九年度末までに複数の不採算事業から撤退し、国内外工場の約一割を閉鎖するとしています。また、半導体などの増産投資を見送り、設備投資を抑えるとしています。こうして生産拠点の人件費を含めて、固定費削減により年間一〇〇〇億円の経費削減を目指すことになりました。しかし、不採算事業が不要事業だとはいえません。

その後は数度の小規模な希望退職者募集があり、毎回、三〇〇人から四〇〇人ぐらいが辞めていました。そうしてリーマンショック後の二〇〇九年四月には、希望退職の対象が若年層にまで拡張されて、本社圏で九〇〇人ぐらいが辞めています。人事も狡猾《こうかつ》ですから、何度も新聞記事になった後は、人員削減の具体的な数値目標を発表しなくなり、その実態がわからなくなってきました。人員削減は人数（量）の問題ではなくて能力（質）の問題だと、やっと気づいたのでしょうか。

出井時代から始まったソニーの構造改革（従業員数削減のリストラ）策を具体的にいえば、二〇〇三年一〇月に発表された二万人の削減、二〇〇五年九月に発表された一万人の削減、二〇〇八年一二月に発表された一万六〇〇〇人の削減、それに二〇一二年四月に発表された一万人の削減と続いて、実に合計で五万六〇〇〇人になります。その間に、韓国サムスンとの液晶パネル合弁生産を解消して、シャープの液晶パネル工場への追加投資を取りやめて、戦略のないテレビ事業で無駄遣いを続けています。

早期退職制度では、応募者には通常の退職金に加えて、最大で基本給の五年分が加算金として支払われていました。それが問題でした。ふつう、リストラに際して、人事担当者と上司は、最大限度の努力をしなければいけません。つまり、退職者の家族への思い遣りを忘れずに、退職者本人の将来を準備しなければならないのです。

退職者の次の就職先の斡旋《あっせん》は、人事担当者と上司の責任です。そうすれば退職加算金を払う必要などありません。それがソニーの歴史でした。しかし、多額の退職加算金によるリストラは、人事の手抜きです。退職を指名された人の多くは、表では自分が指名されたことに怒っていましたが、裏では多額の退職加算金に喜んでいたと思います。

ただ、ソニーの退職制度は、どうも不透明な感じがします。重要な人が退職する場合、密かに退職金が上積みされているような気がするのです。たとえば、二月のある二週間に限って特別条件で退職募集があり、その情報が統括部長止まりで案内されていたような記憶があります。もちろん、一般社員には、その事実が知らされていません。だから、特定の個人を対象にした裏の制度だと思います。

また、同時期に退職金制度や年金制度の変更も計画されています。五五歳で受け取っていた退職金を計算はそのままで六〇歳支給にしています。したがって、五五歳で支給された退職金の六〇パーセントを年金原資にして年利五パーセント強で運用する制度も変更され、年度ごとの個人の成果に基づいて、その年度の退職金相当額を決めて、その金額を前年までの退職金額と合計して、年利三パーセント程度（長期国債利率）で運用するという方法になりました。

表25：早期退職加算金例（2009年）

勤続10年以上のVB対象者	
満40歳未満	3000万円
満41歳未満	3200万円
満42歳未満	3400万円
満43歳未満	3600万円
満44歳未満	3800万円
満45歳から54歳	4000万円（44歳がピークで200万円加算と推定）
満55歳から59歳	4000万円×{(60歳－満55歳以降の在籍月数）／60ヵ月分}
勤続10年以上のCG1対象者	
満35歳	基本給の30ヵ月分
満36歳	基本給の34.8ヵ月分
満37歳	基本給の39.6ヵ月分
満38歳	基本給の44.4ヵ月分
満39歳	基本給の49.2ヵ月分
満40歳から54歳	基本給の54ヵ月分
満55歳から59歳	基本給×54×{(60歳－満55歳以降の在籍月数）／60ヵ月分}

他人から預かった金を運用する事業は、すべてが無責任であり、その実効と結果を期待するほうが間違っているのでしょう。二〇〇五年ごろには、退職金を全額現金で受け取る社員が増えていましたし、会社側もそれを容認するようになっていました。

参考までに、テレビ事業関連で働く社員を主な対象にした、二〇〇九年の早期退職加算金例を表25に示します。勤続一〇年以上のバリューバンド（ＶＢ）該当者と、同じく勤続一〇年以上のコントリビューショングレード１（ＣＧ１）該当者が対象者になります。以前は五五歳が満額の最高で、約五〇〇〇万円になっていました。ここでは五五歳直前が四〇〇〇万円で、それ以降からは徐々に減額になるように工夫《くふう》されています。

二〇〇四年ごろのソニー社内の規律は大きく乱れていました。二〇〇四年二月二日には統括部長以上にあてて、業務執行役員常務でＴＲ60推進室の大根田伸行から「ショー・コンベンション関連参加者厳選のお願い」という文書が出されています。

通信やエレクトロニクスに関する世界的なショーやコンベンションの開催頻度は、年間一〇回を超えます。それに大勢のソニー社員が物見遊山《ものみゆさん》で出かけるのです。その大根田がどれくらい海外出張をしていたか、筆者にはわかりません。

たとえば、二〇〇三年度の米国最大の家電展示会ＣＥＳの参加者は約四〇〇〇人、イラク戦争下のＣｅＢＩＴ（ドイツのハノーファーで開催される世界最大級のコンピューターエキスポ）参加者は一〇〇人を超えるとされます。この削減目標は五割だとされていますが、その結果はフォローされていません。

ソニーの社員はマイレージを貯めるのが好きです。日本の航空会社にとって、当時からソニーは良いお客さんだったと思います。統括部長以上の航空券はビジネスクラスかファーストクラスです。この通達を受けた統括部長自身のほとんどが物見遊山で出かけているので改善されるはずがありませんし、一人当たりの出張費が平均五〇万円だとすると、一回のコンベンションの社員渡航費が二億円になります。

本社から管理職クラスが海外出張や地方出張してきたら、現地の子会社の社員と会食するのは当然で、その費用は現地持ちになります。それで海外出張日当を浮かす社員ばかりになっていました。さすがに人事も問題だと思ったのでしょうか。海外出張手当が下げられて、食費も領収書を必要とする実費払いになりました。いちばん困ったのは航空会社のラウンジを使い、食事付きのビジネスクラスで海外渡航していた部長クラスだと思います。

当時は子会社も、乱れに乱れていたように思います。ソニー本社から子会社の社長に出向した社員を、ソニー本社が管理できなくなっていたからです。毎日のように行われる、内輪の接待が常態化していました。本社から派遣されている子会社の上層部は、本社から目が届かないから無法地帯で遊んでいるのではありません。本人が子会社の運営を真剣に考える人ではないから、自由にしている、というのがその理由です。

本社から誰かが子会社を訪問して形式上の仕事を終えると、夜には高級料亭で一次会が開かれます。そして二次会はもっとくだけたところになります。それを楽しむのは、本社からの訪問者と子会社へ出向している本社系の人間です。子会社のプロパー社員にも、本社から出向した子会社上層部の太鼓持ち《たいこも》ちになるのなら参加が許されます。

会議やイベントを海外で開催すると、それに随行する太鼓持ち社員の出張コストが数百万円に上ります。上に倣えという大合唱だったのでしょうか、出張先での社員どうしの社内接待を考えたら、何のために出張させているのかわからない例がほとんどだったと思います。その規律の乱れは一九九五年から始まり、二〇〇〇年を超えてものすごく社内で目立つようになりました。

ソニーグループ内の子会社には、一〇〇円の金も自由に使えない職場があります。仕事に必要な測定器でさえも買えない職場があります。一九七〇年代に筆者は欧州に駐在していましたが、その二年間の駐在で日本へ帰国したことは一度もありません。本社との通信はすべてテレックスで、通話料が高い黒電話を使ったのはたった一度だけです。それでも仕事はできました。

アップルとグーグルに負けたソニー

なぜ、ソニーはｉＰｏｄ《アイポッド》を造れなかったのでしょうか。その答えは単純です。当時の出井会長と安藤社長が造らなかったからです。ただし、ソニーが造ろうとしても、アジアの一国に立地する企業が、米国のアップルやグーグルと同じ事業を国際展開することは難しいと思います。

ソニーの本業のエレクトロニクス製品開発が主体の事業と、アップルやグーグルが得意とするエレクトロニクス製品組立てとネットワーク配信が主体の事業は、互いにビジネスモデルが違います。ソニーでは、事業の主軸が製品開発に置かれます。一方、アップルやグーグルでは、事業の主軸が製品販売とネットワーク展開に置かれます。

ソニーは、ネットワーク配信ビジネスをエレクトロニクスとエンタテインメントの中間ビジネスだと勘違いしてしまったのでしょう。ソニーはアップルやグーグルと共同ビジネスをするか、それらの企業を買収することを考えるべきだったのです。実際に、ソニー内ではアップル買収の話が何度も浮上していました。

二〇〇一年一〇月二四日、出井が会長で安藤が社長の時代に、Macintosh専用のデジタルオーディオプレーヤーとして最初のｉＰｏｄが発売されました。ソニーが開発したミニディスク（ＭＤ）を対象に、アップルは日本で「Goodbye MD」というキャッチコピーを使い、ＭＤ市場からのシェア獲得を目指しました。

ｉＰｏｄは「ｉＴｕｎｅｓ《アイチューンズ》のライブラリーに収めた音楽を外へ持ち出す」というコンセプトで開発されています。つまり、「ｉＴｕｎｅｓの存在が前提条件」である点が、先行していたＭＰ３などのデジタル音楽プレーヤーとは異なります。ただ、初期製品はケースや電池などの劣化が激しく、大きなクレームになっていました。製品を修理しないというアップルの方針はわかるのですが、その現実の顧客対応は今でも疑問です。

ともかく、ｉＰｏｄはｉＰａｄ《アイパッド》の発売との相乗効果で、少しずつ進歩しながら日本での市場を拡大しています。ソニーはネットワークビジネス進出で後手に回っていますが、社長が「ネットワークでつながったデバイスで何かをしなければいけない」と言っても、５Ｗ１Ｈを確定した具体的な指示が社長本人にできなければ何も始まらないのです。

また、アップルのｉＰｈｏｎｅ《アイフォーン》技術開発部隊は四〇人で、製品組立てはＥＭＳに外注しています。一方、モトローラやエリクソンという企業の技術開発部隊は数千人規模でした。今の時代に即した事業体制という意味で、すでにアップルに遅れをとっていたのです。

欧州のフィリップスと米国のＩＢＭは、対中国ビジネスで特に大きな問題は起こしていません。また、米国のマイクロソフトやインテルも、一時的に摩擦を起こしましたが、米国の力でそれを抑え込みました。ところがアップルは、ｉＰｏｄ／ｉＰａｄ商標問題で初めて中国との政治交渉（取引）の必要性に気づいたような気がします。アップルの政治的な活躍は、これからの課題になるのでしょう。

ＢＤ（ソニー）対ＨＤ ＤＶＤ（東芝）の闘い

数年前の話ですが、ソニーとパナソニックが推すブルーレイディスク（ＢＤ：Blu-ray Disc）と東芝が推すＨＤ ＤＶＤのフォーマット（規格）獲得競争による市場争奪戦がありました。両方とも次世代ＤＶＤとして登場した規格です。結果はＢＤ側の勝利で終わりました。それでは、両者の六年戦争（規格競争）を振り返ってみましょう。

火種

日本企業間の電子製品規格競争は、過去に何度も発生しています。五〇年以上前のことですが、国内でオープンリールのビデオテープレコーダーが発売されました。しかし、その時代のビデオ規格は工業団体でまとめられて、特別に目立つような規格競争はありませんでした。企業間の規格獲得競争が一般に知られるようになったのは、カセットビデオの規格で、日本ビクターが開発し松下電器（パナソニック）が支持したビデオホームシステム（ＶＨＳ）と、ソニーが開発したベータマックス（Betamax）の市場争奪戦のときからです。

その後、カセットビデオ規格競争の敗者になったソニーは、フィリップスと手を組んで記録媒体を磁気テープから光ディスクへと変えていきます。その代表格が今も広く使われているコンパクトディスク（ＣＤ）です。ＣＤは音楽録音専用だったのですが、この規格を発展させて映像録画にも流用しようとしたのが、ＭＭＣＤになります。ＭＭＣＤ規格はＣＤ規格の延長線上にありましたが、それに対抗して東芝が開発したのがＳＤで、その発展形がＤＶＤになります。

ＤＶＤは東芝主導で二〇〇社を集めるＤＶＤフォーラム（DVD Forum）で合意された堅固な規格です。やがてＤＶＤは、ＶＨＳに代わる記録媒体になっていきます。しかし、ビデオテープや光ディスクのフォーマット開発企業として知られているソニーとして、この流れは決して心地よいものではありません。したがって、ソニーは自社主導の次世代ＤＶＤ規格の早期市場投入を考えることになります。一方、ＤＶＤを推す東芝は当然、自社開発規格の延長維持またはその発展規格の導入を考えることになります。

ＢＤの開発と実用化には青色レーザーダイオードの開発が必須です。一九九〇年代、ソニーはすでに独自で青紫のレーザーダイオードの開発を進めていましたが、それを加速させたのが日亜化学です。日亜化学と組んだソニーは、二〇〇一年末には青色レーザーダイオードの実用化を急いでいました。

当時はＤＶＤレコーダーが発売された全盛期でしたが、ＣＤの延長線上でビデオ録画機を考えていたソニーは、東芝のＤＶＤ開発に遅れを取り、ＤＶＤを販売しながらも何とか早期の起死回生を狙っていたのです。たぶん、これはＤＶＤで遅れを取ったパナソニックも同じ考えだったと思います。パナソニックにフォーマット開発企業としての輝かしい歴史はありません。

国内市場で規格競争の主導権を握るには、パナソニックとの協力関係構築が欠かせません。良く言えば中立的で、悪く言えば日和見主義のパナソニックを引き入れることで、その規格競争の大勢が決まってしまいます。

当初、ＤＶＤの国内市場導入は、製造業どうしの市場争奪戦として始まりました。映画を録画した再生専用ディスク（ＲＯＭ）としてＤＶＤパッケージが大量に売れるまで、ハリウッドは映画パッケージビジネスのうまみに気づいていなかったのです。しかし、次世代ＤＶＤ規格競争では様相が一変し、ビジネスのうまみを知るハリウッドが主導権を握ろうと企んでいました。

開戦

二〇〇二年二月一九日、ソニーや松下電器（パナソニック）など日欧韓の九社を集めて、ＢＤＦ（Blu-ray Disc Founders）が誕生しました。このＢＤＦは後にＢＤＡ（Blu-ray Disc Association）へと改組されていきます。東芝はＢＤＦ誕生の前日夜中まで続いたソニーとパナソニックの説得に応じず、ＢＤＦへの参加を見送りました。その理由は映像系の光ディスクフォーマット、特にポストＤＶＤのフォーマットについては、ＤＶＤフォーラムで議論すべきことだと東芝が理解していたからです。

ソニーとパナソニックがＢＤＦに提案した規格は、青紫レーザーを使った最大記録容量27ギガバイト（ＧＢ）の光ディスクレコーダー規格でした。ＢＤは青紫レーザーを使うので、どうしてもデバイス開発先行企業の日亜化学とＮＤＡ（守秘義務契約）を結んで、実用段階の青紫レーザーダイオードを入手しなければなりません。

ＮＤＡは企業間のクローズドな話し合いの合意です。ところが、ＤＶＤフォーラムは光ディスクの技術

表26：DVDと次世代DVDのフォーマット比較

	現行DVD	HD DVD	Blu-ray Disc
種類（再生専用）	DVD-ROM	HD DVD-ROM	BD-ROM
ディスク直径	120 mm	120 mm	120 mm
保護層厚	0.6 mm	0.6 mm	0.1 mm
記録容量（片面／両面）	4.7 GB/8.5 GB	15 GB/30 GB	25 GB/50 GB
レーザー波長（色）	650 nm（赤）	405 nm（青）	405 nm（青）
レンズ開口数	0.65	0.60	0.85
転送レート	10.080 Mbps	36.550 Mbps	53.948 Mbps
トラック間隔	0.74 μ m	0.40 μ m	0.32 μ m

検討をするオープンな会議体であり、光ディスク全般の国際標準化を審議する組織ではないのです。すなわち、オープンな組織のDVDフォーラムとして、青紫ダイオードを使った技術を扱うことは難しかったのです。

HD DVDの原型は、AOD（Advanced Optical Disc）として紹介されていました。BDF発足後には、保護層の厚さの違い（〇・一ミリと〇・六ミリ）で二つの規格化作業部会がDVDフォーラムにおいて発足し、そのなかから〇・六ミリ保護層案としてNECが開発していた技術を元に提案が行われました。技術的に進んでいたNECは、BDF発足前にソニーとの提携を打診しています。それをソニーが断った最大の理由は、歴史的なフォーマット開発企業の自尊心だったと思います。

ハリウッドが必要としていた当時のROMディスク（再生専用）のフォーマット比較を表26に示します。

その後、二〇〇三年にソニーから初のBDレコーダーが発売され、東芝とソニーは本格的な規格競争に突入していきます。ただし、どちらも市場での勝利に確信を持てていなかったと思います。構成メンバーの基盤が強力かつ堅固なDVDフォーラムの旗手として、着々と成功体験を積み上げていく東芝と、業界大手のパナソニックと組むソニーの両者です。深手を負わないためには、どうしても両者の歩み寄りによる規格統一が必要になります。ベータマックス敗戦のトラウマを抱えるソニーは、その必要性と自社の劣勢を十分認識していました。

伏線

HD DVD規格は、二〇〇社以上の企業で構成されるDVDフォーラムにおいて、現行DVDを継承する次世代DVD規格として策定されたものです。ソニーにとって東芝は強敵です。その相手との交渉には取引材料がいります。それがハリウッドの映画会社の規格支持です。

次世代DVD規格の光ディスクによる大量の映画供給——それが競争の勝敗の行方を左右していました。したがって、このフォーマット獲得競争の主要企業は、技術を開発した日本企業ではありませんでした。その主役はハリウッドの映画会社だったのです。

その主役のなかでも核となっていたのが、ディズニーとユニバーサル、ワーナーの三社です。ソニーはハリウッドに独自の映画会社SPEを持っています。しかし、ワーナーは従来から東芝寄りの会社でした。特にDVD時代から東芝の盟友でもあったワーナーには、DVD時代に活躍した東芝OBも副社長に名を連ねていたからです。そこでソニーの狙いは、まずディズニーに絞られました。

この規格競争の勝敗には、DVDでビジネスに目覚めたハリウッドの思惑が絡むことが明確でしたが、その競争は始まったばかりでした。そうして二〇〇四年一月、米国最大の家電展示会CESで、ソニーはBD規格の再生装置の試作機を展示しました。東芝はDVDフォーラムが承認したHD DVD-ROM規格に準拠する再生装置を展示しました。それはハリウッドの映画会社が、ＤＶＤ同様に確固たる次世代ＤＶＤ規格の再生専用機を必要としていたからです。

ＢＤ陣営の作戦は、ＰＳ３にＢＤプレーヤーを搭載することと、同時にＰＣ用途の記録型（ＲＡＭ）を先行させてマイクロソフトやインテルを仲間に取り込むことだったと思います。一方、ＨＤ ＤＶＤ陣営の作戦は、再生型（ＲＯＭ）を先行させてハリウッドの映画会社を取り込むことだったと思います。つまり、ＨＤビデオパッケージ市場を速やかに採算ベースに乗せられる技術として、ハリウッドがＤＶＤと親和性が高いＨＤ ＤＶＤを選ぶことを期待していたのでしょう。

映画のパッケージ販売価格は、ＢＤであろうとＨＤ ＤＶＤであろうと、映画会社の価格戦略の観点から市場ではほぼ同じになります。ただし、映画会社にとっては、ビジネスとして成立しやすい規格が重要です。当時の光ディスクパッケージのディスク複製、ケース、各種印刷物などを含むトータルコストは、ＢＤが四八〇円ぐらいでＨＤ ＤＶＤが三八〇円ぐらいだといわれていました。すなわち、次世代ビデオパッケージ市場に参入するには、一般論でいえばＢＤのハードルが高かったのです。

ディスク製造の歩留《ぶど》まりやコスト問題は、ディスク製造業者の問題であり、ハリウッドの問題ではありません。フォーマット支持を取引条件に、ソニーがハリウッドの某映画会社と締結したディスク供給条件を次ページの表27に示します。数量は年度ごとに増えて、価格は年度ごとに下がっています。

面子《メンツ》にこだわる出井ソニーにとって……特にソニーショック以降、評判を落とし続けている出井にとっ

表27：ソニーがハリウッドの某社と締結したディスク供給条件の一例

納期と量（最低保証）	
2006年	100 万枚
2007年	1000万枚
2008年	3000万枚
2009年	5000万枚
2010年	9000万枚
2011年	1 億4000万枚
2012年	2 億枚
2013年	2 億5000万枚
2014年	3 億1000万枚
2015年	3 億7500万枚

記憶容量別の価格（最低保証）		
2006年	25 GB（70セント/100円）	50 GB（80セント/115円）
2007年	25 GB（55セント/ 80円）	50 GB（65セント/ 95円）
2008年	25 GB（45セント/ 70円）	50 GB（55セント/ 85円）
2009年	25 GB（40セント/ 60円）	50 GB（50セント/ 75円）
2010年	25 GB（40セント/ 60円）	50 GB（50セント/ 75円）
2011年	25 GB（40セント/ 60円）	50 GB（50セント/ 75円）
2012年	25 GB（39セント/ 59円）	50 GB（50セント/ 74円）
2013年	25 GB（39セント/ 59円）	50 GB（50セント/ 74円）
2014年	25 GB（39セント/ 59円）	50 GB（50セント/ 74円）
2015年	25 GB（39セント/ 59円）	50 GB（50セント/ 74円）

て、自己のポジション延命のためには絶対に負けられないフォーマット獲得競争です。そこでソニーは大きな決断を下しました。ディズニーのBD陣営への取り込みです。

それは、東芝を相手に「肉を切らせて骨を断つ」という決断ではなくて、ハリウッドを相手に「骨を断たせて自滅する」という決断の始まりだったのです。ただし、ディズニーの絶対的なBD支持表明は、東芝とのフォーマット統一交渉に臨むソニーにとって、どうしても欠かせない材料でした。

二〇〇四年一〇月、パッケージビジネス推進へ向けてBDFがBDAに改組され、映画会社二〇世紀フォックスがBDAへの参加を表明しました。一方、同年一一月末、HD DVD陣営がハリウッド四社からの支持獲得を発表しました。戦況は目まぐるしく変化します。

ハリウッドの映画会社にとって、似て非なる製品の規格競争よりも、映画を供給するために自社が購買する光ディスクの「価格、数量、納期」が重要になります。二〇〇四年一二月六日、ソニーはディズニーと「Non-Exclusive Support and Manufacturing Agreement」を締結します。その締結書の要《かなめ》はBDフォーマットの排他的な支持（Support）ではなくて光ディスクの製造供給（Manufacturing）の保証です。その三日後の一二月九日、ソニーが描いた筋書きどおり、ディズニーがBD支持を表明しました。こうして、ソニー側がディズニーの支持を得て、東芝側がワーナーの支持を得て、泥沼の規格競争は熾烈《しれつ》を極めていくことになります。

交渉

ソニーに続いてカンパニー制やシックスシグマを導入した東芝には、本社系の部門のほかに研究開発センター、電力システム社、社会インフラシステム社、セミコンダクター社などがあります。次世代光ディスク規格統一化の交渉の表舞台に立ったのが、二〇〇三年に東芝セミコンダクター社から東芝デジタルメディアネットワーク（DM）社に異動した藤井美英です。

藤井は法務畑の経歴を持ち、企業提携交渉などで実績を残しているといわれています。したがって、東芝優位の規格統一を念頭に一連の交渉に挑んでいたと思います。二〇〇三年には、当時のソニー副社長だった久夛良木《くたらぎ》健に規格統一を打診し、規格統一交渉のソニー窓口が当時のソニー執行役常務の西谷清に任されました。

ただし、東芝のDVD開発の歴史を語るとき、その功労者の山田尚志の名前を挙げないわけにはいきません。東芝のＤＶＤ開発が世間を賑わせていた時代のことですから、もう二〇年近く前になるでしょうか。筆者の手元に残る彼の名刺には、記憶情報メディア事業本部ＤＶＤ技師長と印刷されています。名刺交換は、約二〇年前の欧州でのことです。やがて彼はＤＶＤビジネスの功績が認められて、東芝上席常務待遇ＤＭ社首席技監へと昇進していきます。

ソニー・パナソニック連合と東芝の意見の食い違いは、表層的には保護層の厚みを〇・一ミリにするか、〇・六ミリにするか、の選択の問題だったと思います。ソニーとパナソニックは、自社が主張する厚みにこだわっていましたが、東芝の経営陣は保護層の厚みにはこだわらないという立場でした。それまでの自社の立場に固執せずに、双方がどこかに妥協点を見出すということだったのでしょう。しかし、それは現場を知る東芝のメディア技術陣の考えとは違っていたと思います。当事者のソニーでさえも、先の見えない〇・一ミリの技術の安定化に試行錯誤を続けていたのです。

ＤＶＤフォーラムやＤＶＤ市場における東芝の力を認めていたソニーは、このフォーマット戦争に疲弊《ひへい》していました。しかし、東芝も規格統一に熱心であり、誰もがフォーマット戦争による混乱を避けたいと願っていたのも事実だと思います。ところが、この交渉は予想以上に長引きました。原因は二つです。一つは東芝に山田という成功体験を積んだ人がいたことです。もう一つが、均衡状態になったハリウッドの映画会社の取り込みです。

時間の経過とともに、国内企業どうしの単純なフォーマット戦争が、ハリウッドの映画会社をバックにした複雑なソフトウエアビジネス戦争に変質していきます。エレクトロニクスや自動車の部品メーカーが、完成品メーカーの経済的な奴隷になっていくのと同じことで、結局、日本の光ディスク装置完成品メーカーも、ハリウッドの映画会社の奴隷となっていったのです。

拮抗

次に迎えた大きな山場が、ソニー、パナソニック、東芝の代表三者による規格統一交渉です。二〇〇五年四月一日のことです。有楽町の日本インテル本社に、東芝、パナソニック、ソニーの光ディスク事業推進責任者が集まって、規格統一の可能性に向けた話し合いをしました。東芝は藤井美英、パナソニックは津賀一宏、ソニーは西谷清の三人です。場所を提供した仲介役のインテルは席を外しました。

そうして物理規格はパナソニック・ソニー寄り、信号処理は東芝寄りで、一応の合意案への収束が見られたのです。それは今までの両者の規格を一度リセットし、BDとHD DVDを融合させた新規格による一本化です。これら三者ともが思慮深い大人だったからこそ、市場の混乱を避けて、すでに販売中または開発中の製品規格を引き下げるという苦渋の決断を受け入れようとしたのでしょう。

しかし、東芝内部は一枚岩ではありませんでした。東芝内部の公式な結論が出ないまま、やがてソニーとパナソニックが大きく譲歩した交渉の内容が、ソニー優位としてリークされます。一部の新聞には「近く、ソニー規格で統一」と報道されました。誰がリークしたのでしょうか。規格統一を焦っていたソニーから、それも西谷の知らないところからではないかと筆者は想像するのですが……。

マスコミの一社だけが先行して報道する大きな話題は、リークではなくてヤラセです。電話会社に不祥事があれば、その不祥事が金曜日に小さく新聞発表されて、土曜日には電話会社の一面広告が新聞に掲載される――それが常識です。どこかの組織が新聞に見開き一面の広告を出したなら、それは不祥事隠蔽《いんぺい》のマスコミ工作――それが常識です。

ほんとうの不幸は、ＢＤ側の提示した技術データを評価する東芝技術者が、〇・一ミリ保護層のディスクを量産不可能だと強く主張したことにあるのでしょう。ソニーにおいて関連技術が成熟していなかったということもありました。東芝はＢＤ側のディスク量産が難しいと判断し、それがハリウッドの映画会社への負の訴求力になると考えたのでしょう。

それに加えて、規格統一案に向けて譲歩しなくても、東芝の技術陣には勝ち目を確信させるものがあったと思います。それはＤＶＤ規格化を主導して成功させたという成功体験です。また、ベータマックスとＶＨＳのフォーマット戦争でソニー側につきながら、ソニーの主導力不足で痛い目にあったという失敗体験です。

転向

二〇〇五年四月二一日、『日本経済新聞』は一面トップで大々的に「次世代ＤＶＤ統一へ」と報じています。しかし、この話し合いはもの別れに終わりました。こうして二〇〇五年の冬にかけて、ソニーと東芝は相手の出方を探り合いながら、泥沼のフォーマット戦争に突入していきます。この二〇〇五年前後の両者の動きを少し詳しく説明しましょう。

データ記録をＢＤの主要アプリケーションの筆頭に置くソニーを相手にして、ＨＤ ＤＶＤを推す東芝は、マイクロソフトやヒューレット・パッカード（ＨＰ）を次々と仲間に取り込んでいきます。四月にはワーナーがＨＤ ＤＶＤソフトにマイクロソフトのデータ圧縮方式ＷＭＶ９（ＶＣ-１）の採用を表明しています。そうして、九月にはマイクロソフトとインテルが、デジタル家電とＰＣの両分野で協調を強化するとしてＨＤ ＤＶＤ支持を表明しています。光ディスクの国際標準化は、もともと米国主導ですが、歴史的にＨＰが主導権を握っていました。

当時のマイクロソフトは唯我独尊型の企業で、国際標準化や国境を越えたビジネスアライアンスに関して素人《しろうと》に近い陣容でした。そこでマイクロソフトは規格競争ベテランのＨＰやＩＢＭを利用します。米国のＨＰ本社には、マイクロソフトとのアライアンスを専門にする部署もありました。それに加えてインテルも東芝陣営に参加することになったのです。そこにはゲーム機へＢＤを搭載して大量生産を狙うソニーと、パソコンにＨＤ ＤＶＤを搭載してソニーに対抗しながら大量生産を狙う東芝の思惑が見えます。

映画スタジオに関しても、東芝はＨＤ ＤＶＤへの鞍替《くらが》えに自信を持っていた節があります。すでにパラマウントは、ＨＤ ＤＶＤ陣営に一本化すると発表していました。おそらくワーナーがＨＤ ＤＶＤで一本化すれば、この規格競争の結果は逆になっていたでしょう。二〇世紀フォックスも、もしワーナーがＨＤ ＤＶＤ支持に回ったならば、ＨＤ ＤＶＤでビジネスをするつもりだったと思います。

一方のソニーは二〇〇五年八月ごろから、頑固なユニバーサルではなくて、商売巧者のワーナーを攻めることになります。それはワーナーが信念で動く会社ではなくて、取引条件しだいで動く会社だと理解していたからです。ワーナーと違いユニバーサルは、東芝がHD DVD撤退を表明するまで一貫してHD DVDを支持していました。安価かつ大量にコンテンツを供給する上で、映画スタジオにとってHD DVDのほうがよいと考えていたからでしょう。

二〇〇五年一〇月二一日、当初はHD DVD規格のみに賛同していたワーナーが方針を転換し、二つの方式を併用することにし、BDAへの参入を表明しました。それは傷口を最小限度に小さくするために、東芝が今一度、HD DVDビジネスを再考すべき時期だったのです。このとき、焦る東芝はビジネスの鉄則を忘れています。どんな交渉でも、相手の言葉を信じないこと、相手の行動だけを信じること、すなわち二兎《にと》を追う者を味方だと信じてはいけないという鉄則です。

二〇〇六年三月三一日、東芝は初代HD DVDプレーヤー「HD-XA1」を発表しました。ワーナーを確実な味方にしたと勘違いした東芝は、多数のハリウッド映画会社に支持された自社陣営が有利と見てHD DVDの販売に踏み切り、パナソニックとソニーを相手にどちらかが倒れるまで戦うという熾烈な規格競争に突入していきます。

誤算

三菱、日立、東芝の重電三社のなかにあって、ただ一社、果敢に国際的な新規ビジネスに挑戦する東芝です。筆者は、そのリスクテイカーとしての姿勢を尊敬し、その将来を信じて応援しています。

二〇〇六年当時、筆者は東芝の技術者に、HD DVD優位の世界を目指すなら中国を利用するべきだと何度か言ったことがあります。その結果かどうかは知りませんが、東芝は中国発のＣＨ‐ＤＶＤ規格をＤＶＤフォーラムの認定規格にしています。

これは中国専用のＨＤ ＤＶＤといえるもので、一部に中国の技術を取り入れています。中国の技術を盛り込むことで中国政府の支持を受け、将来的に大量の消費が見込まれる中国市場でスケールメリットを出そうと考えたようです。さらにＨＤ ＤＶＤの技術移転を進めて、中国メーカーにＨＤ ＤＶＤプレーヤーやＣＨ‐ＤＶＤプレーヤーの生産を委託して中国企業と関係強化を図り、最終的に特許ビジネスで利益を出そうとしたものでしょう。

しかし、この戦略は失敗します。東芝がプレーヤーの実売価格を一〇〇ドルぐらいに下げてしまい、低価格を武器にする中国メーカーの市場参入の余地がなくなってしまったのです。

終戦

消費者にとって、規格統一は望ましいことです。複数の競合企業が存在する場合、業界団体で一つにまとめることになります。また、それは業界で一社が極端に強い位置にあれば可能なことです。しかし、この規格競争はまとまることなく決裂という結末を迎えます。

欧米のビジネスマンは、日本人以上に自己保身について敏感です。重要なことは自身の収入であり、決して会社の成長ではありません。市場の現況を参考にしながら、二〇〇七年八月から本格化したソニーとの交渉の結果、同年一二月、ワーナー経営陣はＢＤ一本化の決定を下します。二〇〇八年一月の米国家電展示会ＣＥＳでワーナーとの提携発表を予定していた東芝は、その事実を知りませんでした。

そうして、二〇〇八年一月四日、ワーナーはＣＥＳで予定されていた東芝との提携発表をキャンセルしてしまい、ＨＤ ＤＶＤ規格によるコンテンツの提供を止めて、ＢＤ規格に一本化する意思を明らかにしました。それに倣って、米国のベストバイやウォルマートなどの小売りも、次々とＢＤ規格への一本化を表明していきます。

二〇〇八年二月一九日、代表執行役社長の西田厚聰の決断をもって、東芝は同年三月末でのＨＤ ＤＶＤ事業終息を発表しました。同年一月のＣＥＳにおけるワーナーの寝返りにより、事業戦略を総合的に検討し直した結果だと思います。二〇〇八年二月までに東芝が出荷したＨＤ ＤＶＤ機器は約一三〇万台になります。それから一年が経過し、二〇〇九年になって東芝もＢＤＡに参加し、ＢＤの販売に踏み切りました。以上が六年戦争の簡単な顚末記です。

耐えがたい屈辱

東芝のＨＤ ＤＶＤとソニーのＢＤの規格競争は、かつてのソニーのベータマックスとパナソニックのＶＸ２０００の規格競争を彷彿《ほうふつ》とさせます。子会社の松下寿電子が製造するビデオレコーダーＶＸ２０００を推していた松下電器（パナソニック）は、形勢不利だとみるやすぐに事業から撤退し、日本ビクターが開発したＶＨＳに鞍替えしました。引き際が見事だったのです。
二〇〇三年にＢＤを市場投入したソニーは、それ以来、業界を二分してライバル規格のＨＤ ＤＶＤと競争してきました。これはＶＨＳとベータマックスの競争と同じパターンの再現です。ただ、ビデオレコーダーの例と違って、規格競争の優位性にはハリウッドの映画会社との連携が不可欠でした。すでに家庭用録画装置にとって、映画やスポーツなど、娯楽コンテンツが重要なことは誰もが認識していたのです。

ＤＶＤフォーラムやＢＤＡなどの民間組織は、規格化を話し合う技術審議の場ではなくて、自社に有利な技術を規格に入れ込むための政治交渉の場です。そこで成功すれば、半導体開発やソフトウエア開発で先行できるし、特許料でも有利になります。日本企業どうしの規格化競争は、関係する企業どうしの消耗戦になります。それが純粋な企業間の戦いなら、それでもまだ問題が少ないのですが、その様相が最近では変わってきました。

この規格競争は、ソニーにとって非常に厳しいものでした。なぜなら、マイクロソフト、インテル、ＨＰなど、当時のＩＴ産業を代表する米国企業がＨＤ　ＤＶＤ規格に賛同していたからです。勝てば官軍と言いますが、ビジネスの勝利は規格競争にあるのではなくて最終的な収益競争にあるのだ、ということを忘れていないのがマイクロソフトです。

当時のマイクロソフトは、ＩＴ分野へ進出するという出井ソニーの言葉に恐怖を抱いていたように思います。ソニーの実力と実態を知らなかったからでしょう。しかし、ソニーと包括的な特許ライセンス契約の交渉をするころになると強気になってきます。

それに加えてハリウッドの映画会社も、ＨＤ　ＤＶＤ陣営側とＢＤ陣営側に二分されて熾烈な競争をしていました。そこで最後まで態度が不鮮明だったのがワーナーです。BDの圧勝に終わったように思われる次世代光ディスクのフォーマット戦争も、実はソニーにとって薄氷を踏みながらの勝利だったといえます。

総合的な判断として東芝は統一案を蹴ることにしたと思いますが、結果的に間違った決断を下したことになるのではないでしょうか。それは当時の西室泰三会長や岡村正社長の責任であり、次期社長就任が決まっていた西田やDVDビジネス担当の藤井の責任ではないと思います。

東芝主導のDVDビジネスの成功者としての西室、そして東芝にとって重要な場面で次期政権を西田に譲り、日本経済団体連合会や日本工業標準調査会（JISC）の会長として個人の対外活動に欲を見せていた岡村、それが東芝の不幸だったように筆者は思います。

規格競争の敗北――それは技術者として耐えがたい屈辱です。一生、記憶に傷として残ります。しかし、その敗北の責任者は、技術者ではなくて経営者なのです。戦士として頑張った技術者を思い遣る経営者の心、それがなくなれば東芝やソニーに関係なく企業は終わりです。

二〇一二年六月二七日、パナソニックで六年の社長任期をまっとうした大坪文雄が代表取締役会長に就任し、前社長で代表取締役会長の中村邦夫が相談役に退きました。そうしてBDビジネスを開花させた津賀一宏が社長に就任しました。二〇一一年度の通期業績見通しで、最終損失が七八二二億円の大幅な赤字になったパナソニックの舵取《かじと》りを引き継ぎます。

パナソニックのＢＤを勝利に導いた津賀一宏は、やがて社長に昇進しました。一方、ソニーのＢＤを勝利に導いた西谷清は、しばらくして本業から外れてソニーの技術渉外担当になりました。つまり、ソニーのＢＤの勝利の立役者は、出井とストリンガーになるのです。それはＣＤの成功を独り占めにした大賀時代から、何も変わっていないソニーの体質を示しています。

この規格競争勝利におけるストリンガーの功績といえば、ハリウッドとの顔つなぎをしたことぐらいでしょうか。しかし、その現実はソニーにとって主力新製品で思うような利益を上げられないという大きな負担になりました。ものを言わず、顔が見えないエレクトロニクス製品と、饒舌《じょうぜつ》な白人がスクリーンの表舞台に立つ映画、この二つを同じビジネスとして捉えることはできません。

フェリカ（ＪＲ東日本のスイカ）の真実

ソニーには他社の技術を排斥する独自規格や独自製品が多いのですが、それでも部品になれば他社の製品に組み込まれて、社会貢献に近い使われ方をしているものがたくさんあります。昔のトランジスタラジオに使われていたバーアンテナやポリバリコンなどは、ソニー製品に使われることで進化してきたものです。

それらの部品のなかでも、近年になってソニーが開発した部品に、パソコンに使われていた三・五インチ・フロッピーディスク、小型オーディオ・ビデオ製品のヘッドフォーンに使われているミニジャック、それにコンビニやＪＲで使われている非接触ＩＣカードのフェリカなどがあります。おもしろいことに、それらの製品にＳＯＮＹのロゴは見られません。

市場

創立当初のソニーは測定器の開発と販売で官公庁ビジネスに頼っていた会社です。しかし、創業者が理想とする自由にして闊達《かったつ》なるビジネスを求めて、一般顧客を相手にしたビジネスへと転進してきました。そのソニーのビジネスのなかでも異色なのが、携帯電話と非接触ＩＣカード（Ｓｕｉｃａ《スイカ》などの交通用パスカード）です。それらのビジネスは、財閥系企業が得意としている官公庁需要が対象のビジネスだからです。一つは総務省傘下の通信インフラ企業を相手にしたビジネスで、もう一つは国土交通省傘下の交通インフラ企業を相手にしたビジネスです。

非接触ＩＣカードのビジネスには、今でも日米欧の間で熾烈な国際競争が続いています。なぜなら、日本のソニーが開発したタイプＣ、米国のモトローラが開発したタイプＢ、オランダのフィリップスが開発したタイプＡという、似て非なる三種類の規格のカードが国際マーケットに存在しているからです。また、それは国内においても、国土交通省と他省（経済産業省、総務省、外務省、警察庁など）という、行政省庁間の熾烈な争いでもありました。

官公庁需要対象の国内ビジネスは、すでに政治力を失っているソニーにとって容易なことではありません。二〇〇一年に行政は、各省庁縦割りで検討が進められていたＩＣカードの集約化を検討しています。検討対象のカードは、厚生労働省が「介護保険カード、六〇〇万枚」、旧社会保険庁が「保険証カード、五〇〇〇万枚」、地方公共団体が「住民基本台帳カード、四〇〇〇万枚」、各省庁が「公務員身分証明カード、五〇〇万枚」などで、実証実験の名目で次々と国家予算を使っています。これらのすべてが、モトローラのタイプＢなのです。

もともとモトローラは、非接触ＩＣカード開発で先行していたソニーとの共同開発を望んでいたのですが、ソニーの事情によってその話が決裂しました。当時、携帯電話機ビジネスに参入したソニーは、モトローラへの高額特許料支払いに困っていました。したがって、それをフェリカの特許料で相殺しようとして、十数パーセントの高額特許料をモトローラに要求したのです。ふつうの特許料は製品価格の数パーセント程度ですから、その常識外れにモトローラが怒り、話が決裂したのです。

それゆえに、モトローラのタイプＢカードはソニーのタイプＣが開発された後、そのコーディング方式だけを変えて登場してきたものです。両者の間には、データ処理速度が速いのがソニー方式だ、という違いぐらいしかありません。ただし、朝夕のラッシュアワーは日本特有の現象です。したがって、ＪＲ東日本としてはソニー方式以外に選択の余地がなかったのです。

ソニーが開発したカード（タイプＣ）は、今では交通系用途や少額現金決済に使われて、国内のデファクトスタンダード（事実上の標準）になっています。たとえば、東京の地下鉄で使われているＰＡＳＭＯ《パスモ》、ＪＲ東海で使われているＴＯＩＣＡ《トイカ》、ＪＲ西日本で使われているＩＣＯＣＡ《イコカ》などは、同じソニーのフェリカ（タイプＣと呼ばれていたカード規格）です。

しかし、海外では香港、タイ、インド、中国など、一部で使われていても、タイプＡやタイプＢに比べてビジネスで劣勢なのです。なぜでしょうか。それをソニーの海外ビジネス戦略の不足だとして指摘する評論家がたくさんいます。その真実は違います。

政治

一九九七年九月のことです。ソニーのフェリカが世界初の公共交通機関用ICカードとして香港（オクトパスカード）に導入されました。引き続き、一九九九年五月にスイカ（タイプC）の二〇〇一年一月からの首都圏導入をJR東日本が発表しました。ところが、その決定に米国から横槍が入りました。駐日米国大使からJR東日本社長にあてて、ICカード導入において公開入札を求める手紙が発信されたのです。

参考までに、一九九九年九月二〇日付けで、当時のトーマス・フォーリー駐日米国大使から、同じく当時の松田《まつだ》昌士《まさたけ》JR東日本社長へ発信された手紙を次ページにご紹介します。原著では、英語の原文レターとして記述されています。日本語は筆者の翻訳です。

モトローラのタイプBの行政主導の国内導入は、当時の経済産業省の通商政策局通商機構部と商務情報政策局情報政策課を中心に、総務省、警察庁、外務省、国土交通省、厚生労働省など、各省庁を横断する形で行なわれました。そうなると、国内タイプB（行政系）カードメーカーの生産設備の支援も、行政主導でしなければなりません。

そうして国家的なプロジェクトとして非接触ICカードの導入が計画され、札幌の地下鉄を中心にして、非接触ICカード国内導入の各地の実証実験に多額の国費が投入されています。カード一枚当たりの販売

宛先：JR東日本社長

親愛なる松田昌士社長へ

前略
　JR東日本は、二〇〇一年一月に次世代ICカード自動改札システムを導入しようとしています。米国政府は、そのJR東日本のICカード自動改札システム標準の選択について強い懸念を表明します。その選択と決定は、日本全体に影響するだけでなく、米国や欧州にも影響します。

　JR東日本は、日本国内の一企業が単独で製造するICカードを自社の次世代ICカード自動改札システムに排他的に採用しようとしていると私は理解しています。そのような方法は、確かにICカード自動改札システム導入の時間短縮にはなりますが、通常の公開入札プロセスの利点に欠ける方法です。国際的に受け入れられる方法ではありません。事実、JR東日本が採用しようとしているICカード規格は、国際標準化機関の「ISO 14443 分科委員会」で一度、排除されています。

　タイプB として知られているISO 承認の国際標準ICカードは、JR東日本の要求をより満足させるICカードです。タイプBカードは、モトローラのような米国企業から調達できるだけでなく、富士通や松下電器といった国内企業からも調達できます。すでにモトローラが、欧州、米国、アジアで主要なICカード自動改札システムの公開入札に参加し、勝利していることを私は知っています。そのようなタイプBカードは、確実な実績を持つ、効率的で安価な製品です。

　低価格で高機能の製品を実現するためには競争が必要です。その競争を実現するためには、複数の供給業者による入札が必要です。さらに、米国からの対日輸出を増やすことで、日本の消費者がさらなる恩恵を被り、日米両国間の貿易不均衡を減らし、互いに総合的な関係改善もできます。したがって、米国大使館は、JR東日本を含み、すべての潜在的な日本の顧客が、購買決定にあたり米国の製品とサービスに対して好意的な配慮を示すことを心から望みます。今回のJR東日本の非常に重要な決定に関して、私がお手伝いできることがあれば、私か商務部カウンセラーあてにご連絡ください。

草々

駐日米国大使　トーマス・フォーリー（署名）

利益が一〇〇円だと計算して、なんと一億枚ぐらいのカードを製造販売しなければビジネスが成り立たないほどの金額です。

孤立

ソニーは国内で孤立していました。タイプCを採用しようとする味方は国土交通省傘下のJR東日本だけです。総務省傘下のNTTは、非接触ICテレホンカードにタイプAを採用していました。NTTは二〇〇六年に、非接触ICカードを使う公衆電話機を完全に廃止しました。それでも、国内ICカード製造企業のタイプA生産設備投資への補填《ほてん》という意味で、二〇〇八年三月から同じタイプAが、財務省傘下の日本たばこ産業（JT）で成人識別ICカードのtaspo《タスポ》として復活しています。

また、総務省が中心になって行政が採用する行政系カード（住民基本台帳カードなど）には、タイプBが採用されています。それに加えて、外務省が関係するパスポートや警察庁が関係する運転免許証には、米国政府と情報交換が容易になるように、タイプBのICチップが搭載されています。そのような内外の政治的な主従関係を無視してビジネスを進めることなどできません。

行政の役人は縦割り組織のなかで働いているので気づかないのでしょうが、財務省と厚生労働省は財政面で似ていて豊かです。それは税金や年金という強制的な調達資金を事前に国民から集めて使える省だからです。それに比べて、NTTに頼る総務省、JRに頼る国土交通省、電力九社に頼る経済産業省などの財政基盤は脆弱《ぜいじゃく》なのです。

厚生労働省傘下の（特法）日本年金機構の玄関には、毎日、職員への挨拶目的の大勢の訪問客が見られます。紙袋に入れた手土産を柵越しに職員へ手渡す人もたくさんいます。外部への発注が頻繁で金額が大きいからです。それは民間企業内の資材や購買、取扱説明書など、外部納入業者を相手にする部門と同じ体質なのです。そのような政治的または経済的な主従関係や支配関係を無視してビジネスは成立しません。

モトローラが公開入札を求めてきた背景には、世界貿易機関（ＷＴＯ）の政府調達協定がありました。前掲の手紙の文面にあるように、政府関係の機関が物品やサービスを調達する場合、国際標準の製品があれば、それを国際公開入札で優先させて調達しなければなりません。

民営化されたＪＲ各社は民間企業ではありません。政府調達協定対象の組織なのです。それを知っているのは、米国政府の商務省（ＤＯＣ）、日本国政府の国土交通省、それにＪＲ各社自身です。一九八五年に「民営化」されたＪＴには、国が五〇パーセント出資し、二〇一二年まで歴代の会長や社長は財務省出身者で占められています。防衛省をはじめとして、日本国政府の本土の行政は、沖縄の行政とは今でも仕組みが違うと思います。日本の政治家や一般国民は、そんなことは知りません。

提訴

やがてモトローラは、ＪＲ東日本をＷＴＯ協定違反だとして日本国政府の政府調達苦情検討委員会（現在は内閣府政府調達苦情処理対策室が事務局）に提訴してきます。申し出の内容は、ＩＳＯ国際標準のタイプＡまたはタイプＢを選ぶべきであり、過去に実施された入札においてモトローラを呼ばなかったのは不正ではないか、ということでした。その誤解を解くために、ＪＲ東日本やソニーは、政府調達苦情検討委員会から、異常だと思われるほどの書類提出を要請されています。

駐日米国大使が発した手紙の文中では、モトローラのカードはＩＳＯ国際標準に適う規格だとされています。しかし、ソニーにとって幸運だったことは、手紙が出された時点はもちろん、政府調達協定違反提訴の時点でも、モトローラのカードもソニーのカードもＩＳＯ国際標準になっていなかったことです。

結果的に、この申し立ては却下されました。タイプＡとタイプＢの両方ともＩＳＯ国際標準として公示されていなかったことや、受付期間を過ぎて苦情申し立てが行なわれたことなどが理由だったと思われます。この話は、日米欧の企業と政府を巻き込んだ、とても複雑な話なのですが、簡単に顚末をご紹介しましょう。

この苦情によってＪＲ東日本のスイカ首都圏導入は遅れて、二〇〇一年の秋、一一月になりました。そのスイカ導入に先立ち、二〇〇一年の春にＪＲ東日本はタイプＢとタイプＣを対象に、改めて国際入札を実施しました。タイプＢの代表は松下電器（パナソニック）で、タイプＣの代表はソニーでした。

モトローラは受注生産の会社です。ソニーは自主生産の会社です。だから、モトローラには、受注が確定していない製品を製造することはできません。ただし、富士通やパナソニックは、すでにタイプＢの国内受注が確定しているので製品の製造が可能です。

それでも、現物を提示したソニーと違って、パナソニックは手ぶらで入札に参加してきました。理由は書きませんが、企業の主従関係を知るならば、この入札においては「負けるために参加する」……それが当然のパナソニックの義務だったのです。しかし、後にパナソニックは反撃してきます。

戦術

ＪＲ東日本がソニーのタイプＣを採用した翌年のことです。ソニーのタイプＣは、国際標準化機構（ＩＳＯ）の場で一度否定されてしまいました。それはソニーとフィリップスが意図して画策したとおりの結果だったのです。もちろん、ＪＲ東日本の入札は微妙なタイミングでクリアしたものの、国際標準化を達成し、政府調達協定をクリアしなければ、海外でのさらなるビジネスは見込めません。

すでにソニーは、三つの国際標準化に着手していました。一つは欧州電気通信標準化機構（ＥＴＳＩ）で進めた、近距離データ通信（ＣＲＤＣ）規格としてのタイプＣ標準化です。もう一つはタイプＣの高速データ通信規格の新規ＩＳＯ提案です。背後からフィリップスを使い、タイプＡ高速版の追加規格提案をフィリップスにさせて、それに便乗する形でソニーのタイプＣ高速版の規格提案をＩＳＯ標準化審議に入れ込みました。こちらはとりあえず、敵への目くらましが主な目的でした。

ソニーが打ち出した戦術の本命は、密かにフィリップスと手を組み、タイプＣを非接触ＩＣカードとしてではなくて、フィリップス・ソニーが提案する近接通信方式（ＮＦＣ）のサブセット（部分）として、再度、国際標準化の場に提案することでした。それが手早く確実に国際標準化を達成する最善の方法だったのです。そうしてＩＳＯ国際標準化は成功しました。

その国際標準化プロセスの端緒となるべき前段階の国際標準化賛否投票の締め切り前日のことです。どうしても負けられない国際標準化です。だからソニーは、ソニー本社でパナソニックへ賛成投票協力を要請しました。国内各社は、パナソニックとキヤノンの二社を除いて、富士通や日立、東芝、三菱、NECなど関係各社が、ソニーとフィリップスが進めるNFC規格化に賛同の意思を表明してくれていました。

その交渉の場にいたのは、ソニーはフェリカ事業部長の日下部進、パナソニックは代表取締役専務・三木弼一の流れを引く常務の櫛木好明でした。結局、パナソニックはソニーに賛同の意を表明しましたが、その交渉の内容は部外者の筆者には不明です。が、したたかな商売人のパナソニックです。その後にICOCAが導入されたJR西日本では、非接触ICカードの製造納入業者がソニーにはなりませんでした。

人材

ずっと後になってからわかったことですが、モトローラはJR東日本の国際調達の入札に失敗した後、タイプBの販売権を同じ米国の半導体企業、テキサスインスツルメンツ（TI）に譲渡していました。ソニーの敵はモトローラからTI——ソニーの半導体事業の育ての親に代わっていたのです。

盛田昭夫と親密な関係にあったTI経営者——そのTIの大分工場からは、毎年、工場の敷地で育ったみかんがソニー本社へ送られてきていました。しかし、その盛田に代わってTI幹部と橋渡しをするソニー経営者は、すでにソニーにはいませんでした。駐日米国大使のトーマス・フォーリーも盛田昭夫の親友でした。しかし、その盛田に代わって彼と政治外交をするソニー経営者も、すでにソニーにはいませんでした。

ソニー社員出身で、かつて経済産業大臣を経験し、厚木市を地盤とする国会議員の甘利明からは、毎年、ソニーへたまごが送られてきていました。それが政治的な人脈を維持していたのです。しかし、そのような人脈の必要性を知り、そのような人脈を個人のためにではなくて組織のために利用できる――そういう大人の経営者も、盛田の後のソニーにはいなくなりました。まことに残念なことです。

フェリカビジネスの立て役者、日下部進の仲人は出井伸之です。その出井が日下部のために非接触ＩＣカードビジネスで表舞台に出たのは、ＮＴＴドコモとの得意げな提携発表の場と、もう一つ、フェリカの国内交通用途市場が確たるものになった後、当時の経済産業省から基準認証担当審議官、武田貞生がソニーへ来社したときだけだったと思います。その審議官との対談でも、フランス談義で話が終わっています。

二〇〇〇年秋から数年かけて、行政系タイプＢカード主体の省庁横断的な実証実験に、国内各地で数百億円の国費が消化されました。その予算消化の正当化ツールとして使われたのが、二〇〇〇年七月七日に内閣に設立された情報通信技術（ＩＴ）戦略本部とＩＴ戦略会議だと思います。意図的なことだと思いますが、その会議の議長に祭り上げられた出井は、骨抜きにされていたのでしょうか。行政主導のモトローラのタイプＢを採用するように、誰かから圧力を受けていたのでしょうか。

もちろんソニー社内では、出井や安藤は何度も日下部の話を聞いていました。しかし、フェリカビジネスを推進する具体的な動きは何もありませんでした。それとは対照的に、フェリカビジネスが進捗するに連れて、日下部の上には次から次へと新しい上司が異動してきました。一部の例外の人を除いて、それらの何もしない口先だけの上司を日下部はどう見ていたのでしょうか。

誰が流した噂か知りませんが、フェリカビジネスが軌道に乗り始めると、日下部は技術開発には向いていてもビジネスには不向きではないか、という噂が本社上層部に流れていました。JR東日本と協業して非接触ICカードの乱立を防ぎ、国内市場を一本化しようと日下部が苦心していたときのことです。

日下部のとりあえずの目標は、ソニーが開発したフェリカをJR東日本へ導入することでした。都心を走る当時の特殊法人、帝都高速度交通営団地下鉄は、先に民営化されたJR東日本の子会社になることが予想されていたからです。二〇〇一年一二月に民営化方針が打ち出された営団地下鉄は、その株式の過半を日本国政府が保有し、残りの株式を東京都が保有する形で、二〇〇四年四月一日に「民営化」されて東京地下鉄株式会社（東京メトロ）になりました。

社会インフラ網《もう》によって、巨大な独占標準化市場が構築されます。フェリカがJR東日本に導入されたなら、東京メトロにも導入されます。そうすれば路線と資本で東京メトロにつながる私鉄にも導入され、その私鉄が経営するバスやタクシーにも導入されます。また、JR東海やJR西日本にも導入されていきます。すなわち日下部は、JR東日本を核としてフェリカ一色に塗られた日本の交通網を俯瞰《ふかん》していたのです。

優れた技術だけでは、世界市場へ進出できません。優れたビジネスモデルだけでも、世界市場は制覇できません。それがアジアの日本企業の宿命なのです。もっとも、優れた技術だといえるソニーの非接触ICカードです。やがてソニーは、NTTドコモの支援を受けてフェリカビジネスを推進していきます。幸いなことに、官公庁需要を目指す企業は、官公庁と同じように組織が縦割り構造です。たとえば、NTT

はソニーのタイプＣに反対であっても、ＮＴＴドコモの立場は違うのです。

ＪＲのスイカビジネスを成功に導いたＪＲ東日本の設備部旅客設備課長の椎橋章夫は、後にＩＴ・Ｓｕｉｃａ事業本部副本部長に昇進しました。一方、フェリカビジネスを推進して果敢に戦ったソニーのフェリカ事業部長の日下部進は、古巣の情報通信研究所へ異動になり、やがてソニーを去ることになりました。つまり、ソニーのフェリカの勝利の立役者は、出井と安藤になるのです。それはＣＤの成功を独り占めにした大賀時代から、何も変わっていないソニーの体質を示しています。

二〇〇三年六月に野副正行を業務執行役員上席常務に昇進させた社長の安藤は、ＪＲ東日本が首都圏へのスイカ導入に成功した後の二〇〇四年四月には、さらに野副に非接触ＩＣカードビジネスの手柄を与えようと、彼をＦｅｌｉＣａ《フェリカ》ビジネスセンター担当役員に任命しています。

その異動の前月の三月に、野副は「フィリップスとのビジネスアライアンスのことなど、何も話を聞いていない」と、日下部を強く叱責《しっせき》しています。それは野副の異動前のときのことですから、話を聞いていなくて当然のことなのです。野副について、「彼を男にするんだ」と安藤は言っていました。よほどの恩義を感じていたのでしょうか。

野副の興味は放送系ビジネスにありましたが、ともかく自分でビジネスの決断ができない人でしたから、四月に予定していたフィリップスとのビジネスアライアンス調印が三ヵ月も遅れてしまい、タイミングに厳格な国際標準化の進捗に大きく影響してしまいました。翌年に野副はフェリカビジネスから外れて顧問になり、その三ヵ月後にはボーダフォン執行役副社長として転出しています。その新しい職場も八ヵ月で退職しています。

ソニーの役員クラスには、出井や安藤の紹介で社外の外資系企業へ転出し、数ヵ月から数年の短期間で退職していく人が多かったようです。外資系企業にすれば、出井ソニーとのコネを期待していたのでしょう。転職者本人に期待していたとすれば、ソニーから転出した本人の実力不足か、就職先の勘違いだったのでしょう。

当時のフェリカビジネスがどういう事情でどう進んでいたのか、社内の上層部で確実に把握していた人は皆無だったと思います。誰もが門外漢であり、ビジネスに興味を持っていなかったからです。すべてを知っていたのは日下部だけでした。だから、フェリカビジネスが軌道に乗ると、彼はビジネス担当から外されたのです。

ソニーを牽引できる人物

ソニーのフェリカは国際市場で苦戦しています。しかし、それはソニーのビジネスモデルの失敗のせいではありません。もし、盛田が健在だったならば、そして日下部にすべてを任せていたならば、間違いなくソニーの非接触ICカードは、欧米はもちろんのこと、世界中の市場を席巻《せっけん》していたと思います。また、それなりの収益モデルを確立していたと思います。

世のなかには表と裏があります。その両面を十分に理解していたのが、過去の井深や盛田の時代のソニー社員でした。もちろん、腹黒くて狡猾《こうかつ》な人もたくさんいました。それは程度にもよりますが、ビジネスの必要悪なのです。つまり、そのような表裏を知る狡猾さを踏襲できる可能性を秘めていた中堅社員もいました。

出世という社内政治から一歩距離を置きながら、社外交渉に優れて品格を備えた人物はソニーにいましたし、今でもいます。国内と海外のビジネスを十分経験した鶴見道昭やフェリカビジネスを推進した日下部進です。残念ながら、彼らはすでにソニーを去りましたが、彼らに機会を与えていれば、今のソニーは違っていたと思います。

これからのソニーを牽引《けんいん》できる人物は、今のVPクラスの社員のなかにいます。出井とストリンガーの愚策を見続けてきた中堅社員です。彼らが力量不足だというのなら、先輩の知恵を借り、経験を積めばよいのです。現役の若手では、久夛良木《くたらぎ》が率いていたSCEからソニー本社を経験した茶谷公之や、ニューヨークでストリンガーの側近を経験した御供俊元がいます。

優れた対外交渉力を持つ彼らは、反出井派でも、反久夛良木派でも、反ストリンガー派でもありません。出井、久夛良木、ストリンガーの行動を反面教師として客観的に捉えていた人物です。派手な行動をして社内で名を知られるような若手ではありませんが、これからのソニーを牽引できる人物だと、筆者は確信しています。

出井ソニーの時代になってから、そんな潜在的な能力を秘めた人が置き去りにされて、エリート特有の青臭い正論を大声で吐く人が重用されるようになりました。社長や管理職の仕事は、自分の思いつきを外部に宣伝することではなくて、大勢の部下を引き連れて海外を大名旅行することでもなくて、部下の能力を最大限度に引き出し、部下の自立性を仕事に活《い》かすことでしょう。

平井が実行すべきソニー改革の第一歩は、難しいことでしょうが、以下のことが挙げられます。出井時代の人事の名残《なごり》を一掃すること、出井が関係する企業とソニーの間にしつこく残るビジネス関係をすべて断ち切ること、執行と監督の分離をやめて役員会を十数人程度の取締役会一本に絞ること、その取締役会の主要メンバーを社内の技術開発（生産系）、市場開拓（販売系）、政治交渉（経営系）の三分野からバランスよく選び、それに政治力を備えて社会常識と節度を知る若干の欧州人と米国人を選んで加えることです。そして自分は孤独に耐えることです。経営者には、仲良しグループではなくて、真っすぐな情熱と孤独が必要なのです。

自分が何もわからない、だから誰かに仕事を丸投げする……ソニーの経営も変わりました。出井から、ストリンガー、平井へと続くソニーCEOの問題は、その誰もがソニーの事業を把握できていないことです。したがって、日本語が話せないストリンガーと英語が話せない中鉢の時代には、口が達者で知ったかぶりをするだけの人が重用されるようになりました。それが平井の時代にも続きます。

平井ソニーの主な側近は、チーフ・フィナンシャル・オフィサー（CFO）の加藤優とチーフ・ストラテジー・オフィサー（CSO）の斉藤端の二人、それにエレクトロニクス事業については、技術戦略担当の根本章二と商品戦略担当の鈴木国正の二人、計四人の執行役EVPです。他人の仕事は批判しても、自分の業績は何も残せない、そんな口が達者で演技がうまいだけの人では困ります。

ソニー出身で、かつてグーグル日本法人の社長を務めた辻野晃一郎も、自分自身のことだとして言っていますが、製造や営業のことは何も知らない、ましてアフターサービスや政治外交のことなど考えたこともない、そういう人物が事業部長に任命されたり役員に登用されたりするようになりました。会長や社長が製造部門や営業部門に少し在籍した経験を持つだけで、事業の本質を理解していないから、そういう人事になるのです。

日本企業を置き去りにして独走するアップルのｉＰｏｄ／ｉＰａｄビジネスやグーグルのインターネットビジネス、ハリウッドに翻弄されたＢＤビジネス、そして国際市場で苦戦する非接触ＩＣカードビジネス――これらには一つの共通点があります。それは英語圏の米国を中心にした、政治的なビジネスだということです。それは技術のソニーだからといって、簡単に勝利と成功を手中にできるビジネスではないのです。

ビジネスでＮＴＴを敵にすれば、富士通、沖電気工業、岩崎通信機、ＮＥＣ、東芝、日立、三菱なども敵になります。ビジネスで日本行政を敵にすれば、日本企業のほとんどが敵になります。だから盛田は、経団連会長に就任しようとしていたのです。

ビジネスで欧米を敵にすれば、世界中の国のほとんどが敵になります。だから盛田は、ギブアンドテイクとして海外から小物雑貨を輸入してソニープラザ（現在はプラザ）で販売し、米国ワールプール社から洗濯機や冷蔵庫を輸入して日本で販売し、銀座にマキシム・ド・パリを開店させていたのです。出井以降のソニーの社長が、それらのビジネスの意義を理解していたかどうか、筆者には疑問が残ります。

日本株式会社の護送船団の一構成員になり、いつまでも官公庁を頭に置いた受注型の企業であっては、国際ビジネスへ進出することなどできません。過去のソニーは、その対極に位置する企業でした。歴史的な大企業や行政のビジネスと、それらの安定型大組織にぶら下がる多数の中小企業の閉鎖型ビジネスに訣《けつ》別《べつ》して、非戦勝国と非白人というコンプレックスと戦い続けていたのが、井深や盛田の時代のソニーだったのです。

学歴無用論の本音

ハーバード大学を卒業したから俊英なのでしょうか？　東京大学を卒業したから秀才なのでしょうか？　いいえ、そうではありません。答えは明快です。人は俊英だから俊英であり、秀才だから秀才なのです。ただし、俊英以上の人でなければ、誰が俊英なのか、それがわかりません。秀才以上の人でなければ、誰が秀才なのか、それがわかりません。したがって、苦し紛れの現実では、誰にでもわかる学校歴に頼って、人の能力が判断されてしまいます。

集団と個人

ソニーには、もともと早稲田大学出身者が多くみられました。井深が早稲田大学、盛田が大阪大学、岩間が東京大学を卒業しています。しかし、出井ソニー時代までは、これといった学閥《がくばつ》は見られませんでした。ところがIT産業の成長とともにUNIX《ユニックス》系のプログラマーを必要としたソニーは、慶応大学から講師を招きソフトウエアの開発力をつけていきます。

そうして一九八〇年代の半ばから、慶応大学出身者の採用が増えました。やがてソニーは、UNIXビジネスを率いていた土井利忠の下に慶応大学から所眞理雄を迎えます。そうしてソニーに新しく慶応閥が形成されていきます。また、出井が会長に就任した二〇〇〇年には、東大卒業者が増えています。二〇〇一年の五月祭で出井が講演をしたときや、ストリンガーが会長に就任してからも、やはりその数が増えています。

ソニーに東大卒をはじめとして高学歴社員が増える――それ自体は企業経営にとって問題ではありません。その高学歴社員の資質が問題になります。国内の大学には、それなりの暗黙の序列があることは誰もが認めるところでしょう。その上位大学を目指す学生には、もちろん良い環境で学問を究めたいと願う学生が多いと思います。しかし、熾烈《しれつ》な受験競争に勝ち、その他大勢とは違う選ばれた人間になりたいと思う学生も多いのではないでしょうか。

その後者の考え方を容認すれば、東大入学を目指すことは、学問を究めることが目的ではなくて、東大に入ることが目的になります。つまり、他人との差別化が目的になっているのです。だからこそ、入学後の進振り《しんぶ》（進路振り分け）を覚悟して受験するのでしょう。

そうなると、他人との差別化を目指す人間が量産されていくことになります。東大生の問題を極論で語れば、無意識のうちに他人を人間だと思わなくなる、そんなエリート意識を抱えた集団の一員に育つ可能性が高いことでしょうか。そんなエリートばかりの集団では、組織が機能しません。

長期政権を続けた社長の大賀は、数人の取締役のなかから消去法で出井を後継の社長に選び、自分は会長職に退きました。安藤を後継の社長に選び会長職に退いた出井は、自らが社長として選んだ安藤を会長職に就けることもなく、外国人のハワード・ストリンガーを後継の会長に選び、中鉢を社長に選びました。

出井が自分自身の後継者として選んだストリンガーは、やがて中鉢を社長職から退け、自らが会長職と社長職を兼務しました。そして今回、そのストリンガーが、若手四人組のなかから平井一夫を社長に選びました。社長の後継者は、このように自分を取り巻く複数の後継者候補のなかから、単純な消去法で選ぶべきものでしょうか。

それは違います。自分を超えるべき後継者は、社長が自分の手で時間をかけて育てるべきものなのです。ソニーが犯した最大の過ちは、盛田昭夫が確たる意思で自分の後継者を二人育ててこなかったことでしょう。本命と二番手の二人です。もちろん、唯一の後継者として身内の岩間和夫を想定してはいましたが、ベンチャー創業者の悲哀なのでしょうか、万一の事態に備えるべき予備の後継者を想定していませんでした。

大賀が犯した最大の過ちは出井を後継者に選んだことでしょう。やはり、後継者は選ぶものではありません。育てるものです。大賀以降のソニーの社長は、数人の候補者のなかから選ばれた人で、決して一〇

人材育成の「絶対・必要・十分」の３条件

絶対条件（早期）：	人材育成のタイミング （繁忙と閑散を〈適時〉に繰り返す行為のこと）
必要条件（学習）：	人材育成の量的側面 （繁忙のなかで覚えるという行為〈経験〉のこと）
十分条件（思考）：	人材育成の質的側面 （閑散のなかで考えるという行為〈模索〉のこと）

年の歳月をかけて育てられた人ではないのです。ただ、盛田は井深を見て育ちましたし、岩間は盛田を見て育ちました。大賀もたぶん、盛田を見て育ったのだと思います。

ビジネスは組織ではなくて人で決まります。組織は人で動きます。組織には優れた人材が必要なのです。事象を語るとき「ソニーが」と組織名で語ると、話が柔らかくなります。企業寄りの大手出版社も喜びます。一方、「誰々が」と人名で語ると、話が刺々《とげとげ》しくなり大多数の日本人から嫌われます。それが日本人の思考の最大の欠点だと思います。

学習と思考

人材育成には原理原則があります。絶対、必要、十分の三条件です。それを忘れて枝葉末節の方法論にこだわっていても、人は育ちません。

鉄は熱いうちに打ち（絶対条件）、他人の飯を食わせ（必要条件）、そして可愛い子には旅をさせる（十分条件）のです。絶対条件は、人が自力で育つ能力を身につけるために欠かせません。人間は若いときほど成長が著しいものです。だから、異動や転職などの経験は、若いころにさせるべきでしょう。

海外勤務経験者や子会社勤務経験者は企業内に珍しくありませんが、それだけでは人が育ちません。異動や転勤は人材育成の量（学ぶこと）として捉えるべき学習と経験です。それは繁忙期の人材訓練になります。その経験から何を考えるかは、人材育成の質（思うこと）として捉えるべき思考と模索です。それは閑散期の人材教育になります。

人材育成には、この二つを早期に何度も繰り返さなければいけません。ただし、訓練と教育の題材には、低度から高度への順番があります。それを間違えないことです。これら「絶対・必要・十分」の三条件に配慮しながら子ども（部下や後輩）を育てること、それこそが親（上司や先輩）の役目でしょう。ただし人の教育は、教育を受けるに値する人に対して、教育を施すに値する人が担うべきものです。

人材育成において、その必要条件を満たすことは簡単ですが、十分条件を満たすことは、本人の自覚と努力が必要になり難しくなります。したがって、早期のＯＪＴをとおして、自力で育つ逸材を探し出すことになります。ところが、人を訓練と教育の場へ放り込むと、大多数が易《やす》きに走ります。組織の内では繁忙を回避し、組織の外では閑散を無為にすごします。それでは人が育ちません。

若者と無知

人材育成のほかに、無知な若者のままで大人になる人々の問題があります。官公庁や法人が設置する委員会では、専門家と称される人や学識経験者が集められて議題の審議が進められていきます。しかし、審議対象の議題に関して、委員会を構成する委員の知識と経験が、必ずしも十分ではないように思えてなりません。

成長する４種類の人々

無知無行人（幼児）
　人間は生まれたときは無知です。赤ん坊や幼児のことで、無知ですが社会的な活動ができないので、他人に悪影響を及ぼしません。不自由なので、節度を知らなくても構いません。

無知悪行人（若者）
　成長するにつれて、自分の経験と思考の範囲内で、物事を判断するようになります。二面性を許容しない若者のことで、学習と経験が不足しているので基本的に無知です。しかし、社会的な活動をするので、その悪影響が無視できません。自由を主張し、節度を知りません。

両知善行人（大人）
　十分な学習と経験を積み、善と悪、白と黒、右と左など、物事の二面性を理解し、その中間の適切なところに自分の意志で立つ人のことです。他人の立場を理解しながら公利を目的に行動する理想的な大人のことです。自由と節度のバランスを知っています。

両知悪行人（老人）
　善と悪や白と黒など、物事の二面性を理解していますが、私利を目的に行動するので、悪行を重ねる人になります。権力を握った老人には、このパターンに陥る人が多いようです。自己修正ができなくなり、果てしなく節度を失います。

　人間は基本的に無知です。しかし、学習と経験を積むことによって、だんだんと賢くなり、自由と節度のバランスを身につけていきます。無知の程度と社会への影響度の関係で、そのような成長過程をたどる人々を四種類に分類してみましょう。

　社会が高度に複雑化すると、その複雑性に比べて学習と経験が不足し、無知悪行人のままで大人になってしまう人が増えてきます。自分と反対の意見を常に是として理解しようとする態度が身につけば、人は早期に両知善行人に育つことが可能です。ただし、無知悪行人を敵対視してはいけません。適切な教育をとおして、正誤の判断ができる両知善行人になってもらうことです。

　無知な人々が不毛な議論を延々と続けても、何も良い結果は生まれません。経営対象の実体に無知な人々や実務経験のない人々が集まって議論し、他人から聞いた話や本を読んだ話で夢想して企業を動かす――そんな愚行を続ける余裕は今の日本にはありません。しかし、他人の考えや行動（人の質＝能力）を知るには時間がかかります。それでも、手を抜いて、幼児に大人の仮面を着けさせて、大人の服を着させて、それで企業経営に参加させるような愚行をしてはいけません。

時間と変化

人間が有知になると、自分で二面性の中間の立ち位置を決めることができるようになります。物事には、必ず時間軸で変化する二面性がつきまといます。人や組織の活動だけでなく、何事につけても、二面性と時間の関係の理解が欠かせません。

そのなかでも、企業経営にとって重要な二面性とは、理性と感情、建前と本音、技術と政治、理想と現実、質と量などになります。これらの二面性は単純対比できませんが、物事を注意深く観察すれば、相反する違いとして理解できる概念でしょう。

二面性の理解のなかでも、最も重要なのが質と量の理解になります。なぜなら、質の違いの判断は、質が高い人でなくてはできないからです。したがって、学習と経験が不足して質の違いが判断できない無知悪行人は、必ず質を量に属性ロンダリングしてしまいます。それでは物事の本質がわかりません。質（形而上）と量（形而下）の違いの判断と理解について次に示します。

【質と量の違いの判断と理解】

質：善悪、良否、優劣、美醜など、良いまたは悪いという感情基準で判断します。主観的な理解になります。学習と経験を積まないと判断できません。したがって、判断に時間がかかります。

量：多少、大小、遅速、老若、上下、高低、強弱という数値基準で判断します。客観的な理解になります。判断に学習と経験が不要になります。したがって、誰にでも即座に判断できます。

質から量への属性ロンダリングの代表例として資格があります。弁護士や弁理士、司法書士という資格は、その道の専門家だという質を示す根拠にはなりません。試験に合格したという量を示す根拠です。同じように、入学試験で決まる学歴は、その人の能力という質（本質）を示す根拠にはなりません。試験に合格したという量（現象）を示す根拠にすぎません。

コンピューターは記憶容量と計算速度（どちらも量）で人間を超えます。しかし、人間特有の考えるという能力（質）を持つことはできません。無限数に近いパターン認識が必要なチェスや将棋だけでなく、大学の入試問題でもコンピューターに競わせようとする人がいますが、人間に代わってコンピューターが入試問題の正答率でトップに立ったなら、その入試問題は大量の記憶と高速の計算だけで解ける問題だったということになります。恥ずかしい話です。ただし、人間が生きる実社会では時間が無視できないので、極端な短時間の膨大な量は、質さえも凌駕《りょうが》してしまいます。

人間は生物なので時間軸で生きています。質と量の理解に加えて欠かせないのが時間軸（タイミング）の理解です。人間にとって二面性の理解に加えて、さらに時間の経過への配慮が欠かせません。人間が開発した人工物（たとえば技術）も、人間と同じように時間軸で有用性が変化します。したがって、ものごとの理解には、現状の把握に加えて、過去と未来の時間の概念を持ち込まなければなりません。

しかし、狭い世界で生きてきた人や未経験な若者にとって、時間軸の理解は難しくなります。物事を広い目で長期に観察していないし、長期にわたって生きていないからです。富裕社会に生まれたら、貧困社会のことなど理解できません。したがって、いつも現在の時点で物事を捉えることになってしまいます。企業ビジネスモデルを描くにしても、時間軸の概念を抜いて、瞬間的な構図で捉えてしまう学者や経済人が増えてきました。人や組織の理解に欠かせない時間軸とは、技術でいえば誕生、成長、成熟の過程になり、経済でいえば貧困、成長、富裕の過程になります。

重要なことは、人や組織の二面性の立ち位置が、時間軸とともに変化していくことです。たとえば、若者はひたすら建前論に走り、老人は建前論を横に置いて本音論に走ります。そこには一定の社会的な力関係の原理原則があります。欧米企業と日本企業のビジネスモデル比較論でも、それら力関係への考察を忘れて、不毛な評論を続ける人がたくさんいます。

ただ老人の本音論が極端に走ると、その矛盾が若者の怒りを誘発し若者の手で改革が進められます。無知悪行の若者は物事に一途なのです。若者の本質は無知と革新になり、老人の本質は有知と保守になります。しかし、大多数の老人の現実は無知と保守になります。どちらにせよ老人は、物事を改革しません。

学歴と就職

大多数の若者は、地位や学歴が高い人の話に陶酔します。しかし、参考にするべきものは能力なのです。

表28：能力（質）と学歴（量）に応じた適職の選択

能力と学歴	人口構成	適職
能力あり、学歴あり	限りなくゼロ	自己研鑽をせずに楽な人生を歩みたいのなら、官公庁や国家独占企業、財閥系企業、大企業を選びます。ただし、老後に梯子を外される危険性が残ります。自己研鑽をして自分の夢を実現したいのなら、ベンチャー企業か自営業を選びます。間違いなく成功します。
能力あり、学歴なし	少ない	官公庁や国家独占企業、財閥系企業、大企業を選んではいけません。ベンチャー企業か自営業を選びます。多大な努力が必要ですが、努力次第で成功します。
能力なし、学歴あり	多い	コネがなければ、医師、弁護士、公認会計士、中央官僚など、高度な資格を必要とする職業を選びます。コネがあれば、地方官公庁や国家独占企業、財閥系企業、大企業、教師なども選択肢に入れて選びます。ベンチャー企業や自営業は避けます。
能力なし、学歴なし	大多数	どこでも構いません。就職できるところに就職します。ノンキャリア公務員も選択肢の一つです。必要だと思えば、学習と経験を積んで「能力あり、学歴なし」として再就職に挑戦します。

役職や学歴とは量であり、能力が質なのです。役職は誰の目にも見えて即座にわかりますが、能力は能力の高い人が時間をかけて判断しないとわかりません。また、役職や学歴は能力に比例しません。

権威の世界に生きる政治家が、その履歴に学歴を書かないことはありません。それが続く限り、日本社会から学歴はなくなりません。一方、実力の世界に生きる力士なら、その履歴に出身地は書かれますが、特に学歴が付記されることはありません。表28に能力と学歴に応じた適職の選択を示します。

能力あり、学歴ありという人は限りなくゼロになります。能力があれば、幼いときから自己啓発（Self-education）に進むでしょう。たまたま大学に入っても、興味がほかに向いて落ちこぼれになるのは、過去の偉人の例でわかります。

能力あり、学歴なしでベンチャーに進む場合は注意が必要です。ベンチャー企業として成功する条件は、高成長分野の仕事であることはもちろんですが、それとは別に高学歴で資産が豊富だという、人的側面と資金に関する陰のハードルが無視できないからです。そこに資金豊富な大企業が自社のベンチャー事業を分離独立させる意義があるのです。ただし、そのトップに本社出身の老害役員を置くと、せっかくのベンチャー魂も萎《な》えてしまいます。

就職希望者の立場ではなくて、採用担当者の立場で表28を咀嚼《そしゃく》してみましょう。「能力あり、学歴なし」の人を採用し続ければ、やがて企業は自由闊達型かつ自立型になります。「能力なし、学歴あり」の人を採用し続ければ、やがて企業は護送船団型かつ依存型になります。前者が昔のソニーの姿です。後者が今のソニーの姿です。問題は「能力なし、学歴あり」の人が採用担当者になると、やはり同じタイプの人を採用してしまうことです。

行政や官公庁系大企業は、決してベンチャー組織ではありません。そこには高学歴と低学歴の二極分化、すなわち身分差別の世界が必要なのです。ソニーにも高学歴の社員が増えてきました。ソニーが虚業に近い財閥系企業や金融保険業、官公庁組織なら、それも問題ないと思います。ソニーがベンチャー企業精神を維持するのなら、それは問題です。

東大卒や国家公務員一種（総合職）という資格は、人の差別化を具現化する一種の既得権益ですから、基本的に保守的な企業に似合うのです。したがって、攻めのビジネスを得意とするソニーのような、複業種、多会社展開でベンチャー形態の革新的な企業には不向きなのです。純粋な民間企業という組織が東大卒社員を頂点にしたヒエラルキー構造をとると、多くの組織が機能しなくなってしまいます。

事業形態で見ると、ソニーは特殊な会社になります。つまり、財閥系企業とは違った複業種、多会社展開の企業であり、国内の同業他社と違い個人嗜好対応の市場で活躍する企業なのです。社員の多くに能動的な行動力が求められている企業ゆえに、人間的な仕事をする社員を中心にして構成されるべき会社だといえます。

「能力あり」社員主体の企業は、「技術」を武器にして「民需・海外」市場を開拓します。「学歴あり」社員主体の企業は、「癒着」を武器にして「官需・国内」市場を開拓します。大企業の生命維持には、その両方が必要なのです。「学歴あり」社員主体になった企業が、どちらの武器も持たずに「民需・海外」市場および「官需・国内」市場に挑んでいる――それが今のソニーの姿です。

建て前と本音

個人嗜好対応の市場は、政府とのコネを必要とせず、ふつうの大衆市場を目指す新興企業が好む市場です。政府からの資金援助がないので、常に新しい市場を開拓しなければなりません。天下りは少なく、社員それぞれが独立の工場主および商社マンという形でないとビジネスができません。国際市場進出において日本企業が意識するべきことは、「武力の原則」で動くのが公的市場であり、「経済の原則」で動くのが私的市場であるということでしょう。

人や組織の本質を知り、起きた事象の真実を理解し、状況を改善することは簡単です。それには、まず当事者の立場を経済的に理解して、その本音を知ることです。動物や人間は本能的に死を恐れます。それは動物なら食料を失うということであり、人間なら食料を得るための手段（職業）を失うということなのです。その恐怖こそが人間の本音なのです。

知らないとは恐ろしいことです。しかし、若者は無知です。無知だからこそ、若者なのです。世間知らずの若い人にとって、社会的に地位が高い人は、すべて偉人や賢人に見えるのかもしれません。でも、その見かけに騙されることなく、真実を見る目を養ってもらいたいのです。そうでないと、自分や家族が不幸になってしまいます。

「ただちに健康に影響することはない」とは「長期的なら健康に影響する」ということです。「明白な因果関係を見つけるには至らなかった」とは「因果関係を見つけるつもりがない」または「因果関係を見つける能力がない」ということです。また、「否定できない」という二重否定は「認める」ということなのです。しかし、そういう曖昧な言葉を聴かされ続けると、国民が徐々に情報リテラシーを欠いてしまい、真実を見る目を失っていきます。

人間の諸悪の根源、特に若者の諸悪の根源は、物事の両極端を知らずに、その片方だけを知り、その片方だけを信じて、その目標へ突き進んでしまうことでしょう。それが若者の短所です。若者は無知なのです。無知だからこそ、若者なのです。しかし、すべての改革は、純粋で無垢で無知な若者だからこそ、可能になります。それは若者の長所です。ただし、その改革を果たした若者の多くが、そのまま権力者の座に就き、自分が手にした権力に酔い、自己の成長を止めて退化してしまいます。

自分と家族を破滅させたくないのなら、そしてソニーを破滅させたくないのなら、白と黒、善と悪、右と左、量と質、技術と政治など、物事の二面性の両極端を知り、タイミングを計りながら、その中間に立つ自分の位置を意識的に決めて、改革へ向けて前進することです。極端は長続きしません。物事の両極端を知り、その中間に立つ自由のなかに、個人の自律と節度を忘れない――それが人間の成長だと思います。

人間の存在は永遠ではありません。現在のソニーの経営陣も、いつしかソニーとは無縁の人になっていきます。一時はカリスマ経営者だとして世間からもてはやされた出井や、ソニー初の外国人経営者だとして手腕を期待されたストリンガー。彼らを慕い尊敬する若者を筆者は否定しません。経営者に反発すれば、ソニー内で出世は望めませんし、異分子の不要人物だと判断されてしまいます。しかし、経済的な恐怖を知る老人に、改革を期待してはいけません。

食べられなければ、人は生きられません。その潜在的な死への恐怖を動機にして動くのが人や組織です。人や組織の行動において、その経済性（生存欲＝金銭欲）という動機づけの要素を忘れないことです。世のため人のために働くことを理想にして政治や行政の世界へ飛び込んだ若者も、やがて利権の確保や出世と渡りという現実の日常に流される老人になってしまいます。しかし、その変身ぶりを非難してはいけません。優れたビジネスパーソンなら、相手の二面性の時間的な変化を理解して、その理想と現実という両極端の間で揺らぐ人や組織をうまく使います。

自営業者も含めて、人は生まれついた貧富の差だけでなく、学歴などにも差別されながら就職して仕事を始めます。それは仕方がないことでしょう。しかし、その差別は一生続くものではありません。仕事をとおして成長するのが人です。学歴ではなくて、その「仕事をとおした成長」に働く人の価値を認めていたのが、盛田昭夫の学歴無用論なのです。

会社は誰のものか

いつの時代にあっても、どんな形態の会社であっても、そこで働く人たちで会社は動きます。だから会社は、そこで働くすべての人たちのものなのです。しかし、貧困から富裕へと経済的に社会が変化すると、公開株による資金調達から株価をいじくる博打へと株式会社自体が変身してしまいます。

日本橋の白木屋デパート三階に東京通信研究所として産声《うぶごえ》を上げてから、六〇年の歳月をかけて品川の御殿山で育ったソニー。二〇〇七年二月、御殿山のソニー本社ビルが、創業の地から品川駅南の新芝浦本社ビルへ移りました。そして御殿山に建つソニー所有のビル群のほとんどが売却され、新生ソニーが誕生しソニーを担う世代が代わりました。

かつて井深と盛田が濃紺の作業服姿で働いていた御殿山の最初のソニー本社ビル。そして三宅一生デザインの作業服に身を包んだ盛田と大賀が働いていた二番目のソニー本社NSビル。井深大と盛田昭夫という二人の創業者がソニーを育んだ創業の地が御殿山です。しかし、五反田のソニー村も、今では二〇一一年七月に入居を開始したソニーシティ大崎が残るだけで、本社ビルの芝浦移転ですっかりと寂しくなってしまいました。

品川駅の南側に建つ二〇階建ての新芝浦本社ビル。常用している薬のせいか、少し呂律が回らないと噂される、そんな盛田夫人からの電話を受けていた最上階の秘書室。そこには、もう過去の栄光のソニーを知る人は、誰一人として残っていません。

二〇一二年の今、新社長・平井一夫が舵を切るソニー丸が、新しい航海に挑もうとしています。新生ソニー丸の船出は、彼ら創業者の幻影への挑戦なのでしょうか。それとも、その幻影からの逃避なのでしょうか。一つの歴史が終わり、すでにもう一つの歴史が始まっています。しかし、出井ソニーの時代は完全に終わってはいません。残念なことに、大抜擢された出井の愚策と、その彼を大抜擢した大賀の愚行は、新たな企業風土として、今でも脈々とソニー本社に引き継がれているのです。

内外を問わず、知性と教養に欠ける企業経営者が増えています。映画部門出身の外国人会長は、「若い人を登用したい」と言っていました。「仕事に必要な人、仕事ができる人を登用したい」とは言いませんでした。部品部門出身の日本人社長は、「私は部品屋の親父で構わない」と言っていました。「ソニーの親父、ソニーを経営する親父になる」とは言いませんでした。

組織の存続と繁栄は、その組織を率いるリーダーの資質で決まります。いつの時代でも、どんな時代でも、どんな企業でも、企業経営者に求められる資質は、汗まみれになって働く下層社員の今日と明日を思い遣る優しさ、それに加えて知性と教養と経験に裏打ちされた強い自信から溢《あふ》れ出るリーダーシップ、この二つに尽きます。優しくなければ、人はリーダーには成れません。そして、強くなければ、やはり人はリーダーにはなれません。

企業経営の三本柱

ソニーの成長を技術面だけで捉える人はたくさんいます。確かにソニーは、技術開発から出発した会社です。その精神は井深から岩間へと引き継がれました。その技術開発を市場開拓へとつないだのが盛田です。しかし、そこには官公庁の壁、税制の壁、欧米政府の壁がありました。だから盛田は、次の仕事として政治交渉に力を入れようとしていたのです。でも、残念なことに志半ばで病に倒れました。

言うまでもなく、ソニーは「技術開発↓製造、市場開拓↓販売、政治交渉↓外交」の三本柱で育った会社です。そのそれぞれの分野に素人ながらチャレンジ精神旺盛な社員が居て、それを盛田が束ねていたのです。これらの各分野で育った人は、自分が関係する分野のことはよく知っていますが、他人が関係する分野のことは知りません。それでも、ソニー全体のビジネスとソニーで働く人々すべてを盛田が掌握している限り、何も問題は発生していなかったのです。

ソニー本社の間接部門と、エレクトロニクス製品の研究開発、製造販売、アフターサービスの現場との交流がなくなりました。それぞれが相手の仕事を理解していません。つまり、誰もがソニーの全体像を把握していないのです。それは映画、音楽、保険、金融、ゲームなどの分野でも同じことです。自分の身体の細部を認識しない頭脳が、自分の身体を思いどおりに動かすことはできません。

出井とストリンガーのソニービジネスの舵取りについて、世間ではエレクトロニクスからデジタルとネットワークビジネスへと転進したが、それが成功しなかったと言われています。それはまったく違います。

出井とストリンガーはソニーの事業の舵を取らずに、クオリアを例外として、エレクトロニクスビジネスを放置しました。だからこそ、ソニーに映画と保険と金融とゲームが残ったのです。それが真実です。そしてデジタルとネットワークビジネスについては、評論家と傍観者の立場を続けて、自分では何一つ具体的に実行しなかったのです。だから、ソニーがアップルやグーグル、サムスンの後塵《こうじん》を拝することになったのです。二〇年近く経営者が本来の仕事をしないで、ひたすら人と組織をいじくるだけの社内政治をして、それだけで未曾有の高額報酬を受け続けていた——それが事実なのです。

国内製造業の再生

ソニーの事業の四本柱は、金融・保険、映画・音楽、ゲーム、それにエレクトロニクスです。時代の趨勢でしょうか、エレクトロニクスビジネスはジリ貧です。金融・保険は政治ですから、政府と良好な関係を維持する限り、安定したビジネスです。映画・音楽は文化ですから、ビジネスの才能があれば、大きく儲かるビジネスです。ゲームは個人嗜好の気分屋ですから、競争相手も多く、難しいところがあります。

それではソニーの本業、エレクトロニクスの将来はどうなるのでしょうか。どんな企業でも、貧困のなかでは模倣からビジネスを始めます。ビジネスは、模倣、改造、新造、創造の順番で進みます。現在、模倣ビジネスで活躍する中国や、改造ビジネスで活躍する韓国を非難してはいけません。戦後の日本も、同じようなことをしてきたのです。しかし、ソニーはすでに創造の段階に入っています。

創造には素材やデバイスの長期にわたる研究開発が必須です。それなのに、ソニーは出井時代に中央研究所を解体してしまいました。そしてソフトウエアと情報通信関係の研究所だけを残したのです。技術のソニーを牽引する人と組織がなくなったのです。それがソニーの技術凋落の大きな原因です。

ここで国内の一般的な製造業の企業が国際市場へ進出するにあたり考慮するべき事項をまとめておきます。

(1)国や企業の成長度を知ること

国の経済には、貧困、成長、富裕（退行化）の進行過程があります。企業の経済も同じです。そのどの段階に自国や自社が位置しているかを認識します。国際ビジネスのツールは、貧困であれば武力になり、成長であれば経済になり、富裕であれば言語になります。しかし、英語だけでなく多数の言語がビジネスに使われている現状では、発展途上国は武力で動き、先進国は経済で動くと理解するべきでしょう。

ビジネスには技術開発、市場開拓、政治交渉が必要ですが、貧困では技術開発に力を入れて、成長では市場開拓に力を入れて、富裕では政治交渉に力を入れるべきです。しかし、富裕社会で衰退していく日本企業は、モノ造りの重要性を声だかに叫ぶだけで、市場開拓や政治交渉にはまったくと言っていいほど手を付けていません。

(2)技術の成長度を知ること

技術には、誕生、成長、成熟（陳腐化）の進行過程があります。そのどの段階に自社の特定の技術が位置しているかを認識します。また、技術を製品に組み込んでビジネスに展開するには、開発、製造、販売の過程の順で力を入れることになります。主力ビジネスは、企業規模が小さければ開発中心になり、企業規模が大きければ販売中心になります。

技術については、常に進歩しなければなりません。技術の進歩には回生（量的進歩）と転生（質的進歩）の二つがあります。回生とは、次々と開発される光ディスクのフォーマット改良や、棒型、サークル型、電球型などの蛍光灯改良などがあります。それは技術の市場拡大または生命延長を図ることです。基本的には同じものですが改良を続けます。転生とは、レコードから、磁気テープ、光ディスク、ＬＳＩへと続く記録媒体の変化や、ロウソクから、白熱電球、蛍光灯、ＬＥＤ照明へと続く照明器具の変化です。古いものは消えて、新しいものに置き換わるパターンです。

重要なことは、企業生命の維持のために、この両方に同時に目を配ることです。ただし、転生については、回生を続ける事業所とは違う場所で、まったく別な人を充てなければいけません。回生を続ける人に転生をしなさいということは、自己否定になるからです。ブラウン管テレビで成功している事業部に、フラットテレビを開発しなさいと言ってはいけません。

ハングリー精神が企業を育てます。新しい技術と新しい製品を世界に先駆けて開発し続ける限り、どんな企業でも成長を続けます。

(3)財の配分と活用を考えること

企業の財産は、人材（ヒト）、資財（カネ）、物財（知財を含むモノ）です。それらをバランスよく活用します。しかし、資財や知財、設備や不動産は、企業買収の標的になってしまいます。他企業からの攻撃を受けにくいのが人材です。だから、人材の確保は最優先させなければなりません。人材主体で成立する企業は、企業買収の対象にはなりません。

⑷人と国をうまく使うこと

技術開発はビジネスの要です。長期的な視野に立って、個々の技術の素性を見極めて、人材を投入しなければいけません。長期的な技術開発の重要性を忘れた企業は、必ず平凡な企業になって衰えていきます。ビジネスに使う人間の部位には、頭（開発）、手足（製造）、顔（販売）があります。今のところ、頭は日米欧の役割です。手足は中国、韓国、台湾の役割です。顔は欧米の役割です。

日本人が同じ東洋人の中国や韓国、台湾の人を使い、日本人の顔をして、欧米でビジネスをしている姿を妄想してはいけません。そうすると、必ず欧米諸国から反則切符を切られます。過去のテレビや自動車の米国による日本バッシングを思い出してください。

技術開発は人の頭脳が頼りです。だから、人種に関係なく、誰でも認められます。日本でも韓国でもベトナムでも、どこでも可能なビジネスです。したがって、技術が極端に優れていれば、世界市場制覇も難しいことではありません。それは過去のソニーが証明しています。

製造の初期段階は設計ですから、人の入れ替えが難しく、事業の海外移転も難しくなります。したがって、この段階までが日本企業の守備範囲だと思います。製造の後期段階は組み立てですから、人の入れ替えが易しく、事業の海外移転も易しくなります。したがって、中国や韓国、台湾など、人件費や設備費の安い国に任せるべきビジネスになります。まとめると、製造初期は人間依存の作業であり、製造後期は機械依存の作業になります。ただし、機械よりも人件費が安ければ、人間を使うことになります。

販売は人の顔が頼りです。よほど優れた技術を持たない限り、映画と同じで日本企業が出る幕はありません。だから、日本企業としては、欧米人をうまく使うしかありません。それでビジネスは成功します。それも過去のソニーが証明しています。今のソニーは、欧米人に使われていますが……。

絶えることのない技術開発を続けること、頭と手足と顔の配分をよく考えてビジネスをすること、それが富裕になった日本の製造業の生き残る道だと思います。ただし、中国や韓国、台湾を製造拠点として使うには、やはり欧米人に踊ってもらうことが必要でしょう。また、文化の違いへの挑戦にも、他国への十分な配慮が必要です。日本の文化や技術を海外市場へ浸透させるには時間がかかります。

国内のエレベーターには、ドアの開閉ボタンがついています。しかし、海外のエレベーターには、開ボタンだけがあって閉ボタンがないのがふつうです。それは文化の違いなのです。欧米人は、意識して技術よりも人間を優先させます。日本人は、無意識に人間よりも技術を優先させます。その欧米と日本の発想の違いに気づいていれば、国際舞台でどのようにビジネスをすればよいかもわかります。

依存と自立

ここで「大義名分の支援型ビジネス＝資金を使うビジネス」と「不言実行の結果型ビジネス＝資金を稼ぐビジネス」の違いを説明しておきます。世のなかには会費や税金を集めて、その資金を使うことで存在している組織があります。行政、団体、大学、大企業の本社間接部門などです。その一方で、自分で働いて資金を稼いで存在している組織があります。中小企業や大企業の直接部門です。若者には、この二つの種類の組織の経済的な背景の違いを認識していない人が多いような気がします。

集めた資金を使う行政、団体、学会などの組織では、素案づくりと仕組みづくりが仕事になり、その結果は問われません。資金を稼ぐ組織では、仕事をして金を稼ぐという結果が問われます。社会が貧困から富裕になると、その後者の必要性を忘れてしまう人が増えてきます。それが今の日本の行政の現状です。行政は民間企業の経営者個人を支援するべき組織ではなくて、中小企業や大企業の直接部門と共闘するべき組織なのですが……。

空気、水、土地、エネルギー、道路、医療、通信、保険、教育、交通手段など、国民が必要とする社会インフラ事業については、最低限度の国の関与と監督が必要です。ただし、これらの事業を監督する組織を民営化すると、国が規制や天下りで関与するだけで、国の監督が放置され、非常時に問題を起こしてしまいます。もちろん、形式的な民営化は、天下りや献金などを増やすだけの結果になります。

国が豊かになってすることがなくなると、政府が無駄なことを始めます。そうして行政と民間の役割分担を認識できない人たちが、業種ごとの意義を見極めない、節度に欠けた民営化を進めてしまいます。

ビジネスは仕組みではなくて結果で決まります。動かすべき対象を語るとき、それを動かす仕組みを語るだけで誰もが納得します。しかし、その仕組みを動かして結果を出さなければ企業は生きていけません。

一方、行政や大企業本社の仕事は仕組みづくりです。それはすでに資金が用意されていて、働いて結果を出さなくても食べていけるからです。行政には税金を使って何かを実行したという名目が必要です。民間には身体を使って何かを得たという結果が必要です。働いて結果を出さないと、食べていけないからです。

今、出井は丸の内のクオンタムリープ㈱の代表取締役ファウンダー兼ＣＥＯです。代表取締役社長は平内優です。出井は同じ丸の内の大和クオンタム・キャピタル㈱の取締役会長も兼務し、平内は取締役も兼務しています。ここでも、創業時の実業のソニーとは違って、虚業で儲けようとする経済的な仲良しグループが形成されているようです。

クオンタムリープの分室ともいえる赤坂のアレックス㈱の代表取締役兼ＣＥＯはソニーでコクーンビジネスを担当していた辻野晃一郎です。出井は取締役です。その辻野が著したグーグル本の執筆を助けたのが、ジャーナリストの立石泰則だと聞いています。アレックスが入居する赤坂のビルのフロアーでは、テレビのＤＲＣ技術を開発した近藤哲二郎も働いています。

困ったときに限って他人に依存する人には、日常の自立心が欠けています。突然の解職で厚木ＴＥＣを追われ、茫然自失状態で品川のソニー本社を訪ねて、誰かれとなく偉い人に懇願しながら、社内に職を探していた辻野晃一郎――その辻野の姿が、ソニーの将来を任された平井の姿に重なります。製造と販売の現場を知らず、技術開発の重要性も知らず、ソニーのビジネスについてほとんど何も知らない彼らを引き立てた出井とストリンガー、その側近たちと社外取締役の罪は重いのです。

ソニーに名伯楽がいなくなりました。大賀の失敗は人事です。彼は自分の周囲から、自分を超えそうな人や多大な功績を残した人をことごとく排除していきました。そして何の実績もない出井を後継者に選んだのです。その迷走の人事は、出井、ストリンガー、平井の人事へと引き継がれています。

ソニーの現実と日本の現実

人材育成こそが民間企業のビジネスの基本であり、仕組みづくりは民間企業のビジネスではありません。どんな仕組みでも、どんな組織でも、それを動かすまともな人がいなければ機能しません。

社会生活に欠かせないことは、他人の立場を思い遣る若干の妥協と自己のエゴを抑える若干の節度、この二つではないかと思います。多くの人を納得させるには、することが情に適《かな》い、理に適い、そして法に適うことが必要です。これらのすべてを同時に成立させること、つまり、これらを「ＡＮＤ」でつなぐことで人が動きます。

しかし、情も理も法も、人の感情でぶれてしまいます。苦難を厭《いと》わず、打算に走らず、志に徹して生きる――その言葉を自分の信条として口にしながら、その信条どおりに行動していると信じながら、現実では正反対の方向へ走っている……そういう経営者が増えています。

真実を見る目

出井が挙げた「ソニーのトップであるための条件」があります。そのすべてを出井に問い返します。

【出井が挙げた「ソニーのトップであるための条件」】

・自分のことよりも、ソニーの長期的発展を第一に考えられる人
・井深さん、盛田さんが技術にかけた創業時のスピリットを継承している人
・人として魅力がある人
・創造性を理解できる人

自分のことを第一に考えて、ソニースピリットを理解せず、人間としての魅力に欠け、創造性を理解しなかった人――筆者には、それが出井に思えてなりません。ストリンガーも同じです。出井が言った「CEOの四つの責任」があります。そのすべてを出井に問い返します。

【出井が言った「CEOの四つの責任」】

・企業経営のビジョンを明確に持つこと
・実行するための仕組みをつくり、執行すること
・組織の暴走を防ぐための企業統治の仕組みをつくること
・後継者育成の仕組みづくりと、実際の後継者を選択すること

【出井ソニー以降の経営の現実】

・空虚かつ曖昧模糊《あいまいもこ》なフレーズを掲げ、企業経営に必要なビジョンを示さず、
・頻繁に組織と仕組みをいじくり続け、事業として何も達成せず、
・ソニーの企業統治機能を破壊して、人と組織を暴走させ、

・人材を育成せず、偶然、身近にいた自分の傀儡《かいらい》を後継の経営者に選んだ。

ビジョン策定と仕組みづくりは、典型的な官僚の仕事です。その結果は問われません。「言葉ではなくて、結果という現実」それが真実のビジネスです。その不足がソニー凋落の原因です。今日、日本経済が低迷と閉塞のどん底にあるのは、大多数の政治家と官僚のモラル崩壊、そして大多数の企業経営者のモラル崩壊、それに大多数の国民の理解不足と行動力の欠如が原因であると筆者は断定します。

ほとんどの日本企業のビジネスが世界市場で低迷する時代になり、米国、欧州、日本で自動車業界の再編成が進んでいます。同じように、中国、韓国、日本で、エレクトロニクス業界の分野別再編成が進むことでしょう。国際的な業界再編成は、自らが仕掛けていくべきものです。それが企業の主体性です。人は躓きをバネにして甦ります。ソニーも然り。新しいソニー社員が、新しいソニーの歴史を創ります。「自由にして闊達なる理想企業」、それが永遠のソニースピリットなのです。

二〇一一年に勃発《ぼっぱつ》した福島第一原発事故を考えるとき、人々は東京電力を非難します。もちろん、東京電力には、それなりの責任があるでしょう。しかし、原子力安全・保安院は、経済産業省の一部ですし、そこでは国内各地の電力会社や電力系企業の職員が多数、官民人事交流法の下に公務員として働いています。また、経済産業省と東京電力、政党のすべてが、都会の一等地に巨大ビルを所有する資金力豊富な銀行や保険会社と密接につながっています。

経済産業省と電力会社、電力系企業のグループや、財務省と銀行、金融会社、保険会社のグループ、それに法務省と裁判官、検察官、弁護士などのグループを一体の組織だと理解して捉えること、また、交通事故などの訴訟なら、弁護士、警察官、医師、損害保険アジャスターを一体の人間だと理解して捉えること――それは日常生活の常識の範囲です。そして、それらのグループを利用して潤う政治家の存在……その事実を知っていれば、東京電力だけを非難することはなくなると思います。

銀行や保険会社、電力会社は悪いことをしません。経済産業省も原子力安全・保安院も悪いことをしません。政党や社会保険庁（現在では名称ロンダリングして日本年金機構）も悪いことをしません。それらの組織に所属する人、それらの組織を支援してきた人、すなわち具体的な「誰か」が悪いことをするのです。その悪いことをする個人を人名で特定しない限り、何事も改善されることはありません。個人の責任を追及しないで放置する――それほど無責任なことはありません。

表29：ソニーの総営業収入、営業利益、純利益の推移

年度	売上高	営業利益	純利益
2002	74,736	1,854	1,155
2003	74,964	1,441	885
2004	71,596	1,139	1,638
2005	74,754	1,913	1,236
2006	82,957	718	1,263
2007	88,714	3,745	3,694
2008	77,300	(▲2,278)	(▲989)
2009	72,140	318	(▲408)
2010	71,813	1,998	(▲2,596)
2011	64,932	(▲673)	(▲4,567)

＊単位：億円、( ) 内は▲赤字

今日のソニーの衰退は、ソニーという会社の問題ではなくて、固有名詞で捉えた、ソニーの経営者の問題です。ソニーはすでに、井深や盛田が心に描き続けてきた自由闊達なる理想企業ではなくなりました。

これからのソニーが映画会社や保険会社、金融会社として生き残れたとしても、それは企業の計画的なダイバーシフィケーションの結果ではなくて、本業のエレクトロニクスを活かせなかったという結果にすぎません。

表29に近年のソニーの営業実績を示します。二〇〇四年以降の数年の業績は、短期的に数値が上がっていますが、その底流は赤字基調なのです。出井の誤算は、二〇〇三年に決めたリストラの効果と二〇〇四年に実施した持ち株会社設立の効果が、タイムラグにより退陣決定後の二〇〇五年以降に現れたことでしょう。

独断と偏見を承知で言わせてもらうと、アメリカへのリベンジを目指したソニー創業者の時代が終わり、高学歴社員によるソニーの経営が始まりました。現場での労働を厭い、未知への挑戦を嫌う、そういう高学歴社員で占められた今のソニーに、かつてのベンチャー精神は二度と甦《よみがえ》りません。それでも、「ふつうの会社」という呼称は、ソニーには似合わないのです。

出井ソニーが犯した過ちは、出井流のソニーのガバナンス改革と委員会等設置会社（現在では委員会設置会社）への移行です。それは経営の監督と執行の分離を目指すものでした。経営の監督ができる者は、経営の執行ができなければなりません。経営の執行ができる者は、経営の監督ができなければなりません。それを分離したのです。

すなわち、経営の監督をしているつもりでありながら経営のことがわからない人や、経営の執行をしているつもりでありながら経営のことがわからない人が、偉いポジションに就くことになったのです。ソニーを知らない社外取締役に、企業戦略や法令順守などわかりようがありません。

社長時代の出井は、執行機能を社内の執行役に権限委譲して、取締役がその執行役を監督するという具合に、経営の監督と執行機能を分離しています。執行役の任免権限は取締役会にありますから、当然、取締役と執行役は同格ではありません。ソニーの事業は、ソニーを知らない外部の人間に操られているのです。

もちろん、経営の監督と執行が分離されていることは、それほど重要な問題ではありません。経営を監督できる能力を持つ人が監督し、経営を執行できる能力を持つ人が執行すること、それが重要なことなのです。人間の問題を置き去りにして、組織と数字の話ばかりしている——それが出井時代から現在へと続いているソニーの問題です。

委員会設置会社——それは無責任会社の代名詞です。社外取締役には、学界や法曹界、それに他人の金を扱う証券、保険、銀行の関係者が多くなります。企業役員という名誉職と高額報酬を与えられる社外取締役は、その企業の経営責任をとる人ではありません。ひとたび委員会設置会社になれば、その無責任経営体制が維持されて、元の会社形態に戻ることができなくなります。それは取締役会が老人の腐敗、癒着、縁故の温床になるからです。

健全に維持できる企業のサイズは、そのトップに立つ経営者の力量で決まります。大事なことは、委員会設置会社の構造や多数の社外取締役で構成される取締役会が問題を起こしていることではありません。委員会設置会社では、経営の監督と執行が分離されてしまい、企業全体が見えない人が会社の経営トップに増えてしまうことです。

ソニー経営者の終戦時の年齢と特徴

井深	＋37歳	諦観（自由への歓喜→技術開発） 1908年4月11日〜1997年12月19日
盛田	＋24歳	復讐（米国への凱旋→市場開拓） 1921年1月26日〜1999年10月3日
大賀	＋15歳	自失（自我への模索→名声願望） 1930年1月29日〜2011年4月23日
出井	＋7歳	飢餓（物資への羨望→贅沢三昧） 1937年11月22日〜
平井	−15歳	飽食（明日への迷走→無為無策） 1960年12月22日〜

武力で負けて、経済でも負ける日本

一九四五年の日本の敗戦――ソニーの成長には、明らかに第二次世界大戦の影が色濃く射しています。それが子どもの世代にまで引き継がれていきます。三つ子の魂百までと言います。日本人の行動には、今のところ敗戦時の年齢で、それなりの特徴があると筆者は思います。それを歴代のソニー経営者に当てはめてみました。年齢は敗戦時です。人生の多感な時期に受けた、本人が自覚できないトラウマでしょう。

出井の監督下にあった安藤や中鉢はもちろん、ストリンガーも実質的なCEOだったとはいえず、ずっと出井の監督下で動いていたので対象から外しました。ちなみに、出井とコンビを組んでいた安藤國威と中谷巌はともに＋3歳になります。出井と中谷と平井は、それぞれ一一月、一月、一二月の二二日生まれだというのも奇遇です。

占領軍の兵士が投げ与えるチョコレートやチューインガムに群がり、米国軍人が運転するジープの排気ガスの臭いを嗅いでいた戦後の日本の子どもたち。彼らの生まれた時代の背景を考えると、豊かな時代のソニーを引き継いだ、出井ソニーの放任政治を責めるのは酷な話なのかもしれません。

平井が大学を卒業した年代は、日本が好景気に踊っていました。平井のいちばんの問題は、社会の貧困を適度に知らないことでしょう。貧困を知らない戦後の世代に求められていること、それは日本を国際社会の檜舞台《ひのきぶたい》で活躍できる大人の国に育てることです。国際連合の一員の経済大国でありながら、その常任理事国になれない日本の現実を忘れてはいけません。

組織の栄枯盛衰は、組織のトップに立つ人間によって決まります。小さい組織では、トップによって組織が栄え、トップによって組織が衰えます。しかし、大きい組織では、いたるところから組織が腐ります。日本という国も同じです。その腐敗を止められるのは、やはり国や組織自体ではなくて、その国や組織を構成する人間なのです。

理想的な職場と企業の実現は、そこで働く個人のベンチャー魂の発露と、その結果にほかなりません。ソニーで働く若者に限らず、日本の企業で働く心ある若者すべてに、かつての日本人ベンチャー魂を今一度、発揮してほしい、そうして自分と社会の成長を実感してほしい——そう願うのは筆者だけではないと思います。新しい日本の歴史は、新しく社会に参加する若者の手で刻まれていくのです。

長期的な視野で人を大切にして研究開発に注力し、次々と高度な基礎技術を開発し成長を続ける——それしか日本の製造業が生き残る道はありません。二〇一二年四月、ソニー社長に就任した平井は、ソニーの業務用機器の技術をコンスーマー製品へ応用し、技術のソニーを復活させると言いました。しかし、ソニーのベータカムを使っていた放送局は、すでに民生用のＨＤビデオカメラを活用しています。過去の幻影や側近の話に社長が踊らされてはいけません。

企業も人も、自己の成長に至福感を覚えることで輝いて生きていけます。世界のトップランナーとして走り続けていたころのソニーは、貧しくとも輝き続ける企業でした。そのソニーの姿を取り戻してほしいのです。過度の束縛は人を退化させます。適度の自由は人を進化させます。戦後の混沌と荒廃と貧困に喘《あえ》ぐ日本人に、夢と希望を与え続けてきた異端企業ソニー。そのソニーだけには、ソニースピリットを忘れたカナリヤになってほしくありません。

平井ソニーの正念場は、二〇一三年三月になります。保険と金融と映画だけを残したソニーは、すでにソニーではありません。巨額な赤字に慌《あわ》てふためき、明日のソニーの姿も描けずに、次々と無節操に子会社や関連会社を切り捨てる今のソニー経営者――その赤字を招いた個人の施策の一つひとつをじっくりと検証したのが本書です。しかし、その稚拙な経営者を非難するだけでは、どこかの政党と同じです。それでは何も始まりませんし、何も改善されません。

企業経営者の仕事とは、自分が育てる企業と従業員を大切にし、その幸福の実現と維持に自我の欲を捨てて邁進することに尽きます。もう一度、本書の最後にソニーの最高経営責任者（CEO）、それに全社外取締役と全執行役の声と答えを聞かせてください。あなたたちは、ソニーのブランドを愛し、日本各地や世界各地のソニーグループの事業所や営業所、関連会社で働くすべての従業員と、その家族を大切にしていますか？「Love」と「Use」を取り違えてはいませんか？

おわりに

ソニーの会長や社長が交代するたびに、マスコミはさまざまな憶測記事を発表してきました。また、マスコミはもちろん、多くの経済人や学者も、新しい会長や社長が繰り出す施策に勝手な期待を寄せてきました。しかし、そのほとんどが間違っていたと、筆者は確信しています。すでに、五年先の夢を語れるソニー関係者はいません。それほどソニーの企業統治（コーポレートガバナンス）機能崩壊の事態は緊迫しています。大多数のソニー社員でさえも、起きている事象の真実や現実を理解していないのではないでしょうか。

本業を外れた財界活動への盛田氏の意欲が大賀氏をソニーの最高経営責任者（CEO）にしたこと、その大賀氏と盛田良子夫人が出井氏を社長に選んだこと、その二つこそが「ソニーが犯した過ち」だと思います。ときにはソニーを愛し、ときにはソニーを憎み、ソニーとともに四〇年余の人生（井深氏からストリンガー氏まで、歴代八人の社長の時代）を過ごしてきた筆者には、その過ちが残念でたまりません。

本書では、ソニーという一企業の内情と歴史を題材にして、「貧困社会に生きる人と組織の成長」およよび「富裕社会に生きる人と組織の衰退」の両方について記述し、人と組織にかかわる問題の本質を追究しました。単なる興味本位の書籍としてではなくて、知性と教養を育む大人の書籍として、社会に生きる自分の姿勢を根本から問い直すために読んでほしい——それが筆者の真意です。

国家行政に携わる者の使命とは、自分の責任下の国と国民を大切にし、その幸福の実現と維持に自我の欲を捨てて邁進することに尽きます。日本国の首相、それに全政治家と全官僚の声と答えを聞かせてください。あなたたちは、日本という国を愛し、小さな幸せを願いつつ国内各地で暮らす人々、その一人ひとりを大切にしていますか?「Love」と「Use」を取り違えてはいませんか?

今日のソニーの衰退は即、今日の日本の衰退として捉えることができます。出井ソニー以降の企業政治が、近年の日本の首相の国家政治に重なって見えます。"Once there were the people who let an ape enter the cockpit of their government; it was a crime against Japan."という日がこないように、ソニーの事例を「他山之石、可以攻玉」として、自分が関係する組織と仕事に、そして日本という国と政治に、真摯《しんし》に向き合っていただければ幸いです。

著者略歴

一九四七年に生まれる。一九七〇年にソニーに勤務し、欧州の事業所に駐在（社員番号A97336）。帰国後、人事本部、商品戦略本部、法務・渉外部門、コーポレート・テクノロジー部門などに勤務。技術渉外室統括室長などの職務を経て、二〇一〇年一二月にソニーを退職（社員番号861051）。

会社の枠を越えて国際標準化で活躍し、フェリカ（ソニーのエディ、JR東日本のスイカなど）、QRコード（デンソー）、超高圧送電（東電）などの国際標準化に貢献。二〇〇八年には、それらの功績により内閣総理大臣表彰を受ける。

著書には『世界市場を制覇する国際標準化戦略』（東京電機大学出版局、大川出版賞受賞）、『国際ビジネス勝利の方程式』（朝日新書）などがある。

現在は財団法人日本規格協会技術顧問。

ソニー 失《うしな》われた20年《ねん》――内側《うちがわ》から見《み》た無能《むのう》と希望《きぼう》

二〇一二年九月六日 第一刷発行

著者 原田節雄《はらだせつお》

発行者 古屋信吾

発行所 株式会社さくら舎 http://www.sakurasha.com

東京都千代田区富士見一-二-一一 〒一〇二-〇〇七一

電話 営業 〇三-五二一一-六五三三 FAX 〇三-五二一一-六四八一

編集 〇三-五二一一-六四八〇

振替 〇〇一九〇-八-四〇二〇六〇

装丁 石間 淳

本文写真 共同通信社＋さくら舎

本文組版 朝日メディアインターナショナル株式会社

印刷 慶昌堂印刷株式会社

製本 大口製本印刷株式会社

ISBN978-4-906732-17-3